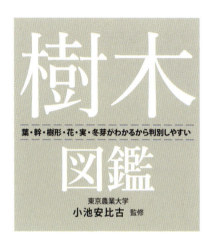

樹木図鑑

葉・幹・樹形・花・実・冬芽がわかるから判別しやすい

東京農業大学
小池安比古 監修

日本文芸社

樹木図鑑

はじめに

　この本では、家の庭、街の中、あるいは公園や野山で生育している樹木を紹介しています。毎日の生活や少し遠出をしたときに出会える樹木を選びました。

　それぞれの樹木について、葉、樹形、樹皮、花、果実、そして冬芽を写真と文章で解説していますから、一年中、どんな季節でも樹木を見分けられるのが特徴です。

　さらに、いろいろな角度から樹木の姿を見られる動画とリンクしています。

　この木はなんの木？　気になる木に出会ったとき、ぜひ本書を活用してください。

CONTENTS

- この本を使うための樹木ガイド ……… 4
- 広葉樹の図鑑 ……………………… 13
- 針葉樹の図鑑 ……………………… 287
- 樹木名さくいん …………………… 315

※QRコードがリンクする動画は、予告なく終了・変更されることがあります。
※QRコードは、株式会社デンソーウェーブの登録商標です。

この本の見方

1 植物名
標準和名、別名、学名、科名（APG Ⅲ分類体系による）を示しています。

2 樹木データ
樹高、花期、国内での分布を示しています。

3 葉による分類
[広葉樹] 大きく単葉と複葉に分類しています。さらに、単葉は不分裂葉と分裂葉に、複葉は羽状複葉・三出複葉・掌状複葉に分類しています。

不分裂葉　分裂葉

羽状複葉　三出複葉

掌状複葉

[針葉樹] 大きく針葉と鱗片葉に分類しています。

針葉　鱗片葉

4 樹木の特徴①…葉のふち
[広葉樹] では、全縁葉・鋸歯葉との区別を示しています。

全縁葉　鋸歯葉

5 樹木の特徴②…葉のつき方
対生・互生・輪生・束生の区別を示しています。

[広葉樹] [針葉樹]	[広葉樹] [針葉樹]
対生	互生

[広葉樹] [針葉樹]	[針葉樹]
輪生	束生

各部位の特徴説明

6 樹木の特徴③…常緑樹か落葉樹か

一年を通じていつも葉をつけている（常緑）か、葉のない時期がある（落葉）かの区別を示しています。

 常緑　　 落葉

7 動画リンク

樹木が生育している様子がわかる動画にリンクしています。

「葉による分類」や「樹木の特徴」に関する用語の意味は、P4〜を参照してください。

この本を使うための樹木ガイド

P13〜の樹木図鑑で使われている植物用語について
それぞれの意味を知っておきましょう。

葉 LEAF

この本は、葉っぱが広くて平たい「広葉樹」編と、
葉っぱが細長くて尖がっている「針葉樹」編で構成されます。
それぞれの葉の特徴と、図鑑で使われている
言葉の意味について押さえておきましょう。

広葉樹の葉 | 広葉樹の葉は、大きく単葉と複葉に分けられます。

単葉（たんよう）

光合成を行ううえで葉の主要な部分である葉身（ようしん）が1枚の葉を「単葉」といいます。単葉の葉の形には、切れ込みのない「不分裂葉（ふぶんれつよう）」と切れ込みのある「分裂葉（ぶんれつよう）」があります。広葉樹の葉では圧倒的に単葉が多く、単葉の中では不分裂葉のほうが分裂葉より多いといえます。

葉の形

不分裂葉
葉に切れ込みがない。

分裂葉
葉に切れ込みがある。一つひとつの裂けた部分を裂片（れっぺん）と呼ぶ。

- 葉脈（主脈）
- 葉脈（即脈）
- 葉縁
- 脈腋
- 葉身
- 葉柄
- 葉

複葉

複数の小さな葉が規則的・平面的に並んでひとつの葉になっています。小さな1枚1枚は小葉と呼ばれ、小葉をつなげている軸は葉軸と呼ばれます。葉の形には名前があり、この本では右の3つが登場します。P6で説明する「葉のつき方」は、小葉同士のつき方でなく、下の図の「葉」同士のつき方を意味します。

葉の形

羽状複葉
葉軸の左右に小葉が羽のように4枚以上並んでいる。

三出複葉
葉柄の先に小葉が3枚ついている。

掌状複葉
葉柄の先に複数の小葉が放射状についている。

（小葉／葉軸／葉柄／葉身／葉）

■単葉と複葉の見分け方

単葉の樹木でも、何枚もの葉を目にすると複葉と区別がつきづらいことがありますが、葉柄の元をよく見るとわかります。

単葉
よく見ると、葉柄のつけ根に芽がある。

複葉
小葉のつけ根に芽はない。

葉のふち

この本では、葉のふちの形状を次の2種類に分類しています。

全縁
ふちがなめらかな葉。

鋸歯縁
ふちがギザギザしている葉。

葉のつき方

　より多くの日光を受けられるように、樹木の葉は重ならないようについています。葉のつき方を葉序といいますが、この本の広葉樹には次の3種類の葉序が登場します。

対生
2枚の葉が枝に対してペアになってついている。

互生
枝の1つの節から、葉が1枚ずつ互い違いについている。

輪生
枝の1つの節から、3枚以上の葉が輪状についている。

針葉樹の葉 | 針葉樹の葉は、大きく針葉と鱗片葉に分けられます。

針葉

細く尖っている、針葉樹特有の葉です。針のように細い針形と、幅がやや広い線形があります。

鱗片葉

数ミリの小さい葉がいくつも重なり合ってうろこ状についている葉です。

葉のつき方

葉のつき方の種類としては、広葉樹と同じく、対生、互生、輪生があるほか、マツのように枝の1つの節から多数の葉が束状に出る束生があります。

対生　互生　輪生　束生

花は、樹木が子孫を残すための大切な生殖器官。
樹木によってさまざまな花を咲かせますが、
ここでは、花のつくりを理解するための用語と
花のつき方を表す用語を説明します。

花のつくり

種子ができる植物は、胚珠（種子となる部分）が子房（果実になる部分）に包まれている被子植物と、胚珠がむき出しになっている裸子植物に分けられます。広葉樹は被子植物、針葉樹は裸子植物の一部です。広葉樹の花、つまり被子植物の花は、ひとつに雄しべと雌しべが両方ある両性花と、雄しべしかない雄花、雌しべしかない雌花があり、数としては両性花が圧倒的に多いとされています。

被子植物の花のつくり

雌しべ / 雄しべ / 柱頭 / 葯 / 花糸 / 花弁 / 花被 / 卵細胞 / 子房 / がく / 胚珠 / 花柄

両性花

雄花 — 雄しべ

雌花 — 雌しべ

裸子植物の花のつくり

雌花 / 雄花 / 胚珠 / 葯（花粉のう）

花のつき方

花のつき方・並び方を花序（かじょ）と呼びます。
この本に登場する樹木の代表的な花序を紹介します。

総状花序（そうじょう）

細長い花軸に花柄のある花がたくさんつく。★

穂状花序（すいじょう）

細長い花軸に花柄のない花がたくさんつく。★

尾状花序（びじょう）

穂状花序の一種。細長い花軸に柄のない花が密につき、尾のように下垂する。★

散房花序（さんぼう）

下部の花柄ほど長く、上部が半球、または平らに見える。

散形花序（さんけい）

花軸の先からほぼ同じ長さの花柄を放射状に出し、その先端に花をつける。

頭状花序（とうじょう）

花軸が円盤状になり、その上に花柄のない小さな花がたくさんつく。総苞片に囲まれているヤマボウシの花が一例。

集散花序（しゅうさん）

最初に花軸の先端に花をつけ、次にその横から出た枝に花をつけることを繰り返す。

円錐花序（えんすい）

総状花序の花軸が枝分かれして、全体として円錐形に見える。

果実

果皮が肉質のもの・薄いもの・硬いもの、見た目が種子のように見えるもの、「果」という字が当てられていても、じつは果実ではないもの…。この本に登場する樹木のおもな果実を紹介します。

F R U I T

● ナツメ
核果（かくか）
内果皮が木質化して硬い核(果核)になっている。

● オガタマノキ
袋果（たいか）
果皮がひとつの袋になっていて、熟すと袋の片側が裂ける。

● ヤマブキ
痩果（そうか）
種子に見える薄くて堅い果皮に本物の種子が包まれている。

● オニシバリ
液果（えきか）
果皮の一部が多肉化し、液状になっている。

● フジ
豆果（とうか）
果皮がひとつの袋(さや)になり、熟すと袋の両側が裂ける。

● アキグミ
偽果（ぎか）
花の子房以外の部分が成長して果実の大部分になっている。

● ボケ
ナシ状果（じょうか）
花の子房を覆う花托が肥大して多肉質になっている。

● マテバシイ
堅果（けんか）
果皮が木質化して堅くなっている。いわゆるドングリなど。

● ナギ
種子果（しゅしか）
種子の周囲を肉質の果皮が被っていて果実のように見える。

● アセビ
蒴果（さくか）
子房に数室があり、熟すとそれぞれが裂けて種子を出す。

● チドリノキ
翼果（よくか）
果皮の一部が花後に成長して翼のような形になっている。

● アカマツ
球果（きゅうか）
雌花の胚珠の外側が成長したもの。通称は松ぼっくり。通常は果実から外される。

冬芽

WINTER BUDS

冬を越して翌春に成長する花芽や葉芽のことを「冬芽」(ふゆめ、とうが)と呼びます。
この本に登場する樹木の冬芽は、次の3種類に分かれます。

● ハンカチノキ
鱗芽(りんが)

芽鱗(がりん)と呼ばれる、うろこ状に変化した葉片の集まりで覆われている。

● ヒサカキ
裸芽(らが)

芽鱗で保護されていない冬芽。幼い葉そのものだが、細かい毛に被われているものが多い。

● ヌルデ
隠芽(いんが)

全部または一部が枝の葉痕(葉がついていた痕)に隠れている。

この本で使われている用語

● **株立ち(かぶだち)**
主幹がなく、根株から複数の幹が群がって生えること。=叢生(そうせい)

● **気根(きこん)**
幹の途中から空気中に出ている根のこと。

● **雑種(ざっしゅ)**
異なる種の樹木をかけ合わせてできた種類の樹木。自然にできるものと、人工的につくるものがある。

● **雌雄異株(しゆういしゅ)**
雄花を咲かせる個体と雌花を咲かせる個体が別になっている樹木。

● **雌雄同株(しゆうどうしゅ)**
ひとつの個体で雄花と雌花を咲かせる樹木。両性花だけを咲かせる樹木、雄花または雌花と両性花、雄花・雌花・両性花を咲かせる樹木もある。

● **主幹(しゅかん)**
1つの樹木の幹のうち、もっとも太くてこの木の主体となる幹。

● **樹冠(じゅかん)**
ひとつの樹木のうち、葉が茂っている部分全体のこと。

● **常緑樹(じょうりょくじゅ)**
四季を通じて常に緑の葉を保っている樹木。それぞれの葉が落葉しないのではなく、1〜数年で寿命を終え、新しい葉がつくられていく。⇔落葉樹

● **走出枝(そうしゅつし)**
地表を水平に伸びる枝。途中の節から根は出さない。

● **短枝(たんし)**
節の間が詰まっていて成長が遅い枝。⇔長枝

● **長枝(ちょうし)**
長く伸びて毎年成長を続ける枝。⇔短枝

● **匍枝(ふくし)**
地表を水平に伸び、節から根や葉を出し、先端に子株を作る枝。

● **虫こぶ(むしこぶ)**
昆虫が寄生した部分の組織が異常発達してできるこぶ状のもの。虫えい(ちゅうえい)ともいう。

● **木本(もくほん)**
地上に出ている茎が長年にわたって太くなりながら、組織を強固にしながら成長する植物のこと。⇔草本

● **落葉樹(らくようじゅ)**
葉の寿命が1年以内で、秋〜冬に枯れ落ちる樹木。⇔常緑樹

葉っぱの形が平べったい
イチョウとナギが針葉樹？

この本では、街路樹でよく見るイチョウと
御神木になることが多いナギを針葉樹に分類しています。
植物分類のフシギに迫りながら、その理由を紹介します。

　樹木を広葉樹・針葉樹の2つに分けるとき、葉の形状によるのではなく、P8で説明したように、被子植物の一部を広葉樹とし、裸子植物の一部を針葉樹とする考え方があります。

　イチョウもナギも、雌花の胚珠がむき出しになって咲き、雄花には他の針葉樹と同様、花粉のうがあります。花に着目すると、どちらも裸子植物なのです。また、イチョウの銀杏（ぎんなん）は全体が種子。食用となる部分は果肉でなく軟らかい肉質の種皮に包まれています。ナギも同様で、ブルーベリーの果肉のように見えるのは（→P314）、種皮です。

　このように、イチョウとナギは、裸子植物の特徴を備えているので針葉樹の仲間に入れています。ただし、DNAを調べると、イチョウは針葉樹のグループから独立してイチョウ目イチョウ科に属するため、針葉樹に含めず広葉樹にも含めないという考え方もあります。

イチョウの葉

ナギの葉

イチョウの種子（銀杏）の断面

広葉樹

単葉
　不分裂葉 P14
　分裂葉 P212

複葉
　羽状複葉 P246
　三出複葉 P275
　掌状複葉 P282

広葉樹 単葉

アオキ
（アオキバ、ヒロハノアオキ）

Aucuba japonica

アオキ科

樹高：1～3m
花期：3～5月
分布：本州、四国

やや肉厚で光沢があり、両面とも無毛。

長さ8～25cm、幅2～12cm

[不分裂]

特徴

葉のふち

[鋸歯縁]

葉のつき方

[対生]

常緑／落葉

[常緑]

樹形
明るい環境下では下部もよく茂る。

冬芽
2～3対の大きめな芽鱗で覆われる。

果実
赤い核果はよく目立ち、鳥類により散布される。

樹皮
古くなると徐々に縦筋が入り木質化する。

町中でも身近に見られる日陰に強い青い木

　雌雄異株の常緑低木で山野の林内や林縁に自生する。日陰に強いため、日当たりが悪い場所の植栽にも使われ、園芸品種も多い。花の少ない初冬に果実をつけ、江戸の昔から好んで栽培されてきた。名前は、枝が青いため、あるいは葉が青々と茂っていることからついたとされる。属名の「アウクバ」（Aucuba）は、別名の「アオキバ」に由来。黄色い斑入りの葉や、黄色や白色の果実をつける園芸品種もある。湿度の高い場所では、気根を出すこともある。

花（雄花）

花（雌花）

雄株は雌株よりやや早く開花する傾向。

樹木医/Sakurai

写真：葉・冬芽／かのんの樹木図鑑、樹形・樹皮・雄花・雌花・果実／ビジオ

5月以降に残っているいびつな果実はアオキミタマバエに寄生された虫こぶ。

アオハダ
（マルバウメモドキ）
Ilex macropoda

モチノキ科

樹高：10〜15m
花期：5〜6月
分布：北海道、本州、四国、九州

広葉樹 単葉

[不分裂]

裏面は淡緑色。
若い時は光沢が見られる。

長さ4〜6cm、幅2.5〜3.5cm

特徴

葉のふち
[鋸歯縁]

葉のつき方
[互生] 長枝
[束生] 短枝

常緑／落葉
[落葉]

果実
9月〜10月頃に球形の核果が赤く熟す。

冬芽
1〜3mmの円錐形で先端が尖っている。

樹形
直立または株立ちし、まとまりがある。

樹皮
なめらかで灰白色。皮目が点在する。

静かな青肌に鮮やかな紅実 コントラストが美しい

　山地に自生する、雌雄異株の落葉高木。高さは10〜15mほどになる。葉の表面には細かい毛があり、とくに葉脈上に開出毛が多い。直立または株立ちし、短枝がよく発達する。葉のつき方は長枝では互生であるが、短枝では数枚の葉が束になってつく。灰白色の薄い外皮が簡単にはがれ、緑色の内皮が見えることが名前の由来。新芽は食用になり、和え物やおひたしにされる。また、葉を乾燥させたものはお茶として飲用される。植栽として庭木に利用されることもある。

花（雄花） **花（雌花）**
雄花は球状につき、雌花は数輪ずつつく。

写真：葉／photolibrary、樹形・樹皮・雄花・雌花・果実・冬芽／ビジオ

秋元園芸植木屋やっちゃん

秋季に赤くみのる果実は、ツキノワグマにとって貴重な食料である。

広葉樹 単葉 [不分裂]

アカガシ
(アツバアカガシ)

Quercus acuta

ブナ科

樹高：15〜20m
花期：4〜5月
分布：本州、四国、九州

硬い革質で濃緑色、表面には光沢がある。

長さ7〜20cm、幅3〜5cm

特徴

葉のふち [全縁]

葉のつき方 [互生]

常緑／落葉 [常緑]

樹形

比較的大木になり、高さは25mほどに。

樹皮

緑灰色で古くなると不規則に剥がれる。

花（雄花）

花（雌花）

雄花序が垂れ下がり上部に雌花序がつく。

楕円形で細かい毛が生えている。

冬芽

果実　堅果。2cmほどのドングリをつける。

不規則に剥がれる樹皮が目をひく、森の大木

本州、四国、九州の山地に自生する、雌雄同株の常緑高木。神社や屋敷にも植えられている。若木は緑灰黒色であるが、老木になると樹皮がかさぶたのように剥がれ、まだら模様になり割れ目が目立つようになる。葉は長楕円形で、まれに先端が波打つ。花が咲いた翌年の秋にドングリをつけ、その翌年に熟すと食用にされる。材が赤みを帯びていることから「アカガシ」と名付けられた。非常に堅く木目も美しいため、建築物や船舶など広く活用されている。

写真：葉／かのんの樹木図鑑、樹形・樹皮・雄花・雌花・果実・冬芽／ビジオ

岡山県自然保護センター
Youtubeチャンネル「岡山いきもの学校」

アカガシ材は非常に堅いため、かつては警棒の材料に使われていた。

アカシデ
(コシデ)

Carpinus laxiflora

カバノキ科

樹高：10〜15m
花期：4〜5月
分布：北海道、本州、四国、九州

広葉樹 / 単葉 [不分裂]

若葉は赤く、成葉になると鮮緑色になる。

長さ3〜7cm、幅2〜3.5cm

特徴

葉のふち [鋸歯縁]

葉のつき方 [互生]

常緑／落葉 [落葉]

樹形
主幹はくぼみがあり、ねじれが見られる。

果実
4〜10cmの果穂に葉状の果苞がつく。

冬芽
長楕円形で少し赤みを帯びる。

樹皮
なめらかで暗灰白色。皮目が見られる。

花（雄花）

花（雌花）

雄花序は前年枝、雌花序は本年枝や短枝に。

端整な樹形と繊細な葉、四季折々に趣を添える木

山野に生える、雌雄同株の落葉高木。新芽や若葉が赤みを帯び、花穂が「四手（玉串や注連縄などにつけて垂らす紙）」のように垂れる様子から名付けられたとされる。シデノキやコソネ、ソロなどさまざまな別名で親しまれる。暗灰白色でなめらかな樹皮は、老木になると縦に筋状のくぼみができ、隆起した皮目が目立つようになる。秋には葉が黄色から赤色に美しく色づく。フシダニの一種が冬芽に寄生し、小さな突起がいくつも集まったような虫こぶが形成されることがある。

写真：葉・雌花／かのんの樹木図鑑、樹形・樹皮・雄花・果実・冬芽／ビジオ

秋元園芸植木屋やっちゃん

東京都にある幸神社のシダレアカシデは国の天然記念物に指定されている。

広葉樹 単葉

アカヤシオ
（アカギツツジ）

Rhododendron pentaphyllum var. nikoense

ツツジ科

樹高：2～6m
花期：4～5月
分布：本州（福島県以西）、四国、九州

［不分裂］

葉のつけ根やふちに細かい毛が生える。
長さ2～5cm、幅1.5～3cm

特徴

葉のふち

［全縁］

葉のつき方

［輪生］

常緑／落葉
［落葉］

樹形
株立ちし、上部でよく分岐する。

冬芽　紡錘形で、多数の鱗片に包まれる。

樹皮
灰褐色でなめらか。古くなると剥がれる。

花
淡紅色の花を枝先に1、2個つける。

秋元園芸植木屋やっちゃん

険しい岩場を染める
春を告げる薄紅の花

　山地の岩場に自生する、雌雄同株の落葉低木。おもに太平洋側に分布し、北限となっている福島県では「岩ツツジ」と呼ばれる。葉は長さ2～5cmで枝先に5輪生する。春には多数の花をつけ、樹全体を桃色に染める。観賞価値が高く植木や盆栽としても利用される。「ヤシオ（八入）」とは布絵を何度も染め汁に浸して染めることを意味し、花が鮮やかに色づくことから名付けられた。別種のシロヤシオやムラサキヤシオと合わせて「ヤシオツツジ」と呼ばれる。

写真：葉／photolibrary、樹形・樹皮・花・冬芽／ビジオ

ヤシオツツジは日本万国博覧会の際に栃木県の県花に指定されている。

アキグミ

Elaeagnus umbellata var. *umbellata*
グミ科

樹高：2〜3m
花期：4〜6月
分布：北海道（西部）本州、四国、九州

広葉樹 / 単葉

［不分裂］

長楕円形をしており先端は鈍く尖る。
長さ4〜8cm、幅1〜2.5cm

冬芽 裸芽で赤褐色の鱗状毛に覆われている。

果実 球状の偽果で、10〜11月に赤く熟す。

特徴

葉のふち

［全縁］

葉のつき方

［互生］

常緑／落葉

［落葉］

樹形 よく枝分かれし、細かい枝をつける。

樹皮 暗灰色で、古くなると縦に裂ける。

花 はじめは白く、やがて黄色へと変化する。

銀白の葉がなびく
生命力に満ちた美しい木

　日当たりのよい水辺や原野に自生する、落葉低木。若い葉は裏面と葉柄に白銀色の鱗状毛がはえ、風になびいて白く見える。また、若枝は銀色の鱗片で覆われる。その名の通り、秋に球形の赤い実を多数つける。果実は生食できるが、タンニンの含有量が多く、かなり渋い。果実酒やジャムなどに加工し食用にされる。根粒菌と共生しているため、痩せた土地でも育つことができる。丈夫で土質を選ばないため、砂防や治山、風除けなどに利用される。

ふるさと種子島

写真：葉／近畿地方整備局六甲砂防事務所の画像を編集、樹形・樹皮・花・果実／ビジオ、冬芽／PIXTA

生命力が強くよく繁殖し、海外では侵略的外来種のひとつと考えられている。

広葉樹 単葉 [不分裂]

アキニレ
（イシケヤキ）
Ulmus parvifolia
ニレ科

樹高：10〜15m
花期：9月
分布：本州（中部以西）、四国、九州

長楕円形で革質。
表面に光沢がある。
――
長さ2〜6cm、幅1〜2cm

特徴

葉のふち

[全縁]

葉のつき方

[互生]

常緑／落葉
[落葉]

冬芽
赤褐色で小さな卵形をしている。

果実
翼果。秋に淡褐色に熟し2裂する。

樹形
幹は直立性。上部で細い枝を多数のばす。

樹皮
灰褐色で、古くなると鱗片状に剥がれる。

花
葉腋に淡黄色の花を多数つける。

細かい枝つきが涼しげな街路樹にもなる丈夫な木

　雌雄同株の落葉高木。水辺や湿ったところでよく見られる。丈夫で生垣や街路樹としても植えられる。ケヤキと性質が似ていることから、ケヤキのつく別名が多い。葉は濃緑色でふちに鈍い鋸歯がある。葉が小さめで盆栽として利用されることもある。新枝は緑色で短毛が生え、次第に淡紫色に変化する。枝がジグザグ状に伸びていくのが特徴。樹皮がはぎやすく、縄の材料として利用されていた。また、材はケヤキよりも堅く利用価値が高いとされる。

写真：葉／かのんの樹木図鑑、樹形・樹皮・花・果実・冬芽／ビジオ

樹皮から樹液がしみ出し、夏にはカブトムシやクワガタムシが集まる。

広葉樹

単葉

[不分裂]

アサダ
（ハネカワ、ミノカブリ）
Ostrya japonica
カバノキ科

樹高：15〜20m
花期：4〜5月
分布：北海道、本州、四国、九州

鮮緑色で薄く、長楕円形をしている。
長さ6〜12cm、幅3〜6cm

冬芽
2列互生し、褐色の卵形をしている。

果実
先が尖った長楕円形で袋状の果苞をもつ。

特徴

葉のふち
[鋸歯縁]

葉のつき方
[互生]

常緑／落葉
[落葉]

樹形
樹冠で枝を伸ばし下枝はなくなりやすい。

樹皮
暗灰褐色で、若枝ではなめらか。

重厚感のある樹皮が特徴。材も貴重な風格のある木

　山地に自生する、雌雄同株の落葉高木。和名の由来は不明である。種小名は原産地である日本を表す「japonica」。属名は材が堅いことから、ギリシャ語で骨を表すosteoに由来する。樹皮は古くなると縦に裂けて反り上がり、短冊状の長い鱗片になってはがれ落ちる。葉は薄めで柔らかい毛が生え、ふちには不規則な鋸歯がある。秋には黄色く色づく。材は紅色を帯びており、肌目が緻密で美しい。木質が堅く、建築や器具、船舶材として使われる。

花（雄花）

花（雌花）

雄花は垂れ下がり、雌花は上向きにつく。

写真：葉・果実・冬芽／植木ペディア、樹形・樹皮／ビジオ、雄花・雌花／かのんの樹木図鑑

中国では「鉄木」、アメリカでは「ironwood」と呼ばれ材が堅いことに由来する。

広葉樹 / 単葉

アズキナシ

Micromeles alnifolia

バラ科

樹高：10～15m
花期：5～6月
分布：北海道、本州、四国、九州

[不分裂]

楕円形をしており葉脈が等間隔に並ぶ。
長さ5～10cm、幅3～7cm

特徴

葉のふち

[鋸歯縁]

葉のつき方

[互生]

[束生] 短枝

常緑／落葉

[落葉]

樹形
直立し、細かい枝を多数つける。

樹皮
灰黒褐色で、縦に浅く裂け目が入る。

秋元園芸植木屋やっちゃん

赤褐色で長卵形をしている。
冬芽

果実
小さな楕円形のナシ状果で、秋に赤く熟す。

繊細な葉と花が美しい、四季を通じて楽しめる木

　山地に自生する、雌雄同株の落葉高木。庭木として植えられることもある。葉が小さく細かい枝をつけるため、繊細な印象を与える。葉は互生だが、短い枝には束生する。葉の表面は濃緑色で、葉柄はやや赤みを帯びる。和名は果実がアズキのように小さく、ナシのような小さな斑点があることから名付けられたとされる。果実を野鳥や動物が食べることによって、種子が散布される。食用になり、果実酒に利用されることがある。また材からは木炭が作られる。

写真：葉・冬芽／植木ペディア、樹形・樹皮・花・果実／ビジオ

枝先に1cmほどの清楚な小花をつける。 花

山梨県にある鳴沢のアズキナシは山梨県の天然記念物に指定されている。

アズマシャクナゲ
(シャクナゲ)

Rhododendron degronianum

ツツジ科

樹高：1〜3m
花期：5〜6月
分布：本州
（東北地方、関東地方、中部地方南部）

広葉樹　単葉

[不分裂]

長楕円形で厚みがあり、ふちは全縁。
——
長さ8〜15cm、幅1.5〜3.5cm

特徴

葉のふち [全縁]

葉のつき方 [互生]

常緑／落葉 [常緑]

冬芽：枝先に淡黄色の冬芽をつける。

樹形：枝を曲げて這うように伸びることもある。

樹皮：なめらかで古くなると剥がれる。

花：淡紅色で、開花後徐々に色が薄くなる。

濃緑の葉との対比が美しい、深山を彩る高嶺の花

　深山の尾根や岩場に自生する、常緑低木。枝先に淡紅色の大きな花を多数つけるため観賞価値が高く、庭木として楽しまれることも多い。中国で薬用植物として知られる「石楠」を間違えてあて「石楠花」と呼ばれるようになったとされる。葉は互生し表面は光沢があり、裏面には淡褐色の毛が密に生える。寒冷地では冬に裏面を内側にして葉を丸める。葉には有毒成分グラヤノトキシンが含まれており、摂取すると嘔吐や下痢、血圧低下などの症状が現れる。

写真：葉・樹形・樹皮・花／ビジオ、冬芽／植木ペディア

アズマシャクナゲの花の蜜を含んだ蜂蜜による中毒事例がある。

広葉樹 単葉 [不分裂]

アセビ
（アセボ）

Pieris japonica subsp. *japonica*

ツツジ科

樹高：1〜4m
花期：2〜6月
分布：本州（山形県以西）、四国、九州

厚い革質で、先端が鋭く尖った長楕円形。
——
長さ3〜9cm、幅1〜3cm

特徴

葉のふち [鋸歯縁]

葉のつき方 [互生]

常緑／落葉 [常緑]

冬芽

褐色の卵形。
葉のつけ根につく。

果実

偏球形の蒴果。9〜10月に熟し5裂する。

樹形

幹はねじれ、枝はよく枝分かれする。

樹皮

灰褐色で、縦に裂けてねじれる。

秋元園芸植木屋やっちゃん

花

枝先から花序を垂らし、白い花が多数つく。

古来から親しまれる、馬を酔わせる魅惑の木

　日当たりのよい山地に自生する、常緑低木。群生することが多い。葉は互生し、ふちにはごく浅い鋸歯が見られる。果実は茶褐色で硬く、裂開すると内部から長さ2mmほどの種子を出す。「馬酔木」の表記は、馬が葉を食べると有毒成分により酔ったようにふらつくことに由来する。ヒョウモンエダシャクの幼虫はアセビを食草とし、毒素を体内にため込むことで身を守る。古くから親しまれ、「万葉集」にも記述が見られる。庭木や盆栽としても利用され、多数の品種が存在する。

写真：葉／かのんの樹木図鑑、樹形・樹皮・花・果実／ビジオ、冬芽／川内村観光協会

シカが食べないため、奈良公園ではアセビが他の植物に比べて多く見られる。

アブラチャン

Lindera praecox

クスノキ科

樹高：2～5m
花期：3～5月
分布：本州、四国、九州

広葉樹

単葉

[不分裂]

質は薄く楕円形で先端が尖っている。

長さ5～7cm、幅2～4cm

特徴

葉のふち
[全縁]

葉のつき方
[互生]

常緑／落葉
[落葉]

樹形

幹は直立し、細い枝を多数のばす。

果実

1.5cmほどの球形の液果で黄褐色に熟す。

冬芽

花芽は球形、葉芽は紡錘形をしている。

可憐な花がひっそり咲く、独特な香りの小柄な木

　山野に自生する、雌雄異株の落葉低木。和名は果実や樹皮が油脂を多く含み、絞って灯用にしていたことに由来する。「チャン」とは瀝青（コールタールなど）の意。早春、ほかの植物の芽吹きに先立ち、淡黄色の透明感がある花を咲かせる。葉は互生し、ふちが全縁で大きく波打つ。葉身は深緑色で葉柄は赤みを帯びる。葉や枝からは独特の香りがする。葉の裏側の脈上に開出毛（かいしゅつもう）が生える変種を「ケアブラチャン」といい、おもに日本海側に自生する。

樹皮

灰褐色で小さな皮目が多数見られる。

花（雄花）

花（雌花）

葉腋に淡黄色の花が集まってつく。

写真：葉・樹形・樹皮・雄花・雌花・果実・冬芽／ビジオ

樹木医Sakurai

粘り気の強い材で、古くから輪かんじきの材料として利用される。

広葉樹 単葉 [不分裂]

アベマキ

Quercus variabilis

ブナ科

樹高：15～17m
花期：4～5月
分布：本州（山形県以西）、四国、九州

光沢があり、裏面は星状毛が密生する。
長さ12～17cm、幅4～7cm

特徴

葉のふち
[鋸歯縁]

葉のつき方

[互生]

常緑／落葉

[落葉]

直立性で、上部に枝葉をよく繁らせる。樹形

灰褐色でコルク層が厚く発達している。樹皮

雄花序は垂れ下がり、上部に雌花序がつく。花

芽鱗に包まれ、先端に白い毛が生える。 冬芽

堅果。開花した翌年の秋に褐色に熟す。 果実

厚く弾力のある樹皮が魅力。森に育つドングリの木

　山地に自生する、雌雄同株の落葉高木。凸凹した樹皮をあばたに見立てた「あばたまき」が転訛して「アベマキ」になったとされる。葉は互生し、長楕円形で主脈は葉裏に隆起する。秋に堅果を多数つけ、ドングリの帽子（殻斗）には、線形の鱗片がらせん状に密生する。樹皮は、樸樕（ボクソク）という名の生薬として利用され、収れん作用があるとされる。クヌギと似ているが、厚く発達したコルク層や葉裏に生える星状毛などで区別することができる。

写真：葉／かのんの樹木図鑑、樹形・樹皮・花・果実・冬芽／ビジオ

Youtubeチャンネル「岡山いきもの学校」岡山県自然保護センター

小さな穴の空いたドングリの中にはゾウムシ類の幼虫が入っている。

アメリカヤマボウシ
（ハナミズキ）

Cornus florida

ミズキ科

樹高：5～7m
花期：4～5月
分布：全国で植栽
　　　（原産地：北アメリカ）

広葉樹

単葉

[不分裂]

葉は卵状楕円形で、鋸歯はない。
長さ8～15cm、幅4～6cm

冬芽
花芽は扁平な球形で芽鱗に包まれる。

果実
楕円形で赤い核果をまとまってつける。

特徴

葉のふち

[全縁]

葉のつき方

[対生]

常緑／落葉

[落葉]

樹形
幹は直立し、枝が斜め上に広がる。

樹皮
樹皮は灰褐色で、網目状に細かく割れる。

花（赤花） **花（白花）**
花弁に見える、淡紅色の総苞片をつける。

有名な曲にもなった薄紅色の花を咲かせる樹木

　北アメリカ原産の落葉小高木で、原産地では樹高が10mを超えることが多いが、日本では10mを超えることは少ない。公園樹や街路樹、庭木として植栽されている。「アメリカヤマボウシ」という名のとおりヤマボウシに似るが、ヤマボウシは白い総苞片の先が尖るのに対し、本種・ハナミズキの総苞片は先が凹むことで見分けられる。総苞片は品種によって白色と淡紅色がある。総苞片の中央にあるのが花で、黄色い小さな4弁花が多数集まって咲く。

写真：葉・樹形・樹皮・果実・冬芽／ビジオ、花／photoAC

樹木医Sakurai

北米原産で、ワシントンD.C.にサクラを贈った際の返礼として日本に贈られた。

広葉樹 単葉

アラカシ
（クロガシ）

Quercus glauca

ブナ科

樹高：15～20m
花期：4～5月
分布：本州（福島県以南）、四国、九州

光沢があり、上半部に大型の鋸歯がある。

長さ7～13cm、幅3～5cm

[不分裂]

特徴

葉のふち

[鋸歯縁]

葉のつき方

[互生]

常緑／落葉

[常緑]

樹形
幹は直立し、枝を粗くつける。

果実
1.5～2cmの堅果で、その年の秋に熟す。

冬芽
卵形で赤褐色。多数の芽鱗に包まれる。

樹皮
暗灰色で割れ目がなくなめらか。

花（雄花）／花（雌花）
葉の展開とともに開花する。

Youtubeチャンネル「岡山いきもの学校」岡山県自然保護センター

縞模様の帽子をつけたドングリで森の主役に

　山地に自生する、雌雄同株の常緑高木。和名は葉や枝のつき方が粗っぽいことから名付けられたとされる。葉裏は粉白色で、はじめは黄褐色の綿毛が密に生えるがのちに無毛になる。春の新芽は赤色で目につきやすい。ドングリの帽子（殻斗）には6～7個の環状の模様がある。類似種にシラカシがあり、アラカシは葉が長楕円形で鋸歯が上半部のみに見られるのに対し、シラカシは葉身が細く鋸歯がより基部側から見られることから判別できる。

写真／葉／㈱エコ・ワークス 河地邦弘、樹形／植木ペディア、樹皮・雌花・果実・冬芽／ビジオ、雄花／かのんの樹木図鑑

佐賀県の坂の下遺跡（縄文時代後期）から出土した実が発芽し今も育てられている。

アワブキ

Meliosma myriantha

アワブキ科

樹高：8〜12m
花期：6〜7月
分布：本州、四国、九州

広葉樹
単葉

[不分裂]

紙質で薄く、先の尖った楕円形をしている。
長さ8〜25cm、幅4〜8cm

特徴

葉のふち

[鋸歯縁]

葉のつき方

[互生]

常緑／落葉

[落葉]

樹形
幹は直立し、高さは8〜12mになる。

果実
直径4〜5mmの核果で秋に赤く熟す。

冬芽
裸芽で褐色の毛に覆われている。

樹皮
褐色で、多数の小さな皮目が見られる。

花
枝の先端に大きな円錐形の花序をつける。

黄白の小花が甘い香りを漂わせる、泡を吹く木

　山地に自生する、雌雄同株の落葉高木。本州、四国、九州に分布し、北限は青森県の佐井村とされる。葉は長さ8〜25cmと大きく、目につきやすい。葉脈は平行に走り、葉脈上と葉柄には淡褐色の毛が密に生える。種小名のmyrianthaは多数の花という意味。その名の通り、6〜7月に淡黄白色の小花を多数つけ、甘い香りを漂わせる。漢名は多花泡吹樹。また和名の「泡吹」は、枝を燃やすと切り口から泡が出ることから名付けられたとされる。

写真／葉／かのんの樹木図鑑、樹形・樹皮・花・果実・冬芽／ビジオ

アオバセセリチョウの幼虫はアワブキの葉を丸めて糸でつづることで巣をつくる。

広葉樹 単葉 [不分裂]

イイギリ

Idesia polycarpa

ヤナギ科

樹高：10〜15m
花期：4〜5月
分布：本州、四国、九州

幅の広いハート形で、ふちには粗い鋸歯。
——
長さ15〜30cm、幅8〜20cm

特徴

葉のふち

[鋸歯縁]

葉のつき方

[互生]

常緑／落葉
[落葉]

冬芽
つやのある鱗片に包まれ、粘り気がある。

果実
液果。赤く熟し、翌年まで残ることもある。

樹形
成長速度が早く、下部から枝を輪生状に伸ばす。

樹皮
灰色で、褐色の皮目が多数見られる。

ハート形の葉と赤い実。
一年中楽しめる落葉樹

　山地に自生する、雌雄異株の落葉高木。街路樹や公園樹としても見られる。和名は、葉がキリに似ており飯を包むのに使ったことから名付けられたとされる。葉は赤色の長い葉柄をもち、互生する。春には、黄緑色の小さな花をつけ香気を放つ。赤色の果実がブドウの房のように垂れ下がり、落葉後も長く残るため、冬の山でよく目立つ。鳥が食べることで種子が拡散される。果実は生食可能で、装飾や生花にも利用される。白実をつける品種も存在する。

ふるさと種子島

花（雄花）

花（雌花）

花弁はなく、5〜6個のがく片をつける。

写真：葉・樹形・樹皮・雄花・雌花・果実／ビジオ、冬芽／かのんの樹木図鑑

従来はイイギリ科とされたが、DNAを用いた研究でヤナギ科に含まれるようになった。

イズセンリョウ
（ウバガネモチ）

Maesa japonica

サクラソウ科

樹高：〜1m
花期：4〜5月
分布：本州（茨城県以西）、四国、九州、沖縄

広葉樹 単葉

[不分裂]

先端が鋭く尖り、裏面は葉脈が浮き出る。

長さ5〜17cm、幅2〜5cm

特徴

葉のふち

[鋸歯縁]

葉のつき方

[互生]

常緑／落葉

[常緑]

果実 葉腋に5mmほどの白い液果を多数つける。

冬芽 赤褐色の細かい毛に覆われている。

樹形 地を這うように伸びるものもある。

樹皮 黒褐色でなめらか、皮目が点在する。

花 円錐形の花序に黄白色の小花を多数つける。

多数の白実をつける、日陰で育つ常緑低木

　山地に自生する、雌雄異株の常緑低木。森林内の湿った林床でよく見られる。和名は、センリョウに似ており、伊豆に多く生息することから名付けられたとされる。センリョウとは分類学上縁遠い。球形の白実をつけ、秋から冬にかけて熟す。実には多数の黒い種が含まれ、頂部には花柱が残る。葉のふちには不規則な鋸歯が見られるが、ときに全縁。根、葉、果実に薬用成分があり、風邪の頭痛やめまい、浮腫、腰痛に用いる生薬として利用される。

写真：葉・果実・冬芽／かのんの樹木図鑑

ふるさと種子島

神奈川県の御嶽神社叢林では、貴重なイズセンリョウの群落を見ることができる。

広葉樹 単葉 ［不分裂］

イスノキ
Distylium racemosum
マンサク科

樹高：10〜20m
花期：4〜5月
分布：本州（関西南部以西）、四国、九州、沖縄

革質で表面には光沢があり、両面とも無毛。

長さ5〜8cm、幅2〜4cm

特徴

葉のふち ［全縁］

葉のつき方 ［互生］

常緑／落葉 ［常緑］

果実
黄褐色の毛で覆われ、熟すと2裂する。

冬芽
円錐形で、褐色の星状毛に覆われている。

樹形
曲がりくねった枝を伸ばし樹冠は広くなる。

樹皮
なめらかだが、古くなるとうろこ状に剥がれる。

花
上部に両性花、その下部に雄花をつける。

小原祐二

大きく膨らんだ
虫こぶが特徴的な常緑高木

　山地に自生する、雌雄同株の常緑高木。高さは大きいもので25mに達する。春には葉腋から円錐花序を出し、両性花と雄花を咲かせる。花弁はなく、葯は赤く色づく。葉には頻繁にアブラムシが寄生し、大きく膨らんだ虫こぶを形成する。虫こぶが大きくなると穴が開き、息を吹き込むとヒョンと音が鳴ることから「ヒョンノキ」とも呼ばれる。虫こぶにはタンニンが含まれ、染色に利用される。材は非常に堅く重いため、木刀の材料として使われる。

写真：葉／かのんの樹木図鑑、樹形・樹皮・果実／ビジオ、花・冬芽／植木ペディア

鹿児島県の伊集院は、イスノキを使った倉院が建てられたことが名前の由来。

イタビカズラ

Ficus sarmentosa subsp. *nipponica*

クワ科

樹高：つる性
花期：6〜7月
分布：本州（新潟県、福島県以西）、四国、九州、沖縄

広葉樹

単葉

[不分裂]

両面とも無毛で、表面には光沢がある。
長さ6〜13cm、幅2〜4cm

特徴

葉のふち

[全縁]

葉のつき方

[互生]

常緑／落葉

[常緑]

樹形

幹から気根を出し、岩や崖を這い上る。

樹皮

黒褐色でなめらか、隆起した皮目が点在。

花

雌雄ともに、葉腋に長卵形の花嚢をつける。

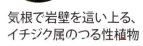

冬芽

2枚の鱗片に包まれ、表面には毛が生える。

果実　イチジクに似た黒褐色の果実をつける。

気根で岩壁を這い上る、イチジク属のつる性植物

　山地に自生する、つる性の常緑樹。枝から気根を出し、岩肌や樹木に張り付いてよじ登る。壁面緑化に利用されることもある。枝はよく分岐し、若枝には細かい毛が生える。葉は厚い革質で、先端の尖った長楕円形をしている。葉や枝を傷つけると、白い乳液が出るのが特徴。花は、果実のような花嚢の中に咲かせるため外見から確認することはできない。「イタビ」とはイヌビワのことで、和名の「イタビカズラ」はつる性のイヌビワであることを意味する。

写真：葉・樹形・樹皮／ビジオ、花／photoAC、冬芽／かのんの樹木図鑑

イタビカズラコバチという小さなハチが花嚢の中に入ることで受粉する。

広葉樹 単葉 [不分裂]

イチイガシ

Quercus gilva

ブナ科

樹高：20〜30m
花期：4〜5月
分布：本州（関東南部以西）、四国、九州

革質で上半部に多数の鋸歯がある。
長さ6〜14cm、幅2〜3cm

特徴

葉のふち

[鋸歯縁]

葉のつき方

[互生]

常緑／落葉

[常緑]

樹形
幹は直立し、単幹になることが多い。

樹皮
黒褐色で不規則に割れ剥がれる。

花（雄花）

花（雌花）

雄花は尾状に垂れ、雌花は上向きにつく。

果実
堅果。花が咲いた年の秋に成熟する。

冬芽
褐色で多数の鱗片に包まれる。

雄大な樹形で人目をひく、名前どおりの堂々たる巨木

　温暖な山地に生える、雌雄同株の常緑高木。葉は先端が尖った長楕円形で、表面は光沢のある深緑色。裏面は細かい星状毛が生え黄褐色をしている。また、主脈は裏面に隆起する。古くからカシの木は神聖な木とされるが、その中でもとくに大きく育つイチイガシは神木として社寺の境内に植えられることが多い。和名の由来は、カシ類の中で樹高が一番高くなる（一位）からとする説や、よく燃える木という意味の「最火樫（イチヒカシ）」が転訛したという説などがある。

写真：葉／かのんの樹木図鑑、樹形・樹皮／ビジオ、雄花・雌花・冬芽／植木ペディア、果実／photoAC

長崎ケーブルメディア

ドングリはアク抜きせずに食べることができ、縄文時代から食用にされてきた。

イヌコリヤナギ

Salix integra

ヤナギ科

樹高：2〜3m
花期：3〜5月
分布：北海道、本州、四国、九州

楕円形で無毛。裏面は粉白色である。
長さ4〜10cm、幅1.3〜2cm

広葉樹 / 単葉

[不分裂]

特徴

葉のふち
[鋸歯縁]

葉のつき方
[対生]

[互生] まれ

常緑／落葉
[落葉]

樹形
枝が下部から分岐し、株立ちになる。

樹皮
暗灰色でなめらか。古くなると縦に割れる。

果実
蒴果。成熟すると褐色になり裂開する。

冬芽
小豆色で光沢のある冬芽がやや対生につく。

花（雄花） / 花（雌花）
雌雄ともに長円筒形をしている。

鮮やかな新緑と柔らかな枝ぶりが美しい木

雌雄異株の落葉低木。日当たりのよい川沿いや湿った裸地に多く自生する。樹高は2〜3mであるが、まれに5m以上に成長することもある。葉はおもに対生であるが、ときに互生も混じる。5月頃、白い綿毛のついた種子を飛ばす。「イヌ」は役に立たないという意。コリヤナギに似ているが、材として劣っていることから名付けられた。園芸品種として人気な「白露錦（はくろにしき）」の花言葉は「移り気」「心変わり」。季節ごとの葉色の移ろいが美しい品種である。

写真：葉／松江の花図鑑、樹形・樹皮・雄花・雌花・果実・冬芽／ビジオ

ヤナギは、枝が垂れ下がる種類には「柳」、しだれない種類には「楊」の字を用いる。

広葉樹 単葉

イヌザクラ
（シロザクラ）

Padus buergeriana

バラ科

樹高：10〜15m
花期：4〜5月
分布：本州、四国、九州

[不分裂]

長楕円形で先端が細長く尖っている。

長さ5〜10cm、幅2.5〜4cm

特徴

葉のふち

[鋸歯縁]

葉のつき方

[互生]

常緑／落葉

[落葉]

樹形
直立性で、樹高は10〜15mになる。

果実
核果。球形で7〜9月に紫黒色に熟す。

冬芽
紅色で艶があり、尖った卵形をしている。

控えめな白い花と幹、森に静かに佇む木

山地に自生する、雌雄同株の落葉高木。サクラの名がつくが通常のサクラとは異なり、ウワミズザクラ属に属する。若い枝の樹皮が白っぽいため、「シロザクラ」と呼ばれることもある。4〜5月、葉の展開後に白色の花を多数咲かせるが、その大きさからあまり目立たない。葉は濃緑色で、ふちに細かい鋸歯をもち、葉脈が裏面に隆起している。樹皮は横長の皮目が多数見られ、古くなると薄片となって剥がれる。果実は苦く、食用にされない。

樹皮
暗褐色でやや光沢がある。

HARDWOOD（株）

花
前年枝から総状花序を出し多数の花が咲く。

写真：葉／植木ペディア、樹形・樹皮・花・果実・冬芽／ビジオ

類似種のウワミズザクラは、花の柄の付け根に葉がある点でイヌザクラと異なる。

イヌシデ
（シロシデ）

Carpinus tschonoskii

カバノキ科

樹高：10～15m
花期：4～5月
分布：本州、四国、九州

広葉樹

単葉

[不分裂]

表面には光沢がなく、細かな毛が密生する。

長さ4～8cm、幅2～4cm

特徴

葉のふち

[鋸歯縁]

葉のつき方

[互生]

常緑／落葉

[落葉]

樹形
幹は直立性で、少しねじれながら伸びる。

果実
葉のような果苞が何段も重なるようにつく。

冬芽
長楕円形で茶褐色の鱗片に包まれる。

美しい枝ぶりで森に調和。雑木林でよく見る木

　山地に自生する、雌雄同株の落葉高木。雑木林でごく普通に見られる。主幹にねじれの入った縦縞模様があるため、見分けやすい。春には黄褐色の雄花序を前年枝の葉腋から垂らし、花粉を風に乗せて運ぶ。葉の表面と葉脈上に細かい毛が生え白っぽく見えることから、類似種のアカシデと区別して「シロシデ」と呼ばれることもある。また、若い枝には淡緑色の毛が生えるが、のちに無毛になる。秋には葉が黄色に色づき山野を美しく染める。公園樹や盆栽などにも利用される。

樹皮
うねりのある縞模様が見られる。

花（雄花）

花（雌花）

葉の展開と同時期に黄褐色の花をつける。

HARDWOOD／株

写真：葉・雌花／かのんの樹木図鑑、樹形／植木ペディア、樹皮・雄花・果実・冬芽／ビジオ

種小名のtschonoskiiは植物学者の須川長之助氏の名をとって名付けられた。

広葉樹 単葉

[不分裂]

イヌツゲ

Ilex crenata var. crenata

モチノキ科

樹高：2〜6m
花期：6〜7月
分布：本州、四国、九州

厚く光沢があり、ふちに細かい鋸歯がある。
長さ1〜3cm、幅0.5〜1.5cm

特徴

葉のふち

[鋸歯縁]

葉のつき方

[互生]

常緑／落葉

[常緑]

樹形
株立ちし、細かい枝を密につける。

果実
5mmほどの球形の核果で、秋に黒く熟す。

細かい葉と枝が密集する、刈り込み自在の身近な木

山地に自生する、雌雄異株の常緑小高木。高さは通常2〜6mだが、まれに15mほどに成長する。刈り込みに強いため、生垣や路傍の植え込み、庭木などによく使われる。枝はよく分岐し、小さな革質の葉を多数つける。葉は濃緑色だが、新芽は明るい黄緑色をしている。ツゲに似ているが、材として劣ることから「イヌツゲ」と名付けられたとされる。ツゲとはまったくの別種で、ツゲは葉が対生するがイヌツゲは葉が互生することから区別することができる。

写真：葉／かのんの樹木図鑑、樹形・樹皮・雄花・雌花・果実／ビジオ

樹皮
灰褐色でなめらか、皮目が多く見られる。

植木屋ケンチャンネル

花（雄花） 花（雌花）
小さな白花は花弁とがく片を4つずつもつ。

葉が黄色く枯れている木はイヌツゲ枝枯れ病にかかっている可能性がある。

イボタノキ
（コバノイボタ）

Ligustrum obtusifolium

モクセイ科

樹高：2～4m
花期：5～6月
分布：北海道，本州，四国，九州の丘陵帯～山地帯

広葉樹 / 単葉 / [不分裂]

細長い楕円形で全縁。両端は丸みを帯びる。

長さ2～7cm、幅0.7～2cm

特徴

葉のふち　[全縁]

葉のつき方　[対生]

常緑／落葉　[落葉]

樹形　枝葉は密生しないが、こんもりと茂る。

樹皮　色は灰白色～灰褐色。丸い皮目がある。

花　枝先の花序に白い小花が10～20輪咲く。

果実　直径5mmほどの核果。中に種子が1粒ある。

冬芽　卵形。頂芽が発達しないことが多い。

樹皮に寄生する虫が分泌する蝋物質が珍重される

　全国に自生する半落葉の低木樹。明るい林内や林縁で多く見られる。庭木として植栽されることはほとんどない。灰白色～灰褐色の樹皮にイボタカイガラムシが寄生し、蝋のような物質を分泌する。これがイボタ蝋として、障子やふすまの敷居滑りに使われたり（蝋としては高級品とされる）、民間療法で止血薬、強壮薬として使われたりする。また、皮膚にできたイボを取るのに有効で、「いぼとりのき」が転訛して樹名になったとする説が有力。家具のつや出し，戸滑りにも用いられる。

写真：葉／近畿地方整備局六甲砂防事務所の画像を編集、樹形・樹皮・花・果実／ビジж、冬芽／植木ペディア

果実は苦みが強い。野鳥も好まないので、冬になっても枝に残っていることが多い。

広葉樹 単葉

イワナシ

Epigaea asiatica

ツツジ科

樹高：3~10cm
花期：4～6月
分布：北海道南部～中国地方

[不分裂]

一株に葉が数枚しかないことが多い。
長さ4～10cm、幅2～4cm

特徴

葉のふち

[全縁]

葉のつき方

[互生]

常緑／落葉

[常緑]

樹形
ほふく性低木となる。

樹皮
褐色の毛があり、ざらついている。

花
総状花序をつくり、3～8個の花をつける。

果実　緑色や赤褐色を帯びた薄い果皮に包まれる。

高山の足元に咲く、日本固有の小さな宝石

　北海道南部、東北地方から中国地方東部の温帯、亜高山帯に自生し、比較的日本海側に多く見られる。山地の岩がちな林内や林縁で見られるが、ややまれな日本固有の種である。茎は短く地を這い、葉は楕円形で硬く、枝ともに褐色の長毛が多いため、まとまって生えることも多く見分けやすい植物である。また、4月～6月にピンク色から白色でふちが5つに裂ける形の花をつけることで知られており、登山家から人気のある植物のひとつである。

写真：葉／かのんの樹木図鑑、花・果実／Zenkurou、樹形／野山の花たち、樹皮／中越植物園オンラインショップ

果実がナシに似ていることからこの名前がついたといわれている。

広葉樹 / 単葉 [不分裂]

ウグイスカグラ

Lonicera gracilipes var. *glabra*

スイカズラ科

樹高：1～2m
花期：4～5月
分布：北海道～九州

楕円形。細かい葉脈はしわに見える
長さ3～8cm、幅2～5cm

裸芽。冬芽にも毛はない。

冬芽

果実　1～1.5cmの楕円形の液果。

特徴
葉のふち [全縁]
葉のつき方 [対生]
常緑／落葉 [落葉]

樹形
株立ち、低木で細かく枝分かれする。

樹皮
淡褐色で薄く剥がれる。

花
1～2cmほどの大きさで先が5裂。

林縁や明るい林内に育つ、ウグイスも好む美しい木

　北海道南部から九州の温帯にかけ、林縁や明るい林内に見られる。ウグイスが鳴き始める頃に花を咲かすことや、ウグイスが細い枝の茂みに隠れることなど、ウグイスに関する由来が複数ある。春には細いろうとの形で先端が星形に裂けるきれいな薄紅色の花が垂れ下がるように咲く。葉は、丸みを帯びた菱形で葉先は鈍く尖り、基部は広い楔形をしている。また、毛の量に関して変異があり、木全体がほぼ無毛の変種ウグイスカグラが九州を除く低地に見られることがある。

樹木医/Sakurai

写真：葉／近畿地方整備局六甲砂防事務所の画像を編集、樹形・冬芽／植木ペディア、樹皮・花・果実／ビジオ

ウグイスカグラの赤い実はその甘さからグミと呼ばれており生食できる。

広葉樹 単葉

[不分裂]

ウツギ
（ウノハナ）

Deutzia crenata var. *crenata*

アジサイ科

樹高：1〜3m
花期：5〜6月
分布：北海道〜九州

長楕円形〜披針形。
鋸歯は丸みを帯びる。

長さ4〜9cm、幅2.5〜3.5cm

特徴

葉のふち

[鋸歯縁]

葉のつき方

[対生]

常緑／落葉

[落葉]

株立ちの低木。 樹形

冬芽

卵形。
大きさは4mmほど。

果実

種子を飛ばし終わったあとも枝に残る。

灰褐色の樹皮で古くなると剥がれ落ちる。 樹皮

万葉の時代から親しまれる。「夏は来ぬ」の卯の花がこれ

北海道から九州の温帯に自生し、林縁や河原など明るい場所によく見られる。ウツギと呼ばれる木があるが、これらは必ずしも同じ仲間というわけではなく、幹や枝が空洞になっていることから空木（ウツギ）とされる。いささか紛らわしい。本家のウツギの葉は4〜9cmほどの細長い形をしていて、表面に星状毛が散生しているためざらついている。花期には、小さな白い花が円錐状になって枝先に咲く。その後にできる果実は、殻が翌春まで枝に残ることが多い。

5枚の花弁は平らに開かない。 花

写真：葉／かのんの樹木図鑑、樹形・樹皮・花・果実／ビジオ、冬芽／植木ペディア

陰暦4月の卯月に白い花を咲かせることから「卯の花」と呼ばれている。

ウメ

Prunus mume
バラ科

樹高：5〜10m
花期：2〜3月
分布：北海道〜沖縄

広葉樹
単葉

［不分裂］

倒卵形。先端が尖り、晩秋には黄色く色づく。

長さ4〜9cm、幅3〜5cm

特徴

葉のふち
［鋸歯縁］

葉のつき方
［互生］

常緑／落葉
［落葉］

樹形
くねるような幹は直径20〜30cmになる。

冬芽
花芽と葉芽の2種類がある。

果実
表面には細かい毛が密生し、黄色く熟す。

高貴な香りを漂わす花があまりにも有名

中国原産。庭木、果樹、公園樹としてよく見られる。古来から愛され、万葉の時代には観梅を楽しんでいたほど美しい花として認識されている。花を観賞するための「花ウメ」、実を採取する「実ウメ」といった栽培品種がある。また、形態によって分けられており枝が細く、白い花を咲かすなどの特徴をもつ野梅系、アンズとの雑種だと考えられている豊後系、紅色の花を咲かす緋梅系がある。葉は倒卵形で先が尾状に突き出て、葉柄上部には小さな蜜線がある。

HARDWOOD／(株)

樹皮
暗灰色で不規則に裂ける。

花
芳香がある。花柄がほとんど見られない。

写真：葉・樹形・樹皮・花・果実／ビジオ、冬芽／癒し憩い画像データベース

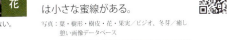
「桜切る馬鹿、梅切らぬ馬鹿」。世話は個性に応じてすることが大事という諺。

広葉樹 単葉

ウメモドキ
（オオバウメモドキ）

Ilex serrata

モチノキ科

樹高：2〜3m
花期：5〜6月
分布：本州〜九州

［不分裂］

表は軟毛が散生してふわっとした感触。
——
長さ4〜8cm、幅3〜4cm

特徴

葉のふち
［鋸歯縁］

葉のつき方
［互生］

常緑／落葉
［落葉］

冬芽
卵形または円錐形。鱗片で覆われる。

果実
直径5mmほどでつやつやな赤色の核果。

樹形
株立ちの落葉低木。

樹皮
灰褐色でなめらか。

ウメにあまり似ていないが、名はウメモドキ。

　本州から九州の温帯地域に自生している。また庭木や公園樹として普通に見ることができる。葉伸長3〜8cmほどの大きさで平凡な楕円形をしている。ウメの葉に似ていることから名づけられたという。赤い実が美しいので庭木や盆栽として利用されている。とくに実が大きな栽培品種の「大納言」はよく庭木として見られる。雌雄異株であり、雌株は小鳥の好物でもある直径5mmほどの丸く小さな赤い実をつける。葉が落ちたあとでも枝に実が残る。

花（雄花） 花（雌花）
小さい雌花は緑色の子房が目立つ。

写真／葉／かのんの樹木図鑑、樹形・樹皮・雄花・雌花・果実／ビジオ、冬芽／植木ペディア

果肉部分が少なく苦味を感じるものもあるため、食用には向いていない。

ウラジロガシ

Quercus salicina

ブナ科

樹高：20m
花期：4〜5月
分布：本州〜沖縄

広葉樹

単葉

［不分裂］

全体は
ぱりぱりとした質感がある。
—
長さ9〜15cm、幅2.5〜4cm

特徴

葉のふち

［鋸歯縁］

葉のつき方

［互生］

常緑／落葉

［常緑］

樹形
高木で、幹周が80cmになるものもある。

樹皮
灰色でなめらかである。

果実　卵形または楕円形の堅果。殻斗は縞模様に見える。

冬芽　長楕円形。

裏側が白色な葉は
落ち葉になるとさらに白い

　本州から沖縄の比較的暖かい地域の山野に自生している。ウラジロガシの葉の7〜11cmの大きさでふちは鋭く尖ってギザギザしている。何よりこの葉の特徴としてあげられるのは、葉の裏側が粉を吹いたように白みを帯びていること。これが名前の由来にもなっている。そのうえ、落ち葉の裏面は生の葉よりも真っ白になるため、より種の判別が容易である。また、秋には果実がなるが、この果実が熟すのには時間がかかり、翌年の秋まで待たなければならない。

花（雄花）

花（雌花）

雄花は垂れ下がってつき雌花は葉腋につく。

写真：葉／近畿地方整備局六甲砂防事務所の画像を編集、樹形・樹皮／ビジオ、花・雌花・果実・冬芽／植木ペディア

岡山県自然保護センター
Youtubeチャンネル「岡山いきもの学校」

古くからウラジロガシを使ったお茶があり、今日でも商品化されている。

広葉樹 単葉 [不分裂]

ウワミズザクラ

Padus grayana

バラ科

樹高：15～20m
花期：4～5月
分布：北海道～九州

卵状長楕円形。
鋸歯縁で、先が長い鋭突形。
長さ8～11cm、幅3.5～6cm

特徴

葉のふち
[鋸歯縁]

葉のつき方
[互生]

常緑／落葉
[落葉]

冬芽
赤い冬芽。
落枝痕のわきにつく。

果実
核果。色が緑、黄、橙、赤、黒に変化する。

樹形
幹は直立し、落葉高木。

樹皮
暗紫褐色で、切ると強い香りがする。

花
白いブラシのような花で、枝全体を覆う。

ブラシ状の花を咲かせ優秀な木材になるサクラ

　樹高は15mほどで径は50cmにも成長する落葉高木。北海道（石狩平野以南）・本州・四国・九州（熊本南部まで）の温帯に分布し、日当たりのよい谷間や沢の斜面に好んで生える。春には雄しべと雌しべが花弁より長い白い花を新枝の先に多数咲かせる。木材として丈夫で木目が緻密であるため、建築、彫刻、器具などに重宝されている。漢字で書くと「上溝桜」。名前の由来は、かつて占いの際にこの木の材に溝を彫ったものを使ったことからといわれている。

写真：葉・樹皮・花・果実・冬芽／ピジオ、樹形／植木ペディア

若い果実を塩漬けにしたものが新潟県では杏仁香（あんにんご）と呼ばれている。

広葉樹
単葉

エゴノキ
（ロクロギ、チシャノキ）
Styrax japonicus

エゴノキ科

樹高：5〜10m
花期：5〜6月
分布：北海道〜沖縄

[不分裂]

葉裏や葉柄に褐色の毛(星状毛)がある。
長さ4〜8cm、幅2〜4cm

特徴

葉のふち

[鋸歯縁]

葉のつき方

[互生]

常緑／落葉

[落葉]

果実 卵円形の蒴果。灰白色で熟すと裂ける。

冬芽 白っぽく星状毛を被っている。

樹形 幹はやや傾き、不規則に枝を伸ばす。

樹皮 暗紫褐色。表面はなめらかで縦すじがある。

花 白色で5裂。花序に20個ほどつく。

えぐみの強い果実は
果皮が石鹸の代用になる

　身近な里山や山の谷間に多く生えている落葉小高木。日本以外では朝鮮半島や中国にも分布する。花期は5〜6月で、白い花がいっせいに咲き、雪のように美しく散る。果実は8〜9月に熟し、縦に割れると中から1個の種子が出る。若い果実の果皮が石鹸の代用になる。かつては果皮をすり潰して洗濯に使ったり、川に流して魚取りに利用したりした。木材は白く均質で、人形、くり物、ろくろ細工などに用いられる。園芸種に花色がピンクのアカバナエゴノキがある。

写真：葉／かのんの樹木図鑑、樹形・樹皮・花・果実／ビジオ、冬芽／植木ペディア

秋元園芸植木屋やっちゃん

果皮に有毒のサポニンを含み、舐めるとえごい(エグい)ことが木の名の由来。

広葉樹 単葉

エドヒガン
(ウバヒガン、ヒガンザクラ)

Cerasus itosakura var. *itosakura* f. *ascendens*

バラ科

樹高：15〜20m
花期：3〜4月
分布：本州〜九州

長楕円形。葉柄に毛が多い。
長さ6〜12cm、幅3〜5cm

[不分裂]

特徴

葉のふち
[鋸歯縁]

葉のつき方
[互生]

常緑／落葉
[落葉]

樹形
枝は斜め上に伸び、丸い樹形となる。

果実 / 冬芽
核果。6月に黒色に熟し、果肉は渋くなる。
白っぽい毛が生える。芽鱗に包まれる。

樹皮
不揃いな浅い割れ目があり、皮目が点在。

花
白色または淡紅色で楕円形。がく筒が筒状に膨らんでいる。

ソメイヨシノの片親は、彼岸を彩る山のサクラ

本州、四国、九州に自生し、山地に生える落葉高木。樹高は20m、径は1mほどに成長するが、サクラの中でも寿命が長く、ときに径が3m以上の大木になる。3〜4月、おもに春の彼岸の時期に咲くことから「彼岸桜」とも呼ばれている。花は前年の葉の付け根部分に2〜5個つき、葉が出るより前に花が開くのが特徴。日本でもっとも植えられている栽培品種のサクラであるソメイヨシノは、この種とオオシマザクラの雑種とされる。サクラの中ではもっとも寿命が長いといわれる。

写真：葉・樹形・樹皮・花・果実・冬芽／ビジオ

樹木医Sakurai

シダレザクラはおもにエドヒガンの枝が下に垂れたもの。観賞用に栽培される。

エノキ
(ナガバエノキ)
Celtis sinensis

アサ科

樹高：15〜20m
花期：4〜5月
分布：本州〜沖縄

広葉樹 / 単葉

[不分裂]

広楕円形。
先半分だけに鋸歯がある。

長さ4〜9cm、幅3〜6cm

特徴

葉のふち
[鋸歯縁]

葉のつき方
[互生]

常緑／落葉
[落葉]

果実 核果。黄色から赤褐色に変化する。

冬芽 小型で円錐形。芽鱗に包まれる。

樹形 幹が比較的低い位置から枝分かれする。

樹皮 灰黒色で、ほぼ平滑。

花 雄花は新枝の下部に、雌花は上部に咲く。

江戸の街道に植えられた国蝶・オオムラサキの母

　本州、四国、九州、沖縄に分布している落葉高木。樹高は15〜20m、径は1mほどに成長する。花は4〜5月頃に咲き、同時に新葉も開く。葉は日本の国蝶であるオオムラサキの幼虫がよく食べている。果実は9月頃に紅褐色に熟し、果肉は十分に甘くなる。向陽の適潤地よく生育しているほか、雑木林や社寺、公園などにもしばしば植えられている。木材は建築、器具、薪炭材として使われているほか、ケヤキの模擬材の材料にされている。

写真：葉／かのんの樹木図鑑、樹形・樹皮・花・果実・冬芽／ビジオ

HARDWOOD（株）

大きくてよく目立つことから、江戸時代には街道に1里ごとに植えられていた。

広葉樹 単葉 [不分裂]

オオカメノキ
（ムシカリ）
Viburnum furcatum

樹高：2〜5m
花期：5〜6月
分布：北海道〜九州

ガマズミ科

円形〜広卵形。
つけ根がハート状にくぼむ
長さ10〜20cm、幅8〜18cm

特徴

葉のふち ― [鋸歯縁]

葉のつき方 [対生]

常緑／落葉 [落葉]

冬芽
褐色の裸芽

樹形
幹は直立してほぼ水平に枝を出し、独特の樹形となる。

果実
広楕円形の核果。
赤色でのちに黒く熟す。

樹皮
暗灰褐色でなめらか。

花
白色。5つに裂けている。かすかに甘い香りがする。

虫に食われながらも深山に生きる大亀の木

標高50〜2600mのブナ林と亜高山針葉樹林などの深山に生える落葉小高木。葉がよく虫に食害されることから「虫食われ」と呼ばれ、それが訛ってムシカリと呼ばれている。枝は褐紫色で、中に白い髄があり、斜上してよく分枝する。花は短い枝の先に一対の葉とともにつき、形はアジサイの花にも似ている。果実は8〜10月頃につき、花序の枝とともに赤くなり、熟すと黒くなる。葉は15cm前後で鋸歯はやや小さく、くぼんだ葉脈が目立つ。

写真／葉：近畿地方整備局六甲砂防事務所の画像を編集、樹形・樹皮・花・果実・冬芽／ビジオ

名前は、葉を亀の甲羅に見立てて「大亀の木」と呼んでいたことが由来。

広葉樹
単葉
［不分裂］

オオシマザクラ
（タキギザクラ）

Cerasus speciosa

バラ科

樹高：8〜10m
花期：3〜4月
分布：伊豆諸島周辺

葉の幅が広く、基部はハート形にくぼむ。
長さ8〜13cm、幅5〜8cm

特徴

葉のふち
［鋸歯縁］

葉のつき方
［互生］

常緑／落葉
［落葉］

樹形
高さ15m、幹周が2mを超すものもある。

果実
核果。紅色から熟して黒色になる。

冬芽
芽鱗に包まれている。

端午の節句も彩る
伊豆諸島を代表するサクラ

　暖地の沿海地丘陵地や低山に生えている落葉高木。伊豆諸島を特産とするが、房総半島、三浦半島、伊豆半島などにかつて植えられたものが野生化している。ソメイヨシノの片親であり、多くのサトザクラの元となっている。純白で芳香がある大きな花が、鮮やかな緑色の若葉が出るのとほぼ同じくらいに咲くため、全体が黄緑色に見える。木材は強靭で、建築、家具、器具などに用いられている。多くの園芸品種があり、各地の公園などで観賞用に栽培されている。

樹皮
紫黒色または灰紫色。横長の皮目が目立つ。

花
白色または淡紅色。花弁の先が2裂する。

写真：葉・樹皮・花・果実・冬芽／ビジオ、樹形／photoAC

樹木医Shirai

桜餅に使われているのは、おもにオオシマザクラの葉を塩漬けにしたもの。

広葉樹 単葉 [不分裂]

オガタマノキ
（オガタマ）

Magnolia compressa

モクレン科

樹高：10〜15m
花期：2〜4月
分布：本州（関東以南）〜沖縄

表面は光沢があり裏面には毛が生える。
長さ5〜10cm、幅2〜4cm

特徴

葉のふち [全縁]

葉のつき方 [互生]

常緑／落葉 [常緑]

樹形
幹は直立し、葉は円蓋形に広がる。

樹皮
灰褐色で平滑。細かな皮目が目立つ。

花
芳香がある白色の複弁花で付き方は扇状。

ぷっくりとして、芽鱗毛が生えている。
 冬芽

 果実
集合果で袋果がこぶのようにつく。

神霊を招く木。花には強い芳香がある

　オガタマノキは南西日本原産の常緑の高木で、大きなものでは樹高15m、直径80cmほどに成長する。開花期は2〜4月、乳白色で基部が紅紫を帯びる3cmほどの強い芳香のある花を咲かせる。こぶのようにつく袋果は秋に熟し2〜3個の種子を含む。この果実は食用になる。名前のオガタマとは招霊がなまったものといわれており、神前の供え物によく用いられる。神社や庭の植栽に用いられることも多い。また、オガタマノキの材は堅く、家具材などにも重宝されている。

写真：葉／かのんの樹木図鑑、樹形・樹皮・花・冬芽／ビジオ、果実／植木ペディア

長崎ケーブルメディア

オガタマノキは、南方系のとても美しい蝶・ミカドアゲハの幼虫の食草になる。

オトコヨウゾメ

Viburnum phlebotrichum

ガマズミ科

樹高：1～3m
花期：5～6月
分布：本州（北陸を除く）～九州

広葉樹

単葉

[不分裂]

単葉の卵形。長楕円状卵形や広卵形もある。

長さ4～9cm、幅2～4cm

特徴

葉のふち
[鋸歯縁]

葉のつき方
[互生]

常緑／落葉
[落葉]

冬芽 黒光りする芽鱗が2対ある。

果実 赤色で光沢がある。球形または広楕円形の核果。

樹形 細長い枝が根元から密に枝分かれする。

樹皮 灰色か灰褐色。皮目が散生する。

花 白色の複弁花で、枝先に房状に咲く。

秋にきれいに咲くが、赤い実は食べられない

　本州・四国・九州の山地林に生えるガマズミの仲間の落葉低木で、樹高1～3mほどに成長する。花期は5～6月頃で、枝先に白い複弁花が枝先から房状に垂れ下がって咲く。秋になると実が熟し光沢のあるきれいな赤色になり、食用酒の材料になる。本種の葉には、托葉がない、葉が乾くと黒くなる、葉柄は赤色を帯びることが多い、といった特徴があり、ほかのガマズミ類と見分けることができる。果実の観賞価値の高さから、庭木として利用されることも多い。

写真：葉・樹形・樹皮・花・果実・冬芽／ビジオ

秋元園芸植木屋やっちゃん

オトコヨウゾメは近縁種のミヤマガマズミと雑種を作ることもある。

広葉樹 単葉

[不分裂]

オニシバリ
（ナツボウズ）

Daphne pseudomezereum

ジンチョウゲ科

樹高：0.4〜1.5m
花期：2〜4月
分布：本州（東北南部）〜九州

長楕円形。葉裏は白っぽい。
長さ4〜10cm、幅0.8〜2cm

特徴

葉のふち

[全縁]

葉のつき方

[互生]

[束生] 枝先

常緑／落葉

[落葉]

樹形
落葉小低木で、草のようにも見える。

冬芽
黄緑色。円錐形で小さい。

果実
楕円形の液果。夏に赤く熟し、辛く有毒。

樹皮
縦に裂ける。剥がれやすいが強靭。

夏は葉がなくなり坊主になるから夏坊主

東北南部から九州の暖地に生え、夏に葉を落とし冬に葉を茂らせる冬緑性の落葉樹である。別名の「ナツボウズ」は、夏に落葉することからついた。樹高は0.4〜1.5mほどに成長する。葉は互生して枝先では束生状になる。長い楕円形の葉は、革のような質感で、7〜9対ある葉脈はやや不規則に乱れる。雌雄異株で花期は2〜4月頃。淡い黄緑色のがく筒で花弁に見える部分はがく裂片。2〜10個ほどの花が集まって束生状につく。初夏に楕円形の液果が赤く熟す。果実は辛く有毒。

花（雄花）

花（雌花）

淡い黄緑色のがく筒で束生状につく。

写真：葉・果実／植木ペディア、樹形・樹皮・雄花・雌花／ビジオ、冬芽／大岩千穂子

繊維が強靭で、鬼も縛ることができるほど丈夫ということから名前がついた。

オリーブ

Olea europaea

モクセイ科

樹高：2〜10m
花期：5〜7月
分布：瀬戸内海周辺

広葉樹 単葉

［不分裂］

披針形。葉身は革質で、裏面は白銀色。
長さ2.5〜6cm、幅0.7〜1.5cm

特徴

葉のふち

［全縁］

葉のつき方

［対生］

常緑／落葉

［常緑］

 冬芽
白色の鱗状毛に覆われた裸芽。

 果実
核果。秋に紅紫〜黒紫色に熟す。

 樹形
卵形になる。幹は直立している。

 樹皮
緑がかった灰色。古木には裂け目が入る。

 花
葉腋に房状でつき、よい香りを放つ。

世界中の平和と幸福のシンボルツリー

　公園樹や庭木などによく用いられる、地中海地方原産の常緑高木。5〜10mほどに成長する。平和と幸福のシンボルとされており、国連旗にもあしらわれている。はじめは緑色で、熟すと紅紫〜黒紫色になる果実はピクルスやオリーブオイルとして、やや薄く硬い質感の葉はオリーブ茶として利用されている。栽培の歴史は古く、多くの園芸品種が知られている。日本には江戸時代に渡来したとされており、小豆島で栽培が盛んに行われている。

千年オリーブの森　堺・和泉

写真：葉／photolibrary、樹形・樹皮・花／ビジオ、果実／植木ペディア、冬芽／Nao.T

古木は樹皮や樹形の観賞価値の高さから園芸用として高値で取引されている。

広葉樹 単葉

カキノキ
(カキ)

Diospyros kaki

カキノキ科

[不分裂]

樹高：4〜12m
花期：5〜6月
分布：本州〜九州

表面中脈には艶があり、裏面は有毛。

長さ7〜20cm、幅4〜10cm

特徴

葉のふち
[全縁]

葉のつき方

[互生]

常緑／落葉

[落葉]

冬芽

赤褐色で卵形。芽鱗は4〜5枚で有毛。

果実

卵形、扁球形など品種によりさまざま。

樹形

幹は曲がって伸び、整った樹形にはならない。

樹皮

灰褐色。網目状に裂ける。

花（雄花）

花（雌花）

黄緑色で釣り鐘形の単花。葉腋につく。

おいしい秋の味覚を代表するフルーツがなる木

　日本を代表する果樹で、庭木としてもよく植えられている落葉高木である。栽培の歴史は古く、鎌倉時代には甘柿が作られていたといわれている。多くの園芸品種が知られており、果実の形や大小、甘さや渋さなど実にさまざまである。葉は広楕円形でつやがあり、表面の中脈と裏面に短毛がある。灰褐色で網目状に裂ける樹皮はカキノキ肌と呼ばれることもあるほど特徴的である。果実だけでなく幹や葉もさまざまな用途で利用されている。

写真／葉／かのんの樹木図鑑、樹形・樹皮・雄花・雌花・果実・冬芽／ビジオ

冬、枝に残った果実を食べに集まるさまざまな野鳥を観察することができる。

ガクアジサイ
（ハマアジサイ）

Hydrangea macrophylla f. normalis

アジサイ科

樹高：1～3m
花期：6～7月
分布：本州～九州、小笠原諸島

広葉樹 単葉

[不分裂]

長楕円～卵状楕円形。鋸歯葉で光沢がある。

長さ10～18cm、幅6～10cm

特徴

葉のふち

[鋸歯縁]

葉のつき方

[対生]

常緑／落葉

[落葉]

冬芽 赤褐色。長卵形3対の芽鱗葉に包まれる。

果実 卵形の蒴果。茶褐色で目立たない。

樹形 根元から複数の枝が立ち上がる株立ち樹形。

樹皮 淡い灰褐色。楕円形の皮目が散生される。

花 集散花序に直径約0.5cmの両性花をつける。

梅雨空を彩る額縁のような装飾花

　落葉または半常緑性の低木で、樹高1～3mほどに成長する。新しい葉を数対つけた枝に頂生する花は青色で、わずかに紫色を帯びる両性花。そのまわりを装飾花が額のように囲む。装飾花は、白色から次第に青紫色に変わっていく。楕円または卵形のあまり目立たない蒴果をつける。種子の両端には短い突起状の翼がある。葉は厚くほぼ無毛で、光沢のある鋸歯葉である。落葉樹で本種ほど厚い葉をつける種はほとんどない。庭木や公園樹木などとしてよく用いられている。

写真：葉・樹形・樹皮・花・果実・冬芽／ビジオ

hachi ai (Mike3)

自生型のものがガクアジサイ、すべて装飾花の栽培種がアジサイとされている。

広葉樹 単葉

カゴノキ

Litsea coreana

クスノキ科

樹高：7〜20m
花期：8〜9月
分布：本州（関東以西）〜沖縄

倒披針形。裏は白く、枝の先端に集まってつく。

長さ5〜10cm、幅2〜4cm

[不分裂]

特徴

葉のふち

[全縁]

葉のつき方

[互生]

常緑／落葉

[常緑]

樹形
枝先に葉が集まり、高く育つ。

樹皮
灰白色で鹿の子模様に樹皮が剥がれる。

果実
卵状球形の液果。大きさは7〜8mmほど。

冬芽
褐色の芽鱗。細長く先は尖る。

美しい鹿の子模様の樹皮が幹に存在感を与える

　7〜20mほどに成長する常緑高木。関東地方〜沖縄、朝鮮半島南部にかけて沿海から低山の多少乾いた照葉樹林に自生。西日本に多く生育している。シイ・カシ類とともに林冠を構成する樹木のひとつ。若木の樹皮は暗褐色でなめらかだが、成木になると樹皮は鱗状に剥がれ、白や緑褐色が交じる鹿の子模様になる。枝先の芽はタブノキより細長く、枝は黒っぽい色をしている。名前の由来は幹の模様が鹿の子の模様に見えることから。材は硬質で、建材や楽器に用いられる。

花（雄花） **花（雌花）**
葉腋に黄色い花が集まってつく。

写真：葉／かのんの樹木図鑑、樹形・樹皮・雄花／ビジオ、雌花・果実・冬芽／植木ペディア

葉の形はタブノキによく似ているが、樹皮を見れば簡単に区別できる。

カシワ
（ホソバガシワ）
Quercus dentata
ブナ科

樹高：10〜15m
花期：5〜6月
分布：北海道〜九州

広葉樹
単葉
［不分裂］

倒卵状楕円形。ふちは大きく波打つ。
長さ10〜30cm、幅6〜18cm

軟毛が生えている。芽鱗は20数個ある。 冬芽

果実　1.5〜2cmのドングリ形の堅果をつける。

特徴

葉のふち
［鋸歯縁］

葉のつき方
［互生］

常緑／落葉
［落葉］

樹形
幹はまっすぐに伸び大きく育つ。

樹皮
黒褐色。縦に大きく裂ける。

花（雄花）　花（雌花）
雄花は垂れ下がってつく。雌花は葉腋につく。

食べ物を盛り付けるのに使われる大きな葉をもつ木

　樹高10m〜15mほどに成長する落葉広葉高木。北海道〜九州にかけて分布しており、寒冷地に多い。山地や海岸に時に生える。とくに北海道の海岸林に多く自生している。葉は10〜30cmと大きく、葉のふちは波形の鋸歯が見られる。葉は柏餅を包むのに用いられるほか、古くには食べ物を盛り付けるのに使用された。また大きな波形の葉が特徴的でわかりやすいが、まれにコナラやミズナラとの雑種ができるため見分けるときに注意が必要。

岡山県自然保護センター　Youtubeチャンネル「岡山いきもの学校」

写真：葉／photolibrary、樹形／photoAC、樹皮・雄花・冬芽／ビジオ、雌花・果実／植木ペディア

冬に葉が枯れても枝に残ることが多く、子孫を絶やさない縁起木といわれている。

広葉樹 単葉 [不分裂]

カスミザクラ
（カスミサクラ、ケヤマザクラ）

Cerasus leveilleana

バラ科

樹高：15〜25m
花期：4〜5月
分布：北海道〜九州

楕円形。光沢のある鋸歯葉。
長さ8〜12cm、幅4〜6cm

特徴

葉のふち

[鋸歯縁]

葉のつき方

[互生]

常緑／落葉
[落葉]

樹形
幹は曲がって伸び、枝を広げる。

冬芽
褐色。無毛の鱗芽をもつ。

果実
球形で小さい。黒紫色の核果が初夏に熟す。

樹皮
紫褐色。横に皮目が伸びる。

花
白色の花。数個がまとまって咲く。

ヤマザクラから花を引き継ぐように咲くサクラ

　山地に生息する15〜25mの落葉高木。花柄や葉柄、がくに毛が見られ、別名ケヤマザクラと呼ばれる。北海道〜九州、朝鮮半島に分布する。温帯の山地に広く見られるが、四国、九州ではごくまれである。花期は4〜5月、若葉と同時に開花する。花はたいてい白色だが、紅がかるものもある。垂直分布ではヤマザクラより上部を占めるが、下方ではヤマザクラと分布が重なり、混生している。家具材や建築材などのほか、漆器の木地としても利用される。

写真：葉／かのんの樹木図鑑、樹形・樹皮・花・果実／ビジオ、冬芽／植木ペディア

花期がヤマザクラより遅く、平地のサクラの咲き終わりに咲く。

カツラ
(トワダカツラ)

Cercidiphyllum japonicum

カツラ科

樹高：20～30m
花期：4～5月
分布：北海道～九州

広葉樹
単葉

[不分裂]

広卵形。
ハート形の丸い葉。
長さ4～8cm、幅3～8cm

特徴

葉のふち
[鋸歯縁]

葉のつき方
[対生]

常緑／落葉
[落葉]

冬芽
赤紫色～赤褐色で無毛。

果実
筒状の袋果をつける。果期は10～11月。

樹形
幹が途中で斜めに伸びるものもある。

樹皮
暗灰褐色。縦に裂け目がある。

花(雄花)

花(雌花)

花弁とがくのない赤い花をつける。

軽軟で加工しやすい
日本固有の美しい樹木

　渓流沿いなど、湿り気のある場所に見られる落葉広葉高木。樹高は20～30m、直径2mになる高木。日本固有種であり、北海道～九州までの山地や丘陵地に分布している。庭木や公園樹、街路樹などに用いられ、春には新緑を、秋には黄葉を楽しむことができる。黄葉時にはカラメルのような甘いにおいがする。カツラ材は軽軟で加工性がよいため、細工物や彫刻、東北地方では仏像の材料に多用された。また、アイヌ民族は丸木舟や食器に重宝していた。

写真：葉・樹皮・雄花・雌花・果実・冬芽／ビジオ、樹形／植木ペディア

HARDWOOD（株）

葉は甘い香りがある。葉を乾燥させて粉砕し、抹香として使わることもある。

広葉樹 単葉 [不分裂]

カナメモチ
（アカメモチ）

Photinia glabra

バラ科

樹高：3〜9m
花期：5月
分布：本州（東海以西）〜九州

長楕円形。新葉は紅色。ふちに小さな鋸歯。
――
長さ5〜10cm、幅3〜4cm

特徴

葉のふち
[鋸歯縁]

葉のつき方
[互生]

常緑／落葉
[常緑]

果実
大きさは5mmほどで、熟すと赤くなるナシ状果。

冬芽
新葉をたたえ、紅色で目立つ冬芽。

春や秋、株全体が染まる紅い新葉の常緑樹。

本州（東海地方以西）〜九州の丘陵地に生育する3〜9mの常緑広葉小高木。丈夫でびっしりと枝が茂り、枝を短く刈り込んでも枯れないため生垣に多用される。葉は厚い革質で光沢がある。通常は緑色を呈しているが、新芽と新葉は赤く色づくため、春や秋に新葉が出そろうと株全体が赤くなる。ニュージーランドで作出されたレッド・ロビンは本種と近縁種のオオカナメモチの雑種。本種に比べ葉が大きく、新葉の紅が本種より鮮やか。

樹形
幹は直立し球形にまとまる。

樹皮
暗褐色。皮目は薄く割れる。

樹木医Sakurai

花
大きさは1cmほど。枝先に集まって咲く。

写真：葉・樹形・樹皮・花・果実／ビジオ、冬芽／植木ペディア

「枕草子」では「たそばの木」と呼び、清少納言は葉の美しさを褒めていた。

ガマズミ
（アラゲガマズミ）

Viburnum dilatatum

ガマズミ科

樹高：2〜4m
花期：5〜6月
分布：北海道（西南部）〜九州

広葉樹

単葉

[不分裂]

卵形〜円形。表面はほぼ無毛。

長さ5〜14cm、幅3〜13cm

特徴

葉のふち

[鋸歯縁]

葉のつき方

[対生]

常緑／落葉

[落葉]

冬芽

大きさは3〜5mmで、2〜3対の芽鱗をもつ。

果実

秋に赤い卵形の核果をつける。

樹形

株元から枝分かれして成長する。

樹皮

縦にすじが入っている。若枝は灰緑色。

花

白く小さな花が多数集まって咲く。

花よりも果実が尊ばれる、鳥にも人気の樹木

山野に自生する2〜4mの落葉広葉低木。北海道（西南部）〜九州の平地から低山にかけて生息している。別名、アラゲガマズミと呼ばれている。ヨソゾメ、ヨツヅミなどの地方名も多い。現在では庭木や公園樹に用いられることがある。花よりも赤い実を観賞する樹木。果実は核実であり、秋に熟し枝先に散房状の実序が見られる。材は鎌などの柄や杖に用いられ、果実は衣類や漬物を染めることに用いられた。昔から人々の生活の中で親しまれてきた樹木。

秋元園芸植木屋やっちゃん

写真：葉・樹形・樹皮・花・果実／ビジオ、冬芽／植木ペディア

果実は熟すと白い粉をふき、食べることができる。甘い味がする。

広葉樹 単葉 [不分裂]

カマツカ
（ウシコロシ）

Pourthiaea villosa

バラ科

樹高：5〜7m
花期：4〜5月
分布：北海道〜九州

広倒卵形〜狭倒卵形。
ふちに細かい鋸歯色。

長さ4〜7cm、幅2〜5cm

特徴

葉のふち
[鋸歯縁]

葉のつき方
[互生]

常緑／落葉
[落葉]

樹形
根元付近から枝分かれしている。

樹皮
灰白色。縦に細かいシワがある。

花
短枝に房状で10〜20個程集まって咲く。

果実
偽果。
10〜11月に赤く熟す。

冬芽
赤褐色。
円錐形を示す。

堅く折れにくい材が
鎌の柄に使われる低木樹

　山野に自生している5〜7mの落葉広葉低木。名前の由来は、鎌の柄に使われたこと。材が緻密で堅い。北海道〜九州にかけて落葉樹林の日当たりのよい林縁によく見られる。庭木や公園樹、盆栽に用いられる。卵形で薄い葉をもつ。細かく鋭い鋸歯葉は秋に黄葉する。5弁花で花弁はほぼ円形。花軸には毛が生えている。10〜20個の花が短枝に房状につく。果実と枝を結ぶ果柄にイボ状のつぶつぶとした皮目がよく見られる。食用になり、味は甘い。

写真：葉／かのんの樹木図鑑、樹形・樹皮・花・果実・冬芽／ビジオ

名の由来は材が堅く丈夫で、鎌の柄の材料に用いられていたことから。

カリン
（カラナシ）

Pseudocydonia sinensis

バラ科

樹高：6〜10m
花期：3〜5月
分布：本州〜九州

広葉樹 / 単葉

[不分裂]

表面に光沢があり、秋には黄色や橙色に。
長さ5〜10cm、幅3.5〜5.5cm

特徴

葉のふち

[鋸歯縁]

葉のつき方

[互生]

常緑／落葉
[落葉]

樹形 — 全体的に丸みを帯びた形。

樹皮 — 表面はざらつき、縦にひび割れが生じる。

果実 — 熟すと光沢のあるでこぼこした表面に。

冬芽 — 平たく、小さい円形。

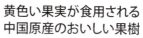

花 — 雄花と両性花があり、短枝の上部に咲く。

黄色い果実が食用される中国原産のおいしい果樹

食用や薬用として用いられる果樹で、落葉広葉樹。平安時代には日本に渡来していたと考えられており、原産は中国である。樹高は6〜10mになる。黄色のマルメロに似た果実をつけるが、葉の形状などで見分けることは容易。日本では自生しておらず、庭木として用いられることが多い。日本では東北、本州、四国、九州に植栽され、その果実がハチミツ漬けや果実酒などとして食用として利用されているほか、咳止めなどにも用いられる。

写真：葉・樹形／photoAC、樹皮・花・果実・冬芽／ビジオ

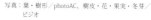

果実は咳止めやジャム、果実酒など薬用や食用として多岐にわたり利用される。

広葉樹 単葉

カンザクラ

Cerasus × *kanzakura* 'Praecox'

バラ科

樹高：3〜7m
花期：1〜2月
分布：本州（東北〜中部地方）

[不分裂]

楕円形。尖った先端とふちの鋸歯が特徴。
長さ6〜12cm、幅2〜5cm

特徴

葉のふち
[鋸歯縁]

葉の付き方
[互生]

常緑／落葉
[落葉]

冬芽
赤褐色。花芽と葉芽が明確に分かれている。

果実
黒紫色でサクランボのような形状の核果。

樹形
丸みのある広がった形状。

樹皮
灰色がかった茶色。若い木では光沢がある。

花
淡いピンク色の5弁花が咲く。

ほかのサクラよりも開花が早い、春の訪れを告げるサクラ

　カンヒザクラとサトザクラの雑種とされる落葉広葉樹。ただし、カンヒザクラを片親とする早咲きのサクラ全般をカンザクラと呼ぶ場合もあるので注意が必要である。早咲きが特徴で寒中に咲くため、カンザクラという名前がつけられた。江戸時代から観賞用として植栽されてきた。名所として知られるのは静岡県の熱海市など。開花がほかのサクラよりも早いことが特徴であり、開花時期は1月から2月。通常のサクラよりも小ぶりの花を咲かせ、冬の終わりと春の訪れを感じさせる。

写真：葉・樹皮・花・果実／ビジオ、樹形／photoAC、冬芽／NIOの散歩道 365 植物図鑑風写真集

樹木医Sakurai

カンザクラの花は蜜を多く含むため、昆虫や野鳥が集まりやすいことが特徴。

カンヒザクラ
（ヒカンザクラ）

Cerasus campanulata

バラ科

樹高：4～7m
花期：1～2月
分布：九州～沖縄

広葉樹 / 単葉

[不分裂]

先端が尖っている。
ふちには鋸歯がある。
――
長さ8～13cm、幅2～5cm

特徴

葉のふち

[鋸歯縁]

葉のつき方

[互生]

常緑／落葉

[落葉]

冬芽 赤褐色で、ほかのサクラより薄くなめらか。

果実 球形の核果。中には硬い種子がひとつ。

樹形 半球形でコンパクトな印象。

樹皮 赤褐色で、ほかの桜と比べて薄くなめらか。

花 濃いピンク色で鐘状の5弁花。

沖縄でサクラといえば本種。石垣島で自生する

　日本ではおもに九州、沖縄などの温暖な地域に見られる落葉広葉樹。原産地は中国南部と台湾。ソメイヨシノなどの種よりも早く開花することが特徴で、早いものでは12月に咲くこともある。ひときわ濃いピンク色の花を咲かせる。名前の表記を「緋寒桜（ヒカンザクラ）」とすることもあるが、別種の「彼岸桜」との混同を避けるため、寒緋桜の名称が使われる場合が多い。沖縄でサクラといえば本種を指し、石垣島の自生地は国の天然記念物に指定されている。

写真：葉・樹皮・花・果実／ビジオ、樹形／photoAC、冬芽／植木ペディア

樹木医Sakurai

沖縄で桜といえばソメイヨシノではなくカンヒザクラを指すことが多い。

広葉樹 単葉 [不分裂]

キブシ
（キフジ）

Stachyurus praecox

キブシ科

樹高：3〜5m
花期：3〜4月
分布：北海道（西南部）〜沖縄

長楕円形で先端が鋭形。葉縁には鋸歯。

長さ6〜12cm、幅3〜6cm

特徴

葉のふち
[鋸歯縁]

葉のつき方
[互生]

常緑／落葉
[落葉]

樹形

真っすぐに斜上した幹が広がる。

果実

広楕円形の液果をつける。熟すと黄褐色に。

冬芽

赤褐色。鱗芽が葉芽と花芽それぞれできる。

お歯黒に使われた各地で植栽されてきた樹木

樹皮

褐色で筋状の皮目が見える。

花（雄花）

花（雌花）

総状花序とスズランに似た形が特徴。

　山地などに生える樹高3〜5mほどの落葉広葉樹の低木。日本の北海道西南部、本州、四国、九州、沖縄に分布し、雌雄異株。湿気のある場所を好むが、基本的に土質などを選ばず、半日陰でも育つほど丈夫。若い木は樹皮に白い斑点状の皮目が多く見られるが、成長すると皮目が筋状になっていく。若い枝は緑色、または赤褐色で無毛。稜がありねじれ、光沢が見られる。成長が早く、1年で2m近く成長する。幹は真っすぐに斜上し成長する。

写真：葉／かのんの樹木図鑑、樹形・樹皮・雄花・果実／ビジオ、雌花・冬芽／植木ペディア

果実は、ヌルデから作る五倍子（お歯黒）の代用品として使われた。

キョウチクトウ

Nerium oleander var. *indicum*

キョウチクトウ科

樹高：3〜5m
花期：6〜9月
分布：本州〜沖縄

広葉樹

単葉

[不分裂]

葉身は長楕円形枝を覆うように生える。

長さ6〜20cm、幅1〜2cm

特徴

葉のふち
[全縁]

葉のつき方
[互生]

常緑／落葉
[常緑]

樹形
四方枝が伸び、丸く見えることが多い。

樹皮
暗褐色でなめらかだがざらつきがある。

花
5弁花。花弁はプロペラのような形状。

果実
細長い袋果。綿毛をもった種子がある。

花が咲いたら夏の予感。庭園や街路で植栽される

インド原産の常緑広葉樹。日本には江戸時代にもたらされ、庭園樹などに使われてきた。乾燥、大気汚染に強いため、街路樹として使われることも多い。枝には毒が含まれており、経口摂取により中毒を起こす。枝を折ると白い汁を確認できる。樹高は3〜5mほどで、枝別れが多いことが特徴のひとつ。花は5弁花でプロペラ状に曲がっており、花弁の基部は筒状になっている。花は熱帯地域では一年中咲くが、日本では6〜9月頃に開花する。

樹木医Sakurai

写真／葉／仙台市ホームページ「ようこそ！キッズ百年の杜」、樹形・樹皮・花／ビジオ、果実／Pablo Alberto Salguero Quiles

戦後、焦土と化した広島でいち早く花を咲かせ、市民に希望を与え、広島市の花に。

広葉樹 単葉

キリ
Paulownia tomentosa
キリ科

樹高：10〜15m
花期：5〜6月
分布：北海道（南部）〜九州

[不分裂]

広卵形で、表面には粘り気のある毛がある。

長さ15〜30cm、幅10〜25cm

特徴

葉のふち
[全縁]

葉のつき方
[対生]

常緑／落葉
[落葉]

冬芽
頂芽は枝先につき、側芽は枝につく。

樹形
丸く横に広がる。

果実
種子には翼があり、風で広く撒布する。

高級な材として使われる神聖な木

中国、韓国、日本で見られる落葉広葉樹。日本では北海道南部から九州に野生化したものが分布している。材としては、軽く、割れが少ない樹木であるため、家具や琴、下駄の材として利用されることが多く、伝統的に神聖な木とされている。日当たりを好み、短期間で大きく成長する。果実は先が尖った卵形で、直径は2〜3cmほど。熟すと2つに割れ、種子を飛ばす。種子は発芽率が高く、さらに翼がついており、風で広く散布されるため、分布を広げやすい。

樹皮
灰白色や灰褐色。波状に裂けている。

カモ撮りこうちゃん

花
花冠は筒状鐘形で、口唇のような形状。

写真：葉／photolibrary、樹形・樹皮・花・果実／ビジオ、冬芽／植木ペディア

名前の由来は木材となる木の栽培方法である切り株を残す「台切り」から。

キンモクセイ

Osmanthus fragrans var. *aurantiacus*

モクセイ科

樹高：4〜10m
花期：9〜10月
分布：本州〜沖縄

広葉樹 / 単葉 / [不分裂]

葉縁は波打っており、鋸歯が見られる。
長さ7〜12cm、幅2〜4cm

特徴

葉のふち
[鋸歯縁]

葉のつき方
[対生]

常緑/落葉
[常緑]

樹形
こんもりと丸いシルエット。

樹皮
灰褐色でひし形に皮目が裂けている。

花
オレンジ色の小さな花。甘い香りを放つ。

冬芽
枝先と葉の基部にそれぞれ数個つく。

花期に人々を魅了する中国原産の香りの木

中国原産の常緑広葉樹。日本には江戸時代に渡来し、庭木などとして使われてきた。渡来したのは雄株のみで、挿し木によって増やされた。自然分布はしていない。キンモクセイは花の香りがよいだけでなく、大気汚染や潮風にも強く、日陰でも安定して育つため、さまざまな場所で栽培されている。和名の由来は樹皮が動物のサイに似ていることから、中国で木犀と名付けられ、そのうちオレンジ色の花を咲かせるものをキンモクセイと呼んだことから。

写真：葉／photolibrary、樹形・樹皮・花／ビジオ、冬芽／かのんの樹木図鑑

樹木医Sakurai

キンモクセイの香りには一部の昆虫が忌避する成分が含まれている。

71

広葉樹 単葉 [不分裂]

クコ
Lycium chinense
ナス科

樹高：1〜2m
花期：7〜11月
分布：北海道〜沖縄

長楕円形。長さ2〜4cmほど。全縁で束生。
長さ2〜4cm、幅1〜2cm

特徴

葉のふち [全縁]

葉のつき方 [束生]

常緑/落葉 [落葉]

樹形
茎が弓状に垂れ下がる。

樹皮
茶色で縦に裂ける。ややなめらか。

花
薄紫色の鐘形。直径は1cmほど。

冬芽
小さな半球形。茎と枝の節につく。

果実
橙紅色で、種子を20個ほど含む液果。

杏仁豆腐で有名な果実は食用にも、薬用にも。

　東アジア原産の落葉広葉樹で、日本全域のほか、朝鮮半島、中国に分布している。平地に多く見られる。和名の「クコ」は、漢名の「枸杞」に由来する。さまざまな呼び名があり、「アマトウガラシ」、「カラスナンバン」、「ゴジベリー」などと呼ばれることも多い。有用な植物として知られ、果実や葉や根は食用、薬用に利用される。橙紅色に熟す果実は、生食やドライフルーツにされる。葉は長楕円形の全縁で大きさは2〜4cmほど。葉は根とともに薬用として用いられることが多い。

写真／葉／松江の花図鑑、樹形・樹皮・花・果実／ビジオ、冬芽／大岩千穂子

中国の薬膳では、クコの果実は滋養強壮効果があるとされ、杏仁豆腐に使われる。

クサギ

Clerodendrum trichotomum. var. trichotomum

シソ科

樹高：2〜5m
花期：7〜9月
分布：北海道〜沖縄

広葉樹 **単葉**

[不分裂]

広卵形。長さ3〜10cmで、強い臭気をもつ。

長さ8〜15cm、幅5〜10cm

冬芽
紅紫色の毛に覆われた裸芽。

果実
赤いがくの上に丸い藍色の核果。

特徴

葉のふち

[全縁]

葉のつき方

[対生]

常緑／落葉

[落葉]

樹形
樹冠が横広がりの形状。

樹皮
灰褐色で丸い皮目。成長すると縦に裂ける。

花
枝先の葉腋に集散花序をつくり、香りがよい。

枝葉から強い臭気を放つ、薬用にも染料にもなる樹木

　日当たりのよい場所に多く見られる、日本全国に分布している落葉広葉樹。朝鮮半島、中国にも見られる。日当たりのよい原野や河原などに集団を作り群生する。名前の由来は、その名の通り葉や枝に独特のにおいをもつことから。枝は横に成長していくため、樹形は、樹冠が横に広がる形状になることが特徴。樹皮は灰褐色で丸い皮目が多いが、成長するにつれ縦に裂けるようになる。果実は赤いがくの上に6〜7mmほどの大きさの丸い藍色のものができる。

写真：葉／かのんの樹木図鑑、樹形・樹皮・花・果実・冬芽／ビジオ

枝葉には独特のにおいをもつ一方で根は薬用、果実は染料として使われる。

広葉樹 単葉 [不分裂]

クスノキ
（ナンジャモンジャ）
Cinnamomum camphora

クスノキ科

樹高：8〜25m
花期：5〜6月
分布：本州（関東南部）〜九州

先の尖った楕円形。
表面につやがある革質。

長さ5〜12cm、幅3〜6cm

特徴

葉のふち

[全縁]

葉のつき方

[互生]

常緑／落葉

[常緑]

樹形
よく分枝があり、樹冠が広がる。

冬芽
赤褐色の長卵形。
毛のある芽鱗に覆われる。

果実
球形。
熟すと黒色になる。

樹皮
茶褐色。短く短冊状に裂ける。

HARDWOOD（株）

花
白色から徐々に黄緑色になっていく。

衣類の防虫に使われる樟脳になる枝や葉が有用

　東アジア、東南アジアに分布する常緑広葉樹。日本では関東南部から九州の太平洋側に分布している。クスノキの木部や葉に含まれる樟脳には防虫効果があり、抽出された樟脳がたんすに入れられたり、木部や葉を燃やした煙が防虫剤として用いられていた。また、材として船の材料に重宝されていた。成長するスピードがかなり速いことが特徴で、樹高は高いもので25m、幹回りは3m以上にもなる場合が多い。樹皮は茶褐色で短冊のような形に裂ける。

写真：葉／かのんの樹木図鑑、樹形・樹皮・花・果実・冬芽／ビジオ

クスノキはアレロパシーが強く、ほかの植物の成長を阻害してしまう。

74

クチナシ
（コリンクチナシ）
Gardenia jasminoides

アカネ科

樹高：1〜2m
花期：6〜7月
分布：本州（静岡以南）〜沖縄

広葉樹

単葉

［不分裂］

長披針形〜長楕円形。
つやがあり無毛。
——
長さ5〜12cm、幅2.5〜5cm

葉を出す芽は緑色で尖る。　冬芽

果実　楕円形。大きさ2.5〜3cmで、橙黄色に熟す。

特徴

葉のふち

［全縁］

葉のつき方

［対生］

常緑／落葉

［常緑］

樹形
根元から枝がよく分枝し、横に伸び広がる。

樹皮
灰褐色でなめらか。

花
花冠は6つに裂ける。芳香が強い。

芳香のある白い花を咲かせ、染料となる果実をつける

　暖地の低山に育つ常緑低木。街中では街路樹や公園樹、生け垣として見かける。ろうと形の白い花は夕方に甘い香りを漂わせて咲き、翌日には黄変する。秋に橙黄色に熟す果実は、熟しても開かないことから「口無し」の名前がついたとされる。将棋盤や碁盤の脚はこの果実の形をかたどっているという通説がある。また、食用として流通し、素材や色味付けに使われる。本種には大輪八重咲きのオオヤエクチナシや小形のコクチナシなど、多くの種類がある。

写真：葉・樹形・樹皮・花・果実／ピジオ、冬芽／植木ペディア

樹木医Sakurai

果実は、衣類の染料やたくあん漬けの着色料として平安時代の頃から利用される。

広葉樹 / 単葉 / [不分裂]

クヌギ

Quercus acutissima

ブナ科

樹高：15m
花期：4～5月
分布：本州（岩手・山形以南）～沖縄

長楕円状。
鋸歯の先は葉緑素が抜け、淡い緑色。

長さ8～15cm、幅3～5cm

特徴

葉のふち

[鋸歯縁]

葉のつき方

[互生]

常緑／落葉

[落葉]

樹形

幹は直立し、枝も太く伸びる。

樹皮

灰褐色。厚く、不規則に割れる。

花（雄花）

花（雌花）

雄花は黄褐色で房状。雌花は葉のわきに咲く。

果実

ドングリ形。殻斗は瓦重ね状に総苞片。

冬芽

卵形の芽鱗。3～4個ほどまとまってつく。

雑木林を代表し、秋にはドングリが実る落葉樹

　暖かく広い地域の里山で見ることができる落葉高木。コナラと並び雑木林を代表する樹種で、春に黄色みの強い雄花が房状に垂れ下がる。秋には直径2cmほどの丸いドングリ（堅果）が実り、殻斗は瓦重ね状で存在感がある。縄文時代から食用され、日本人に馴染みが深い。コナラとともに薪炭林を構成し、良質な炭や薪として使われてきた。成長が早く、材質も硬いことから、古くから木材やシイタケなどキノコを栽培するためのほだ木として使われている。

写真：葉／photolibrary、樹形・樹皮・雄花・果実・冬芽／ビジオ、雌花／植木ペディア

Youtubeチャンネル「岡山いきもの学校」
岡山県自然保護センター

虫の食害を受けると樹液を出し、カブトムシやスズメバチなどの昆虫が集まる。

クマシデ
（カタシデ）
Carpinus japonica

カバノキ科

樹高：10〜15m
花期：4月
分布：本州〜九州

卵状長楕円形。
葉脈は20〜24対と多い。

長さ5〜10cm、幅2.5〜4.5cm

広葉樹

単葉

[不分裂]

特徴

葉のふち

[鋸歯縁]

葉のつき方

[互生]

常緑／落葉

[落葉]

樹形

幹は曲がって伸びる。

樹皮

黒褐色。浅裂し縦すじが入る。若木は平滑。

花

黄褐色。雄花は円筒形、雌花は卵形。

果実

堅果。長楕円形で扁平、表面は平滑。

冬芽

紡錘形。全体的に緑色をしている。

しめ縄の四手のような花、葉脈の多い葉が個性

　山地の向陽の谷沿いなどで自生している落葉広葉高木。日本固有種である。公園樹や庭木などに用いられる。葉は6〜10cmとクマシデ属の中でもっとも細長く、鋸歯のギザギザ感が目につきやすい。葉脈の数が多いのも特徴。種子の成熟が早く、まだ葉が緑色のうちに褐色になることがある。名は、花や果実がしめ縄に飾る四手のようで、また熊のように荒々しく見えることから。材質は堅く、家具や木工品の材料やシイタケの原木などとして利用される。

写真：葉／かのんの樹木図鑑、樹形／植木ペディア、樹皮・花・果実・冬芽／ビジо

秋元園芸植木屋やっちゃん

シデは本種を含め3種類。山地に多いアカシデと低地に多いイヌシデがある。

広葉樹 単葉 [不分裂]

クリ
Castanea crenata
ブナ科

樹高：15～20m
花期：6～7月
分布：北海道（西南部）～九州

長楕円形で先は鋭尖形。革質で光沢がある。

長さ8～15cm、幅3～4cm

特徴

葉のふち [鋸歯縁]

葉のつき方 [互生]

常緑／落葉 [落葉]

樹形
幹はまっすぐに伸び、大きな樹冠をつくる。

樹皮
淡黒褐色。縦に裂け目が入る。

花（雄花）

花（雌花）

葉腋から尾状の雄花、基部に雌花が出る。

挟卵形。暗紅褐色の鱗片葉に包まれる。
冬芽

果実
扁円形、褐色の堅果。球形でトゲが密生。

古今東西愛されてきた秋の果実の代名詞

　庭先や公園樹、果樹園など日本各地のさまざまな場所で見かける落葉広葉高木。暖地と寒地のいずれにも生育し、ほかの果樹に比べて管理が容易。古来より広く栽培されている。クヌギと似ているが、本種の鋸歯は短く先端まで緑色であることで区別できる。開花すると一帯に特有のにおいを放つ。栽培種と野生種があり、野生種の果実は2cmほどと小ぶりで「シバグリ」や「ヤマグリ」と呼ばれる。材としても優秀で、高い耐朽性や耐湿性をもつ。

写真／葉／かのんの樹木図鑑、樹形・樹皮・雄花・果実・冬芽／ビジオ、雌花／植木ペディア

Youtubeチャンネル「岡山いきものの学校」岡山県自然保護センター

クリ材はタンニンの含有量が多いため、腐食や湿気に強く耐久性が高い。

クロガネモチ

Ilex rotunda

モチノキ科

樹高：6〜15m
花期：5〜6月
分布：本州（関東、福井以西）〜沖縄

広葉樹 / 単葉
[不分裂]

楕円形。葉身は革質で、ゆるやかに波打つ。

長さ6〜10cm、幅3〜4cm

特徴

葉のふち
[全縁]

葉のつき方
[互生]

常緑／落葉
[常緑]

樹形

幹はまっすぐに伸び、枝葉は卵形に広がる。

樹皮

灰褐色。なめらかで、皮目がある。

花（雄花） 花（雌花）

散形状に2〜7個の白色か淡紫色。花弁は円形。

冬芽

赤褐色。1mmほどの極めて小さい大きさ。

果実

球形。径6mmほどで、赤色に熟す核果。

冬でも赤熟した果実をつける自治体御用達の常緑樹

　暖地の山野に生育する常緑高木。とくに西日本に多く、庭木や街路樹、盆栽などに利用されている。葉柄や若枝が黒紫色を帯びるという特徴をもち、名前の由来にもなっている。花は雌雄異株。雄花、雌花はそれぞれ新枝の葉腋に1cmほどの花序軸を伸ばし、2〜7個の白色花または淡紫色の花をつける。種子は約5mmで、背面に2つの稜がある。同属にはモチノキがあり、本種の樹皮からも鳥餅が採取できる。材としては、農具の柄に利用されてきた。

榊原安昭

写真：葉・樹皮・雄花・雌花・果実／ビジオ、樹形／植木ペディア、冬芽／かのんの樹木図鑑

福岡市、岡山市、名古屋市熱田区など、多くの地方自治体の木に指定されている。

広葉樹 単葉

クロモジ
Lindera umbellata
クスノキ科

樹高：2〜6m
花期：3〜4月
分布：本州、四国、九州

卵状長楕円形で、葉の裏面は白みを帯びる。
長さ5〜10cm、幅1.5〜3.5cm

特徴

葉のふち

[全縁]

葉のつき方

[互生]

常緑/落葉

[落葉]

樹形
株立ち状で、樹冠は楕円形になる。

樹皮
灰色の樹皮に斑紋が出る。

冬芽
真ん中に葉芽があり、その両面に花芽。

果実
直径5mmほどの黒い光沢ある液果をつける。

香りがよく、本種で作る 爪楊枝は最高級品になる

　雑木林などによく見られる。樹皮や葉に芳香成分が含まれ、枝を折ると柑橘のような香りがする。葉は枝先に集まってつき、よく見ると互生している。葉は赤くなる。花は3〜4月のまだ花が少ない時期に咲く。葉が開くのと同じくらいに、枝の節から花を多数咲かせる。出たばかりの若い枝には毛があるが、やがてなくなり、緑色の樹皮になる。そして成木になると灰色の樹皮へと変化する。果実は液果で、9〜10月頃に黒く熟す。枝葉と根皮が生薬として使われる。

花（雄花）

花（雌花）

薄い黄緑色の6弁花を多数咲かせる。

秋元園芸植木屋やっちゃん

写真：葉/かのんの樹木図鑑、樹形・雄花・果実・冬芽/ビジオ、雌花/植木ペディア

枝は箸や爪楊枝、葉はお茶、根は薬用酒、果実は香料など、さまざまに利用される。

ゲッケイジュ
（ローレル）

Laurus nobilis

クスノキ科

樹高：9〜12m
花期：4〜5月
分布：全国で植栽
　　　（原産地：地中海沿岸）

広葉樹

単葉

[不分裂]

狭長楕円形で、
濃い緑色をしている。
――
長さ7〜9cm、幅2〜5cm

冬芽 花芽は球形で、葉芽は楕円形をしている。

果実 楕円形でよい香りがする黒紫色の液果。

特徴

葉のふち [全縁]

葉のつき方 [互生]

常緑／落葉 [常緑]

学名nobilisが意味するとおり気品ある、高貴な樹木

地中海沿岸地域が原産の常緑高木。雌雄異株だが、日本には雌株が少ないといわれている。暖地が原産の樹種であるため寒さにはあまり強くなく、日本では関東地方から九州までの範囲で植栽されることが多い。葉は5〜12cmで、濃い緑色をしている。革のような質感をしていて、表面は光沢がある。葉縁は波打つ。4〜5月に葉のつけ根から短い柄を出し、その先に2輪ずつ小花をつける。ゲッケイジュの精油には食欲増進作用や血液循環作用がある。

樹形 幹は直立し、円錐形の樹冠になる。

樹皮 成木は灰色で、斑点のような皮目がある。

花（雄花）

花（雌花）

直径1cmほどの黄白色の花を咲かせる。

写真：葉／かのんの樹木図鑑、樹形・樹皮・雄花・雌花・果実・冬芽／ビジオ

HARDWOOD／(株)

葉には芳香があり、乾燥させた葉は香辛料であるローリエとして料理に使われる。

広葉樹 単葉 [不分裂]

ケヤキ
(ツキ)

Zelkova serrata

ニレ科

樹高：15〜25m
花期：4〜5月
分布：本州、四国、九州

先端が尖り、葉先へ向く鋸歯が特徴的。

長さ3〜12cm、幅2〜5cm

特徴

葉のふち
[鋸歯縁]

葉のつき方
[互生]

常緑／落葉
[落葉]

枝が空へ向かって扇状に広がる。　樹形

灰白色で、さまざまな剥がれ方をしている。　樹皮

HARDWOOD(株)

黄緑色の小さな花を咲かせる。　花

暗褐色の小さな卵形で互生する。　冬芽

果実　10月頃に長さ5cmの平たい痩果をつける。

紅葉が美しく、数多くの名所がある樹木

　落葉広葉樹であり、高木。高さ15〜25mの個体が多いが、50mに達する個体もある。雌雄同株で雌雄異花。葉が開くのと同じ頃に花が開く。黄緑色の雌花は小さく目立たないが、雄花は数個がまとまってつくため視認しやすい。樹皮の剥がれ方は一定ではなく不規則で、幹はまだら模様になることが多い。葉は互生し、長さ3〜12cmの卵状披針形。葉の表面はざらついている。紅葉の色が個体によって異なり、秋のケヤキ並木では色鮮やかな風景が広がる。

写真／葉／かのんの樹木図鑑、樹形・樹皮・花・果実・冬芽／ビジオ

東京都にある「馬場大門のケヤキ並木」は、日本の天然記念物に指定されている。

ケヤマハンノキ

Alnus hirsuta

カバノキ科

樹高：10～20m
花期：4月
分布：北海道、本州、四国、九州

広葉樹 単葉

[不分裂]

広楕円形で、ふちには重鋸歯がある。
──
長さ8～15cm、幅4～13cm

特徴

葉のふち

[鋸歯縁]

葉のつき方

[互生]

常緑／落葉

[落葉]

樹形

幹が直立し、樹高は10～20mになる。

冬芽

茶褐色でやや曲がった長卵形をしている。

果実

広楕円形の果穂が松かさ状につく。

樹皮

灰色で、大木になると横しわができやすい。

毛があるヤマハンノキだからケヤマハンノキ

　渓流沿いなどに生える落葉高木。小枝や葉の裏には毛が生えている。類似種にヤマハンノキがあるが、毛の有無である程度判別できる。雌雄同株であり、雌雄異花。3月～4月頃に、葉の展開よりも先に花を咲かせる。枝の先に雄花序、その次に雌花序、そして葉芽をつける。雄花は尾状花序で、2～4個下垂し、雌花は多数の花が集まった総状の花序が3～6個つく。雌花の花柱は紫色をしている。大木になると、枝の落ちた跡が人の目のように見えることが多い。

花（雄花） 花（雌花）

下垂する雄花序と、紫紅色の雌花序がつく。

写真：葉・樹皮・雄花・雌花・果実・冬芽／かのんの樹木図鑑、樹形／Arboretum

先駆種であり成長が早いため、砂防緑化樹としてもよく利用される。

広葉樹 / 単葉 / [不分裂]

ケンポナシ
（ヒロハケンポナシ）

Hovenia dulcis

クロウメモドキ科

樹高：15〜20m
花期：6〜7月
分布：北海道（奥尻島）、本州、四国、九州

広卵形でやや薄く、葉脈が目立つ。

長さ10〜20cm、幅6〜14cm

特徴

葉のふち

[鋸歯縁]

葉のつき方

[互生]

常緑／落葉

[落葉]

樹形
樹冠は縦にも横にもほどよく広がる。

樹皮
灰褐色で、成長すると縦に細かく剥がれる。

花
淡い緑色の小さな花を枝先に多数咲かせる。

冬芽
卵形または球形をしていて小さい。

果実
球形の核果がなると同時に果柄部も太くなる。

果柄につく太った果実は、ナシのような香りと甘さ

　渓流沿いの斜面などに自生する落葉高木。秋に実る果実と同時に太る果柄部が特徴的で、ナシのような味と食感がある。野生動物にも好まれ、ハクビシンやタヌキに食べられて種子の散布範囲を広げている。果実の見た目が枝つきの干しブドウのようなので、英語では"japanese raisin tree"と呼ばれる。葉はやや内巻きで鋸歯があり、葉縁が波打つ。樹皮は、若木では縦に筋が入るが、成木では短冊状に剥がれ、老木では縦の網目状になる。

撮影・編集／越前町立福井総合植物園プラントピア／福井工業高等専門学校 小木曽晴信

写真：葉・樹皮・花・果実／ビジオ、樹形／樹げむ樹げむのTreeWorld自然観察、冬芽／PIXTA

ケンポナシにはジヒドロミリセチンが含まれ、二日酔いに効果があるとされる。

コクサギ
（ケナシコクサギ）

Orixa japonica

ミカン科

樹高：1.5〜3m
花期：4〜5月
分布：本州、四国、九州

広葉樹

単葉

［不分裂］

倒卵形で
光沢のある葉をしている。

長さ5〜13cm、幅3〜7cm

特徴

葉のふち

［全縁］

葉のつき方

［互生］

常緑／落葉

［落葉］

幹は株立ち状で広がる。

樹形

果実

1cmほどの蒴果が4つまとまってつく。

冬芽

芽鱗が紅紫色、ふちは灰白色をしている。

樹皮

灰褐色で、小さい丸や横長の皮目がある。

花（雄花）　花（雌花）

雌雄異株で、4〜5月に黄緑色の花が咲く。

山野の沢沿いでよく見る、独特なにおいがある樹木

水辺などのやや湿った場所を好む落葉低木。シソ科のクサギのようなにおいがあり、木がクサギよりも小さいことから、「小臭木」という名がついたといわれる。葉を煎じた液は殺虫剤としても使われる。葉は互生で、左右に2枚ずつ葉がつく。葉脈は甲羅のような模様になる。裏面にはミカン科特有の油点がある。葉が出てからほどなくして黄緑色の花が咲く。7月頃から果実がつきはじめ、10月頃に熟す。果実は熟すと2つに裂け、中から黒い種子が飛び出す。

写真：葉／㈱エコ・ワークス　河地邦弘、樹形・樹皮・雄花・雌花・果実・冬芽／ビジオ

ミカン科で、アゲハの幼虫（コクサギはカラスアゲハやオナガアゲハ）が好む。

広葉樹 単葉

[不分裂]

コゴメヤナギ

Salix dolichostyla subsp. *serissifolia*

ヤナギ科

樹高：10〜25m
花期：4月
分布：本州（東北地方南部〜近畿地方）

細長い楕円形で、葉縁には細かい鋸歯。

長さ3〜7cm、幅0.9〜1.2cm

特徴

葉のふち

[鋸歯縁]

葉のつき方

[互生]

常緑/落葉

[落葉]

樹形

丸みを帯び、枝が下向きに垂れる。

果実

5月頃に蒴果が裂開し、綿毛を飛ばす。

樹皮

樹皮は黒褐色で、縦に裂ける。

花

黄色い1〜4cmほどの花が尾のように立つ。

初夏に飛ぶ
ふわふわの綿毛が幻想的

　落葉広葉樹であり高木。湿気が多い場所を好み、川岸や湿地に多い。成長が早いため材が柔らかく、強風や台風の被害を受けやすい。枝は細かく分岐点で折れやすい。葉は互生し、表面には光沢がある。若い葉は両面が軟毛に覆われるが、成長するとツルツルとした葉になる。花期は4月で、葉が出る前もしくは葉が出ると同時に、黄色の尻尾のような花を咲かせる。果実は5月頃に熟して裂開し、中から綿毛に包まれた種子（柳絮（りゅうじょ））を多数飛ばす。

写真：葉、樹皮・花／植木ペディア、果実／Alamy

日本に分布するヤナギの中では、もっとも樹高や幹回りが大きくなる。

広葉樹 単葉

コデマリ
（スズカケ）
Spiraea cantoniensis
バラ科

樹高：1.5～2m
花期：4～5月
分布：全国で植栽
　　　（原産地：中国中部）

[不分裂]

互生し、基部以外の葉縁は深い鋸歯。

長さ2～5cm、幅0.6～2cm

冬芽は枝とほぼ同色。 **冬芽**

果実 直径2mmほどの袋果ができるが目立たない。

特徴

葉のふち

[鋸歯縁]

葉のつき方

[互生]

常緑／落葉

[落葉]

主幹はなく株立ち状になる。 **樹形**

成木は灰褐色だが、若い枝は暗紅色になる。 **樹皮**

たくさんの白い手毬が、枝いっぱいに咲く

　中国中部原産とされる落葉低木。古くに中国から渡来したといわれている。耐寒性、耐暑性どちらにも優れ、北海道から九州まで広く栽培される。庭木や生花としても人気が高く、八重咲きの品種や開花時期の違う早生種や晩生種など、さまざまな品種がある。花期は4～5月で、弓なりに伸びる赤褐色の枝に、白い半球形の花を集まって咲かせる。花弁は5枚で花は直径約1cm。花は枝先から順に咲く。秋には楕円形の葉がきれいに紅葉する。

白い花は、約20本の雄しべが目立つ。 **花**

写真：葉・樹形・樹皮・花／ビジオ、果実・冬芽／植木ペディア

樹木医Sakurai

八重咲きや葉に模様が入る斑（ふ）入りなど、多くの園芸品種があり、人気が高い。

広葉樹 単葉 [不分裂]

コナラ
(ナラ)

Quercus serrata

ブナ科

樹高：10〜20m
花期：4〜5月
分布：北海道、本州、四国、九州

葉縁には大きな鋸歯がある。
長さ5〜15cm、幅4〜6cm

特徴

葉のふち

[鋸歯縁]

葉のつき方

[互生]

常緑／落葉

[落葉]

冬芽 赤褐色で、枝先に多く集まる。

果実 15〜20mmの楕円形。浅い椀形の殻斗がつく。

樹形 樹高10〜20mで、樹冠は丸みを帯びる。

樹皮 縦に裂け目があり、灰黒色をしている。

花(雄花) **花(雌花)**
雄花は長く下垂し、雌花は葉のわきにつく。

材は薪や炭、キノコの原木に。使い道が多い有用な樹木

雑木林を好む落葉高木。北海道から九州まで広く分布する。いわゆるドングリが1年で実り、落葉後も枝に多く残っていることもある。食用にできるが、タンニンが多く渋みが強いので、煮沸などの手間がかかる。葉は互生し、倒卵形または倒卵状楕円形をしていて、5〜15cmになる。落ち葉は腐葉土としても利用される。若葉が出るのとほぼ同時に、黄緑色の雌花と雄花をつける。花は虫を集めるためのものではなく地味で、花粉は風で媒介される。

写真：葉／かのんの樹木図鑑、樹形・樹皮・雄花・雌花・果実・冬芽／ビジオ

Youtubeチャンネル「岡山いきもの学校」 岡山県自然保護センター

コナラの樹液には、カブトムシやクワガタが多く集まる。

コブシ

Magnolia kobus

モクレン科

樹高：5〜20m
花期：3〜5月
分布：北海道、本州、四国、九州

葉は互生し、広倒卵形で鋸歯はない。
長さ6〜14cm、幅3〜6cm

広葉樹
単葉

[不分裂]

特徴

葉のふち

[全縁]

葉のつき方

[互生]

常緑／落葉

[落葉]

冬芽
花芽は長卵形で大きく、毛で覆われる。

果実
果皮の中に入った種子が膨らみ、こぶ状に。

樹形
幹は直立し、樹冠は卵形や円錐形になる。

樹皮
灰白色でなめらか。細かい皮目がある。

花
花弁は6枚。らせん状の雄しべが目立つ。

春の訪れを告げ、街路樹や庭木としても植えられる

　山野の湿った平地を好む落葉高木。3〜5月、葉の展開より先に直径60〜100mmの白い花を咲かせる。昔はコブシの花の開花を、農業を始める目安にしていた。春のまだ花が少ない時期に開花することから人々に好まれ、庭木や街路樹としても利用される。花弁は6枚で、花の下に小さな葉がひとつつく場合が多い。花は枝先に1輪ずつ咲く。果実は5〜10cmの集合果で10月頃に熟す。熟すと果実が裂け、赤い種皮に包まれた種子が外に出てくる。

写真：葉・樹形・樹皮・花・果実・冬芽／ビジオ

樹木医Sakurai

開花が農作業を開始する目安になったことから、「田植え桜」などの別名もある。

広葉樹 単葉 [不分裂]

ゴマキ
(ゴマギ)

Viburnum sieboldii

ガマズミ科

樹高：2～5m
花期：4～6月
分布：本州（関東地方以西）、四国、九州、沖縄

長楕円形か倒卵形で、表面の葉脈はへこむ。

長さ6～15cm、幅2～9cm

特徴

葉のふち

[鋸歯縁]

葉のつき方

[対生]

常緑／落葉

[落葉]

樹形
やや大振りで、枝が横に広がる。

頂芽が大きく、長楕円形をしている。

冬芽

果実
核果。はじめは赤く、熟すと黒くなる。小鳥はついばむが、食用にはならない。

樹皮
灰褐色で、なめらかな樹皮をしている。

野生でもよく目立つ 真夏の赤い果実が特徴的

川沿いの湿地などによく生える落葉小高木。枝や葉を傷つけるとゴマのような香りがする不思議な木。樹形は大振りになるが、白い花や赤い果実が特徴的で、庭木として使われることもある。真夏の果実が少ない時期に真っ赤な果実をつけるため、山に自生しているものでもよく目立つ。花期は4～6月で、枝先に直径1cmほどの小さな花が集まって咲く。花には甘いにおいがあり、蜜を吸うために昆虫が多く集まる。果期は8～9月で、赤く熟したあと黒くなる。

花
たくさんの白い花が平たく開いて咲く。

写真：葉／かのんの樹木図鑑、樹形・樹皮・花・果実／ビジョ、冬芽／植木ペディア

葉や枝を傷つけるとゴマのような香りがすることから、この名がついた。

サカキ
（ノコギリバサカキ）
Cleyera japonica

サカキ科

樹高：8〜15m
花期：6〜7月
分布：本州（関東地方南部以西）、四国、九州、沖縄

葉には光沢があり、鋸歯はない。
長さ6〜10cm、幅2〜4cm

広葉樹

単葉

[不分裂]

特徴

葉のふち

[全縁]

葉のつき方

[互生]

常緑／落葉

[常緑]

樹形
幹は直立し、樹形は円錐形になる。

果実
直径7〜8mmの球形の果実をつける。

冬芽
冬芽は枝と同色で、細長く鎌状に曲がる。

樹皮
灰褐色または暗赤褐色で、皮目がある。

花
葉のつけ根から黄白色の花を数個咲かせる。

神事や祭事に用いられる日本人にとって神聖な樹木

本州の関東地方南部以西や、四国、九州、沖縄などに分布する常緑高木。暖かい山地に自生し、寒さに弱い。神事や祭事に用いられる神聖な木で、神社によく植えられているが、寒さに弱いため、寒冷地ではヒサカキが代わりに植えられることもある。葉は互生し、6〜10cmで、楕円形をしている。花期は6〜7月。直径15mmほどの黄色を帯びた花を葉のわきから咲かせる。花弁は5枚で下向きに咲く。果実は柄のある球状の液果で、11月頃になると黒く熟す。

写真：葉／かのんの樹木図鑑、樹形・樹皮・花・果実／ビジオ、冬芽／植木ペディア

樹木医Sakurai

榊という字は日本で生まれた。昔から神聖な木として大切にされてきた証である。

ザクロ

Punica granatum

ミソハギ科

広葉樹 単葉 [不分裂]

樹高：5〜12m
花期：6月
分布：全国で植栽
　　　（原産地：西アジア）

長楕円形で、なめらかで光沢がある。

長さ2〜5cm、幅1〜2cm

特徴

葉のふち [全縁]

葉のつき方 [対生]

常緑／落葉 [落葉]

樹形

成長するほど曲がった樹形になる。

樹皮

灰褐色で、成長すると細かく剝がれる。

果実

球形で、先端にがく片が残る。

冬芽

小さく、枝先の仮頂芽はあまり発達しない。

食用品種も観賞用もある。昔から人々に愛されてきた

　西アジア原産ともいわれる落葉小高木。多くの栽培品種があり、白い果実がなるものや、果実が黒いものもある。花を観賞する八重咲きのザクロもある。日本では東北地方南部から沖縄までで栽培できる。その一方、枝にはトゲがあり、栽培しづらい一面もある。花は朱色で、花弁はしわがあり薄い。果実は8月頃から実りはじめ、10月頃に熟して割れはじめる。乾燥させた果実の皮は鏡磨きにも使用され、磨くとピカピカになることから重用されてきた。

花

朱色で6枚の花弁をつける花を咲かせる。

写真：葉／かのんの樹木図鑑、樹形・樹皮・花・果実／ビジオ、冬芽／植木ペディア

栽培品種は、観賞用の花ザクロと、食用の実ザクロの2つに大きく分けられる。

サザンカ
（オキナワサザンカ）
Camellia sasanqua

ツバキ科

樹高：2〜13m
花期：10〜12月
分布：本州（山口県）、四国、九州、沖縄

広葉樹

単葉

[不分裂]

楕円形でやや厚く、細かい鋸歯がある。

長さ3〜6cm、幅2〜3cm

特徴

葉のふち

[鋸歯縁]

葉のつき方

[互生]

常緑／落葉

[常緑]

冬芽

長楕円形や披針形で、毛が生える。

果実

果実は球形の蒴果で、熟すと3つに割れる。

樹形

幹は直立し、枝を多く広げる。

樹皮

灰褐色でなめらかな樹皮をしている。

花

自生種では、普通は白色の花を咲かせる。

秋〜冬に可憐な花が咲く。童謡「たきび」で歌われる

　四国の南西部や九州、沖縄におもに自生する常緑小高木。山地に自生することが多く、自生種では普通、花の色は白色である。冬に花が咲く樹木は珍しいことから庭木としての人気が高く、多数の園芸種がある。葉は3〜7cmの楕円形で、葉縁には鋸歯がある。葉の表面には光沢があり、裏面や葉柄には毛が生える。花は枝先に1輪づつ咲き、雄しべが1本1本分かれてつく。果実は熟すと3つに裂け、中に入っている黒褐色の種子が見えるようになる。

写真：葉・樹形・樹皮・花・果実／ビジオ、冬芽／かのんの樹木図鑑

樹木医Sakurai

ツバキは花が全体がそのまま落ちるが、サザンカは花弁がハラハラと落ちる。

広葉樹 単葉 [不分裂]

サツキ
(サツキツツジ)

Rhododendron indicum

ツツジ科

樹高：50〜150cm
花期：5〜7月
分布：本州(関東地方、富山県以西)四国、九州、屋久島

楕円形で褐色の毛がある。
長さ1〜3cm、幅0.4〜1cm

特徴

葉のふち [鋸歯縁]
葉のつき方 [互生]
常緑／落葉 [常緑]

樹形 — 枝がよく広がり、半球形になる。

果実 — 長卵形で褐色の毛がある蒴果が実る。

美しさと繁殖力の強さから多くの園芸品種が作られる

関東地方、富山県以西や四国、九州、屋久島に分布する。渓流沿いの岩場などにも生育でき、渓流植物の特徴をもつ。葉は互生し、3cmほどの披針形でふちには細かい鋸歯がある。春に出て秋に落ちる葉と、夏に出て越冬する一部の葉がある。花期は5〜7月で、花色は朱色をしている。上の花弁には斑点が入る。新芽が伸びきってから開花する。ツツジよりも開花が遅く、旧暦の5月(皐月)に咲くためサツキという名がついたといわれている。

樹皮 — 淡褐色や茶褐色で、浅く割れ目が入る。

花 — ろうと形で、枝先に1輪ずつ咲く。

写真：葉／仙台市ホームページ「ようこそ！キッズ百年の杜」、樹形・樹皮・花／ビジオ、果実／なおの趣味の園芸

サツキは、ツツジの仲間の中ではもっとも遅く開花し、花の期間は長い。

サネカズラ
（ビナンカズラ）

Kadsura japonica

マツブサ科

樹高：つる性
花期：8〜9月
分布：本州（関東地方以西）、四国、九州、沖縄

広葉樹 / 単葉

[不分裂]

長楕円形で、目立たない鋸歯がある。
長さ5〜13cm、幅2〜6cm

冬芽
長卵形で、複数の芽鱗に包まれている。

果実
多数の赤い液果が集まった集合果をつける。

特徴

葉のふち

[鋸歯縁]

葉のつき方

[互生]

常緑／落葉

[常緑]

樹形
つる性で、ほかの植物に絡まって成長する。

樹皮
赤褐色で、縦に裂け目が入る。

花（雄花） 花（雌花）
淡黄色の小さな花をつける。

樹皮や枝葉を傷つけると香りのよい粘液が出てくる

　本州の関東地方以西から、四国、九州、沖縄にかけて分布する常緑つる性木本。古くから庭木として親しまれ、万葉集にもその名が登場する。丈夫で柔らかいつるをしており、若いつるや樹皮からよい香りのする粘液が採取できる。葉は互生し、葉の形は個体によって差が大きい。表面には光沢がある。7〜8月頃に葉のわきに花をつける。普通、雌花は雄花よりも小さく、中心に紅色の雄しべが集まっているものが雄花である。果実は10〜11月に赤く熟す。

写真：葉・樹形・樹皮・雄花・雌花・果実／ビジオ、冬芽／植木ペディア

ふるさと種子島

昔は樹皮や枝葉の粘液を整髪料として使用していたことから、美男葛の別名がある。

広葉樹 単葉 ［不分裂］

サルスベリ
（ヒャクジツコウ）

Lagerstroemia indica

ミソハギ科

樹高：3〜10m
花期：7〜9月
分布：北海道（南部）、本州、四国、九州、沖縄で植栽（原産地：中国南部）

倒卵状楕円形で鋸葉はない。

長さ2.5〜5cm、幅2〜3cm

特徴

葉のふち ［全縁］

葉のつき方 ［互生］

常緑／落葉 ［落葉］

樹形
枝がよく広がり、幹がうねるように曲がる。

樹皮
淡褐色で皮が薄く剥がれる。

花
紅色または白色で、花弁にはしわがある。

樹木医Sakurai

果実
球形で、熟すと6つに裂ける。

冬芽
卵形で、仮頂芽と側芽はほぼ同じ大きさ。

次々と花が咲いて、花期が長いから「百日紅」

中国南部原産の落葉小高木。ツルツルの樹皮が特徴的なので、花が咲いていなくても比較的判別しやすい。木材は堅くて重いため、線路の枕木に使われることがある。7〜9月に紅色または白色の6弁花を咲かせる。短い雄しべは虫をおびき寄せる見かけ上のもので、実際は周辺にある6本が生殖能力をもつ。花のあとには球形の果実がつき、熟すと6つに裂け、中から翼がある種子を飛ばす。葉は倒卵状楕円形で、葉柄は短い。葉は秋になると紅葉する。

写真：葉／photoAC、樹形・樹皮・花・果実／ビジオ、冬芽／大岩千穂子

 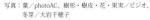
樹皮がなめらかでサルでも滑り落ちてしまいそうな木だということで名がついた。

サルトリイバラ

Smilax china

サルトリイバラ科

樹高：つる性
花期：4〜7月
分布：北海道、本州、四国、九州、沖縄

広葉樹 単葉

[不分裂]

3〜12cmの光沢がある丸い葉をつける。

長さ3〜12cm、幅3〜12cm

特徴

葉のふち

[全縁]

葉のつき方

[互生]

常緑／落葉

[落葉]

冬芽
葉柄基部をめくると冬芽が見える。

果実
9〜12月に直径1cmの赤い液果をつける。

樹形
つる性で、ほかの植物に絡まって成長する。

樹皮
緑色でまばらにトゲがある。

花（雄花） **花（雌花）**
雌雄異株で、それぞれ黄緑色の花が咲く。

トゲや巻きひげがサルを引っかけてとらえる樹木

　北海道〜沖縄まで広く分布する落葉つる性木本。山野の林縁や林内でよく見られる。日当たりがよく、水はけのよい場所を好む。枝にあるかぎ状のトゲと巻きひげを使って、ほかの植物に絡みついて成長する。葉は互生し、長さ3〜12cmの円形や広卵形。葉は硬く、表面には光沢がある。葉軸を中心にやや折れ曲がる。花期は4〜7月で、黄緑色の花を咲かせる。花には花弁が6枚あり、それぞれ先端が反り返る。10〜11月には球形の真っ赤な果実が実る。

写真：葉・樹形・雄花・雌花・果実／ビジオ、樹皮／植物ペディア、冬芽／大岩千穂子

樹木医Sakurai

サルトリイバラの葉で包んだ餅や饅頭は「山帰来餅（饅頭）」の名で販売される。

広葉樹 単葉

[不分裂]

サワシバ
（ワシデ）

Carpinus cordata

カバノキ科

樹高：10〜15m
花期：4〜5月
分布：北海道、本州、四国、九州

基部はハート形で先は尖る。
長さ6〜15cm、幅 4〜7cm

特徴

葉のふち

[鋸歯縁]

葉のつき方

[互生]

常緑／落葉

[落葉]

樹形
樹高は10〜15mになり、幹は直立する。

長い水滴形で、先は尖っている。

 冬芽

 果実
狭長楕円形の果穂が垂れ下がる。

樹皮
古木ではひし形の模様に浅く裂ける。

花
緑黄色の長い雄しべと緑色の雌しべがつく。

秋元園芸植木屋やっちゃん

樹皮がひし形に裂ける
沢に生える柴＝小枝

　北海道〜九州まで広く分布する落葉高木。やや標高の高い湿った肥沃な土地に多い。葉は卵形で基部はハート形になる。シデの仲間で基部がわかりやすくハート形になるのはサワシバだけなので、区別しやすい。雌雄同株で雌雄異花。サワシバの花期は4〜5月で、本年枝の先に雌花序、前年枝には雄花序がつく。果穂は狭長楕円形で、葉状の果苞が多数重なり合い、5mmほどの堅果を包んでいる。シデの中でもっとも長い果穂をしている。果穂は10月頃に実る。

写真：葉・樹形・樹皮・花・果実／ビジオ、冬芽／植木ペディア

 サワシバは、日本に分布しているシデの仲間の中でもっとも北まで分布している。

広葉樹 / 単葉 / [不分裂]

サワフタギ
（ルリミノウシコロシ）

Symplocos sawafutagi

ハイノキ科

樹高：2～6m
花期：5～6月
分布：北海道、本州、四国、九州

倒卵形または楕円形で、細かい鋸歯がある。

長さ4～8cm、幅2～4cm

樹形

よく枝分かれするため樹冠は横に広がる。

枝の先端に円錐形の仮頂芽がつく。

冬芽

果実

やや楕円形で瑠璃色の核果をつける。

特徴

葉のふち [鋸歯縁]

葉のつき方 [互生]

常緑／落葉 [落葉]

沢に蓋をするほど横に育つ。瑠璃色の果実が美しい

北海道～九州まで分布する落葉低木または小高木。山地の湿地に多く自生する。若木の幹はなめらかだが、老木になると樹皮が縦に深く割れる。葉は単葉で互生し、葉の両面や若い枝にはまばらに毛が生える。花期は5～6月で、その年に出た枝の先端に白い花を多数咲かせる。花には多くの雄しべがあり、その長さは花弁より長い。果期は9～10月。別名「瑠璃実の牛殺し」と呼ばれるが、毒はない。葉が落ちたあとも果実が残る。葉縁には細かな鋸歯がある。

樹皮

灰褐色で、縦に浅く裂け目が入る。

花

直径8mmの花が円錐状に集まって咲く。

写真：葉・樹形・樹皮・花・果実／ビジオ、冬芽／植木ペディア

秋元園芸植木屋やっちゃん

和名の沢蓋木は、沢に蓋をするほど横によく成長する様子からつけられた。

広葉樹 単葉

サンゴジュ
（オキナワサンゴジュ）

Viburnum odoratissimum

ガマズミ科

[不分裂]

樹高：5〜10m
花期：6〜7月
分布：本州（関東地方南部以西）、四国、九州、沖縄

長楕円形で、光沢があり、鋸歯はない。
長さ7〜20cm、幅4〜8cm

特徴

葉のふち

[鋸歯縁]

葉のつき方

[対生]

常緑／落葉

[常緑]

樹形
樹高は10mほどになり、長円錐形の樹形になる。

樹皮
灰褐色で、皮目がまばらに生じる。

花
小さな白い花の直径は6〜8mm。

ふるさと種子島

果実
赤い果柄に赤い核果を多数つける。

冬芽
長楕円形で、淡緑褐色をしている。

海沿いを染めるかのような、真っ赤な果実が美しい樹木

本州の関東地方南部以西から、四国、九州、沖縄まで分布する。潮風に強く、暖地の海沿いでよく見かける。花期は6〜7月で、海を背景によく映える小さな白い花を枝先の円錐花序に多数つける。8〜10月に真っ赤な果実をつけ、この果実がサンゴのように美しいことから名前がついたとされている。花、果実ともに美しく、公園樹や庭木、花材などとして利用される。葉は対生し、深緑色をしている。長楕円形で10〜20cm。表面には光沢がある。

写真：葉・樹形・樹皮・花・果実／ビジオ、冬芽／植木ペディア

水分を多く含み、燃やすと泡を吹くことから防火樹としても利用される。

広葉樹

単葉

サンシュユ
（ハルコガネバナ）

Cornus officinalis

ミズキ科

樹高：5〜15m
花期：3〜4月
分布：庭園などで植栽
　　　（原産地：中国、朝鮮半島）

[不分裂]

広卵形で先が尖り、鋸歯はない。

長さ4〜12cm、幅2〜7cm

特徴

葉のふち
[全縁]

葉のつき方
[対生]

常緑／落葉
[落葉]

冬芽
細かい毛で覆われた頂芽をつける。

果実
初冬まで目立つ赤い楕円形の核果をつける。

樹形
5〜15mになり、枝は斜め上に開く。

樹皮
褐色で、不規則に粗く剥がれる。

花
黄色い4弁花は、葉が開くより早く咲く。

春に咲かせる黄色の花はまさに「春小金花」

中国や朝鮮半島が原産の落葉小高木または高木。花期は3〜4月で、初春に小さな黄色の花を多数咲かせる。開花は葉の展開よりも早い。花には4枚の花弁があり、枝のあちこちに20〜30個の花が咲く。葉は互生し、広卵形で、裏面には褐色の毛が生える。9〜12月には、1.5〜2cmの楕円形の果実が赤く熟す。この果実には強壮作用があり、漢方薬や果実酒の材料として重宝される。冬芽は細かい毛に覆われる。球形のものは花芽であり、2枚の芽鱗をもつ。

写真：葉・樹形・樹皮・花・果実・冬芽／ビジオ

樹木医Sakurai

果実は漢方やジャム、果実酒などにも利用され、食用に特化した品種もある。

広葉樹 単葉

[不分裂]

シキミ
Illicium anisatum

マツブサ科

樹高：3〜10m
花期：3〜5月
分布：本州(中南部以西)、四国、九州、沖縄

倒卵状長楕円形で、枝先に集まってつく。

長さ5〜10cm、幅1.5〜4cm

特徴

葉のふち
[全縁]

葉のつき方

[互生]

常緑/落葉

[常緑]

樹形
常緑小高木で、葉が生い茂る。

果実
袋果で、熟すと裂けて種子が出る。

冬芽
花芽は球形で、葉芽は長卵形をしている。

樹皮
暗灰褐色で、縦に皮目がある。

花
黄緑色を帯びた白い花が咲く。

植木屋ケンチャンネル

葉を傷つけるとお線香のような香りがする

　宮城県〜新潟県以西の本州、四国、九州、沖縄に分布する常緑小高木。暖地の林内に自生することが多い。仏教との関連が深い樹木である。葉は互生し、枝先に集まってつく。中央脈以外の葉脈はわかりづらい。新芽は赤みを帯びる。花期は3〜5月で、黄緑色に近い白色の花が咲き、花弁はらせん状につく。咲きはじめは雌花だが、その後雄花に変わるという性質をもつ。果期は9〜10月で、袋果が合着している。熟すとひとつの袋果からひとつの種子が弾け飛ぶ。

写真：葉・樹形・樹皮・花・果実／ビジオ、冬芽／Nao.T

シキミには全体に毒があり、とくに毒性が強い果実は法律により劇物に指定されている。

シダレヤナギ
（イトヤナギ）

Salix babylonica. var. *babylonica*

ヤナギ科

樹高：8〜18m
花期：3〜4月
分布：庭園などで植栽
　　　（原産地：中国）

広葉樹 / 単葉

[不分裂]

披針形または線状披針形で、細かい鋸歯がある。

長さ8〜13cm、幅1〜2cm

特徴

葉のふち
[鋸歯縁]

葉のつき方
[互生]

常緑／落葉
[落葉]

樹形
太い枝は上に伸びるが、細い枝は垂れ下がる。

樹皮
灰褐色で、縦にはっきりと裂け目が入る。

果実
綿毛のある柳絮と呼ばれる果実をつける。

冬芽
卵形で無毛であり、枝に密着する。

花
3〜4月に尾状の黄色い花が咲く。

川辺や湖畔では街路樹に。趣のある風景を演出する樹木

　中国原産の落葉高木。見た目の美しさから、よく植栽される。樹皮は灰褐色で、枝は細く柔らかい。新枝には少しの毛が生え、黄褐色をしている。シダレヤナギの樹液にはコムラサキなどの蝶がやってくることが多い。花期は3〜4月で、新葉が開くのと同時に黄色い尾状の花が咲き、花の根本には3〜5枚の小さな葉がつく。雌花の花序は雄花の花序よりも小さい。葉は長さ8〜12cm、幅1〜2cmで、互生する。両面とも無毛で、裏は粉を吹いたようになる。

写真：葉／仙台市ホームページ「ようこそ！キッズ百年の杜」、樹形・樹皮・花・冬芽／ビジオ、果実／Nao.T

雌雄異株だが、日本には雌株が少なく、挿し木で増やされることが多い。

広葉樹 単葉 [不分裂]

シナノキ
(サドシナノキ)

Tilia japonica

アオイ科

樹高：15〜20m
花期：6〜7月
分布：北海道、本州、四国、九州

やや歪んだ心円形をしている。
長さ3〜10cm、幅4〜8cm

特徴

葉のふち

[鋸歯縁]

葉のつき方

[互生]

常緑／落葉
[落葉]

冬芽
卵形で下部の側芽ほど小さくなる。

果実
球形の堅果には灰褐色の毛が密生する。

樹形
樹高は15〜20mになり、幹は直立する。

樹皮
灰褐色で縦に裂け目が入る。

花
直径10mmほどの淡黄色の花をつける。

ハート形の葉が特徴的な、ミツバチにとって命の樹木

　山地の沢沿いなどで見られる落葉高木。樹皮は繊維が強いことから、縄や布、和紙の原料とされる。花期は6〜7月、葉のわきから花序を伸ばし、淡黄色の花を10輪ほど下向きにつける。花はミツバチの大事な資源で、本種から採蜜したハチミツは良質とされる。花序の柄には細長いヘラの形をした苞がひとつつく。果期は10月頃で、5mmほどの球形の果実がつき、果実の表面には灰褐色の毛が密生する。苞がプロペラの働きをして種子を散布する。

写真：葉・樹形・樹皮・花・果実・冬芽／ビジオ

 樹皮は剥がしやすく丈夫なため、昔はシナノキの樹皮で布や縄が作られていた。

シモクレン
（モクレン）

Magnolia liliiflora

モクレン科

樹高：2〜4m
花期：3〜4月
分布：全国各地で植栽
（原産地：中国）

広葉樹 単葉

［不分裂］

互生し、広倒卵形または卵状楕円形になる。

長さ8〜20cm、幅4〜10cm

特徴

葉のふち

［全縁］

葉のつき方

［互生］

常緑／落葉

［落葉］

果実
長楕円形の袋状の集合果がつく。

冬芽
花芽は大きく、葉芽は細い。

早春に暗紫紅色の花が樹冠いっぱいに咲く

中国原産の落葉小高木。古代中国では、その気高い印象から、宮廷の庭園や寺院に植えられていた。現在では世界各地で庭木や公園樹として植栽されている。花期は3〜4月で、葉が出るよりも前に開花する。花は両性花であり、雄しべと雌しべがらせん状に多数つく。花は全開せず、上向きに直立して咲く。花が開いている間に葉が出はじめる。果期は8〜9月で、袋状の集合果がつき、熟すと袋果が開き橙色の種子が出てくる。一般にモクレンとは本種を指す。

写真：葉・樹皮・花・果実／ビジオ、樹形／Britchi Mirela、冬芽／大岩千穂子

樹形
株立ち状で、2〜4mの低木になる。

樹皮
灰白色でなめらかな樹皮をしている。

花
暗紫紅色の花を上向きに咲かせる。

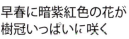

漢字では「紫木蓮」と書き、樹上に蓮に似た花をつけるため、この漢字が当てられた。

広葉樹 単葉 [不分裂]

シモツケ
（ホソバシモツケ）

Spiraea japonica

バラ科

樹高：30〜100cm
花期：5〜8月
分布：本州、四国、九州

披針形または卵形で、重鋸歯がある。
長さ3〜8cm、幅2〜4cm

特徴

葉のふち [鋸歯縁]

葉のつき方 [互生]

常緑／落葉 [落葉]

樹形
30〜100cmほどの樹高で、よく枝分かれする。

樹皮
暗褐色で、なめらかな樹皮をしている。

冬芽
卵形で褐色であり、先は尖る。

果実
球形の袋果で、5個がまとまってつく。

庭木や公園樹だけでなく、盆栽や切り花でも人気

日当たりのよい草地や礫地に自生する落葉低木。花のかわいらしさから園芸品種が多く作られている。葉は2〜8cmで、表面の葉脈はへこみ、裏面の葉脈は隆起する。花期は5〜8月。直径3〜6mmほどの小さな花を複散房花序に多数つける。花弁は5枚で多数の雄しべがつき、雄しべは花弁より長くなる。花色は濃紅色、紅色、薄紅色、白色などさまざま。果期は10月頃で、長さ2〜3mmの球状の袋果を5個集まってつける。熟すと上部が開き、種子を飛ばす。

花
花弁は5枚で、雄しべは花弁よりも長い。

樹木医Sakurai

写真：葉／松江の花図鑑、樹形・樹皮・花・果実／ビジオ、冬芽／PlantPix

漢字では「下野」と書く。これは下野国（現在の栃木県）で発見されたことによる。

シャリンバイ
(マルバシャリンバイ)

Rhaphiolepis indica var. *umbellata*

バラ科

樹高：2〜4m
花期：5月
分布：本州（山口県）、四国、九州

広葉樹 / 単葉 ［不分裂］

葉縁に鋸歯があるものと、ないものがある。

長さ4〜8cm、幅2〜4cm

冬芽
葉芽は丸く大きく、花芽は小さく細い。

果実
直径1cmほどの球形の果実が黒く熟す。

特徴

葉のふち
［全縁］
［鋸歯縁］

葉のつき方
［互生］

常緑／落葉
［常緑］

樹形
樹高2〜6mで、幹は分岐する。

樹皮
灰褐色で、成木になるとシワが目立つ。

葉が車輪のようにつき、花がウメのような樹木

　海岸近くに生える常緑低木。乾燥や風に強く、病害虫の被害も少ないことから、公園樹や街路樹にも使われる。葉は楕円形で厚みがあり、つやがある。枝先に車輪のように葉がつくが、輪生ではなく互生である。花期には、直径1〜1.5cmほどの5弁花が多数咲く。咲きたての頃の雄しべは黄色であるが、花粉を出すと赤色に変わる。果期は10〜11月で、ブルーベリーに似た黒紫色の果実をつける。果実は偽果で、中には光沢のある種子がひとつ入る。

花
花弁が5枚の白い花を多数咲かせる。

樹木医Sakurai

写真：葉／近畿地方整備局六甲砂防事務所の画像を編集、樹形・樹皮・花・果実／ビジオ、冬芽／植木ペディア

シャリンバイの樹皮は鹿児島県の奄美大島の伝統工芸品である大島紬の染料に使われる。

広葉樹 単葉

シラカシ

Quercus myrsinifolia

ブナ科

樹高：10〜20m
花期：4〜5月
分布：本州（福島県、新潟県以西）、四国、九州

長楕円形または狭長楕円形で、厚みがある。

長さ5〜12cm、幅2〜4cm

[不分裂]

特徴

葉のふち

[鋸歯縁]

葉のつき方

[互生]

常緑／落葉

[常緑]

樹形
樹高20m程度で、樹冠は縦に伸びる。

樹皮
樹皮は暗灰色で、皮目は縦に並ぶ。

花（雄花）

花（雌花）

雄花は尾状花序で、雌花は上向きにつく。

冬芽
冬芽は長卵形で細かい毛がある。

果実
15mmほどの広楕円形で、殻斗に包まれる。

殻斗が横縞模様のドングリ。縄文時代は食用だった

　山地に自生する常緑高木で、とくに関東地方で多く見られる。一年中葉の緑が楽しめることから、公園樹や街路樹、庭木としてもよく植栽される。若い個体は樹皮がなめらかだが、老木になるにしたがって皮目が増え、ざらつくようになる。葉の上部には鋸歯があり、葉の表面には光沢がある。雄雌同株で、花期には黄褐色の雄花が尾状花序につき、小さな雌花が枝の先の方に上向きにつく。果期は10〜11月で、お椀形の殻斗に堅果をつける。

写真：葉／かのんの樹木図鑑、樹形・樹皮・雄花・雌花・果実／ビジオ、冬芽／植木ペディア

Youtubeチャンネル「岡山いきもの学校」岡山県自然保護センター

種子は民間薬にも使われる。落下後に休眠せず、すぐに根を伸ばす性質がある。

シラカンバ
(シラカバ)

Betula platyphylla var. *japonica*

カバノキ科

樹高：20〜25m
花期：4月
分布：北海道、本州（福井、岐阜県以北）

広葉樹 / 単葉

[不分裂]

葉は三角状広卵形で鋸歯がある。
長さ5〜8cm、幅4〜7cm

冬芽
葉芽と雌花序は鱗芽で、雄花序は裸芽である。

果実
円柱形の果穂が垂れ下がる。

特徴

葉のふち
[鋸歯縁]

葉のつき方
[互生]

常緑／落葉
[落葉]

樹形
幹は直立し、円錐形の樹冠になる。

樹皮
樹皮は白く、薄い紙状になって剥がれる。

新緑と黄葉の美しさ。
幹も観賞価値のある樹木

　山地に自生する落葉高木で、日当たりのよい場所を好む陽樹である。冷涼な土地を好み、北海道では山地に限らず平地でも生育する。フィンランドではサウナに入っている時に、シラカンバなどの枝を束ねて体を叩く風習がある。シラカンバの樹皮は白色であるが、枝の落ちた跡が黒く残るため、その葉痕が目立つ。雌雄同株で、葉の展開と同じ時期に5〜7cmの雄花序と、雄花序より細い4cmほどの雌花序をつける。10月頃に堅果が集まった花穂が熟す。

花（雄花）

花（雌花）

葉が開くのと同時に雄花序が垂れ下がる。

写真／葉・樹皮・雄花・雌花・果実・冬芽／ピクスタ、樹形／植木ペディア

HARDWOOD／株

種子は休眠性をもち、山火事の高温を合図にいっせいに発芽する性質をもつ。

シラキ
（アツバシラキ）
Neoshirakia japonica

トウダイグサ科

広葉樹 / 単葉 / ［不分裂］

樹高：5～9m
花期：5～7月
分布：本州、四国、九州、沖縄

葉は卵状楕円形で、鋸歯はない。
長さ7～17cm、幅6～11cm

特徴

葉のふち ［全縁］

葉のつき方 ［互生］

常緑／落葉 ［落葉］

樹形
樹高は5～9mで、幹は直立する。

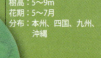
冬芽
冬芽は円錐形で褐色をしている。

果実
花柱が先に残った球形の蒴果をつける。

樹皮
灰白色でなめらかな樹皮をしている。

庭や公園で植栽され、白っぽい木肌に紅葉が映える。

　山地の渓流沿いに多く自生している落葉小高木。秋には赤色や橙色、黄色に美しく紅葉するため、公園樹や庭木として植栽される。シラキの木材は白く、名前の由来となったとされる。葉は全縁で、葉縁は波打つ。雌雄同株で、花期には総状花序を出す。雌花は総状花序の基部に1～3個つき、雄花はその先に多数つく。果実は三角状球形で、蒴果である。10～11月には黒褐色に熟して3つに裂け、種子を出す。種子はやや扁平な球形で、表面には模様がある。

花（雄花）

花（雌花）

5～10cmほどの黄色い穂状の花を咲かせる。

写真：葉・樹形・樹皮・雄花・雌花・果実／ビジオ、冬芽／植木ペディア

秋元園芸植木屋やっちゃん

幹を傷つけたり、枝を折ったりすると白い乳液が出ることから白乳木の別名がついた。

シロダモ
（オオシマダモ）

Neolitsea sericea

クスノキ科

樹高：10～15m
花期：10～11月
分布：本州（宮城県、山形県以南）、四国、九州、沖縄

広葉樹 / 単葉

[不分裂]

長楕円形で、3本の葉脈が目立つ。

長さ6～18cm、幅3～9cm

特徴

葉のふち
[全縁]

葉のつき方
[互生]

常緑／落葉
[常緑]

冬芽
鱗芽で黄褐色をしている。

果実
10～15mmほどの赤い楕円形の液果をつける。

樹形
幹は直立し、枝が多く広がる。

樹皮
灰褐色でなめらかだが、皮目がある。

花（雄花）

花（雌花）

黄褐色の小さな花を多数つける。

タモ（タブノキ）であっても葉の裏面は白い

　山地や低地の森林内に自生する常緑高木。暖かくなる頃に新葉が出はじめる。新葉は両面が黄褐色の絹毛に覆われて、枝先付近に垂れ下がってつく。絹毛は成長に従って落ちる。葉の裏面は灰白色をしているが、これは蝋質に覆われているからである。雌雄異株で、花期になると散形花序に黄褐色の小さな花を多数つける。果期は翌年の10～11月で花期と被ることから、花と果実を同時に見ることができる珍しい樹木でもある。果実は鳥が好んで食べる。

写真／葉／かのんの樹木図鑑、樹形・樹皮・果実／ビジオ、雄花・雌花／植木ペディア、冬芽／photoAC

果肉や種子からは「ツヅ油」と呼ばれる油が取れ、蝋燭の原料などに使われる。

広葉樹 単葉 [不分裂]

ジンチョウゲ

Daphne odora

ジンチョウゲ科

樹高：1～2m
花期：2～4月
分布：西日本各地に植栽
　　　（原産地：中国南部）

長楕円形で、つやのある革質をしている。
長さ4～9cm、幅1.5～3cm

特徴

葉のふち [全縁]

葉のつき方 [互生]

常緑／落葉 [常緑]

樹形
枝が分岐するため、球形の樹形になりやすい。

樹皮
褐色でなめらかな樹皮をしている。

花
花弁がない花を手まり状につける。

樹木医Sakurai

果実　　冬芽
球形で赤い堅果をつける。　前年枝の枝に冬芽がつくが、花芽がほとんど。

中国から渡来した
日本の三大芳香木のひとつ

　中国から渡来し、室町時代から薬用植物として植栽されている常緑低木。日本にはほとんど雌株がなく、雄株が多い。日本で植栽する際は挿し木で増やす。全体に有毒成分を含み、汁液に触れると炎症が起こる。葉は枝の上部に集まってつく。鋸歯はなく、先端は尖る。花期には小さな花が半球形に集まって咲く。花弁に見えるのはがくであり、内側は白色で外側は紅紫色をしている。果期は5～6月だが、日本には雄株が多いため、果実を見る機会はあまりない。

写真：葉・樹形・樹皮・花・果実／ビジオ、冬芽／大岩千穂子

ジンチョウゲ、クチナシ、キンモクセイの3つの樹木は、日本の三大芳香木とされる。

スイカズラ
（ニンドウ）
Lonicera japonica

スイカズラ科

樹高：つる性
花期：5〜6m
分布：北海道、本州、四国、九州

広葉樹 / 単葉 ［不分裂］

葉は対生し、楕円形または長楕円形。
長さ3〜7cm、幅1〜3cm

特徴

葉のふち ［全縁］

葉のつき方 ［対生］

常緑／落葉 ［常緑］

樹形
木質のつるでほかの植物に絡みついて成長する。

果実
黒い球形の液果を2つずつつける。

冬芽
枝に対生し、狭卵形をしている。

樹皮
はじめは灰赤褐色だが、のちに灰褐色になる。

花
唇のような形をしており、白色から黄色になる。

白から黄色に変化する金銀花が咲く樹木

　平地や野原、土手、山林、林縁、道ばたなど、さまざまな場所で見られる、半常緑のつる性低木。自生地ではない欧米では観賞用として栽培されているが、野生化して森林を覆ってしまうなど、外来種としての問題も起きている。花期は5〜6月で、甘い香りを漂わせて咲く。咲きはじめは白色をしているが、徐々に黄色へと変化する。果期は10〜11月で、黒い球形の液果を2つずつつける。液果の直径は5〜7mmほどで、光沢があり、先端にはがくが残る。

写真：葉・樹形・樹皮・花・果実／ビジオ、冬芽／大岩千穂子

ふるさと種子島

花は香りが強いが、昼と夜だと夜の方が強く、虫が多く集まってくる。

広葉樹 単葉

[不分裂]

スダジイ
（イタジイ）
Castanopsis sieboldii

ブナ科

樹高：20〜30m
花期：5〜6月
分布：本州（福島県、新潟県以西）、四国、九州

広楕円形で厚みがあり、全縁葉と鋸歯葉が混在する。
長さ5〜15cm、幅2.5〜4cm

特徴

葉のふち

[全縁]

[鋸歯縁]

葉のつき方
[互生]

常緑／落葉
[常緑]

Youtubeチャンネル「岡山いきもの学校」
岡山県自然保護センター

冬芽

つきはじめは小さいが、春が近づくと膨らむ。

果実　はじめは殻斗は全体を包むが、のちに3裂する。

樹形
幹は直立し、樹冠は長楕円形になる。

樹皮
黒褐色で、大木になると縦に裂け目ができる。

花（雄花）　花（雌花）
長さ6〜12cmで淡黄色の花序をつける。

ブロッコリーのような樹形のドングリのなる木

　暖地の海岸が近い山野に自生する常緑高木であり、暖地性照葉樹林を代表する樹種のひとつである。耐潮性があるため海岸近くでも生育でき、丈夫で大木になりやすい。若木の樹皮は裂け目が少なくなめらかだが、大木になるにつれて縦に裂け目ができる。葉の長さは5〜15cmで、先端が尖り、葉質は皮質で厚い。雌雄同株で、6〜12cmほどの雄花序と雌花序をつける。果期は翌年の10〜11月頃で、卵状長楕円形のドングリがなる。これは、もっとも美味しいドングリといわれる。

写真／葉／近畿地方整備局六甲砂防事務所の画像を編集、樹形・樹皮・果実／ビジオ、雄花・雌花・冬芽／植木ペディア

スダジイのドングリは、アク抜きをしなくても食べることができる。生食もOK。

ズミ
（コリンゴ）
Malus toringo
バラ科

樹高：6〜10m
花期：5〜6月
分布：北海道、本州、四国、九州

広葉樹 / 単葉 / [不分裂]

長楕円形または卵状楕円形の葉をつける。
長さ3〜10cm、幅2〜5cm

冬芽
冬芽は長卵形で、枝と同色をしている。

果実
直径6〜10mmの赤い球形の果実をつける。

特徴

葉のふち [鋸歯縁]

葉のつき方 [互生]

常緑／落葉 [落葉]

樹形
枝がよく広がるため、樹形も横に広がる。

樹皮
灰褐色で樹皮は縦に細く剥がれる。

花
白色または淡紅色の花を咲かせる。

ナシのような花と、リンゴのような果実の樹木

北海道、本州、四国、九州に分布する落葉小高木。ナシのような花を咲かせ、リンゴのような果実をつけることから、「コリンゴ」「コナシ」の別名がある。5〜6月に直径20〜35mmほどの花を枝いっぱいに咲かせる。花弁は5枚で、雄しべが20個つく。果期は9〜10月で、小さな球形の赤い果実をつける。果実は食用でき、果実酒などに用いられる。霜にあたると渋みが抜けて柔らかく熟れるため、そのまま生で食べることもできるようになる。

写真：葉・樹形・樹皮・花・果実／ビジオ、冬芽／植木ペディア

漢字名の「酸実」は、実が酸っぱいことからこの字が当てられたといわれている。

広葉樹 / 単葉

セイヨウハコヤナギ
（ポプラ）

Populus nigra var. *italica*

ヤナギ科

樹高：20〜30m
花期：4〜5月
分布：庭園などで植栽
　　　（原産地：ユーラシア）

[不分裂]

広三角状の葉で、葉縁には細かい鋸歯がある。

長さ4〜12cm、幅4〜12cm

特徴

葉のふち

[鋸歯縁]

葉のつき方

[互生]

常緑／落葉

[落葉]

冬芽　冬芽は互生し、長卵形で先は尖る。

果実　複合果で、綿毛に包まれた種子を飛ばす。

樹形　幹、枝どちらも直立する。

樹皮　灰黒褐色で、樹皮は縦に裂ける。

花　雄花序は暗赤色で、雌花序は黄緑色をしている。

別名・ポプラで知られる美しい並木を形成する樹木

ユーラシア原産の落葉高木。成長が早く、枝もよく伸びる。幹だけでなく枝も直立するため、ほうきを逆さまにしたような樹形になることが多い。世界中で植栽されており、日本ではとくに北海道に多い。雌雄異株で、花期は4〜5月。雄花序と雌花序はどちらも尾状花序で、前年枝の枝先から垂れ下がる。果実は長楕円形で、6月頃に熟すと蒴果が開き、白い綿毛がふわふわと飛ぶ。木材はマッチの軸に使用されるが、楽器の材として使われたこともある。

写真：葉／123RF、樹形・樹皮・花・冬芽／ビジオ、果実／身近な植物ウォッチング

ヤマナラシハムシが葉を食べたあとは、葉脈だけが残る葉脈標本になる。

ソメイヨシノ

Cerasus × yedoensis

バラ科

樹高：10～15m
花期：3～4月
分布：全国で植栽

広葉樹

単葉

[不分裂]

葉は楕円形で、葉縁には重鋸歯がある。

長さ8～12cm、幅5～7cm

特徴

葉のふち

[鋸歯縁]

葉のつき方

[互生]

常緑／落葉

[落葉]

樹形
枝が横に広がることで大きな傘状になる。

樹皮
樹皮は灰褐色で皮目が多い。

花
葉が出る前に淡紅色の5弁花を咲かせる。

果実
果実は黒紫色で小さい球形をしている。

冬芽
花芽は卵形で、葉芽は長楕円形をしている。

江戸時代に開発された、日本を代表するサクラの木

日本のサクラを代表する園芸品種で、江戸時代に開発された。ヤマザクラは葉柄や葉の裏の脈状に毛があるが、ソメイヨシノには毛がないため、見分ける際のポイントになる。また、サクラ類には共通して葉の基部に一対の蜜腺がある。花ははじめは淡紅色だが、時間が経つと白色になる。花弁の先には切れ込みができる。花柄やがく、雌しべの付け根に毛が生える。5～6月には果実が熟し、赤色から黒紫色になる。冬芽は褐色をしており、多くの芽鱗に覆われる。

写真：葉・樹形・樹皮・花・果実・冬芽／ビジオ

樹木医/Sakurai

接ぎ木によって全国に植えられたため、ほとんどが同じ遺伝子をもつクローンである。

広葉樹 / 単葉 / [不分裂]

タイサンボク

Magnolia grandiflora

モクレン科

樹高：10〜20m
花期：5〜6月
分布：本州、四国、九州、沖縄で植栽
（原産地：北米南東部）

光沢があり、葉質は厚く堅い。
長さ10〜25cm、幅5〜12cm

特徴

葉のふち [全縁]

葉のつき方 [互生]

常緑／落葉 [常緑]

樹形
幹は直立し、広円錐形の樹冠になる。

樹皮
暗灰色で、成木は小さな皮目が多い。

花
枝先に白い盃形の花が咲く。

樹木医Sakurai

花芽は毛があるが、葉芽は毛が少ない。

冬芽

果実
毛のある袋果が集まった集合果がつく。

白い大きな盃のような花。初夏に甲虫を引きつける

　北米南東部原産の常緑高木。葉に鋸歯はなく、葉縁は裏側にやや反り返る。葉の裏面には褐色の毛が密生する。花期には厚みのある白い花弁のついた花を咲かせる。花は上向きに咲き、強い芳香を放つ。受粉は甲虫が媒介することが多いが、甲虫は顎が発達しているため、花が傷つけられるリスクが高い。それに対応するためにタイサンボクの雄しべはしっかりとした作りをしていると考えられている。果期は10〜11月で、熟すと多くの赤い種子が出てくる。

写真／葉／かのんの樹木図鑑、樹形・樹皮・花・果実／ビジオ、冬芽／植木ペディア

タイサンボクはアメリカのミシシッピ州に多く、ミシシッピ州の州旗にも描かれている。

ダケカンバ
（コバノダケカンバ）

Betula ermanii var. *parvifolia*

カバノキ科

樹高：10〜15m
花期：5月
分布：北海道、本州（奈良県以北）、四国（愛媛県、高知県、徳島県）

広葉樹 / 単葉

三角状広卵形で、不揃いの重鋸歯がある。
長さ5〜10cm、幅3〜7cm

[不分裂]

雄花序は裸芽。雌花序と葉芽は芽鱗に包まれる。

冬芽

果実：上向きに果穂をつけ、翼のある種子を飛ばす。

特徴

葉のふち — [鋸歯縁]

葉のつき方 — [互生]

常緑／落葉 — [落葉]

樹形：樹高10〜20mだが、高山帯では低木になる。

樹皮：淡褐色で樹皮が紙状に剥がれる。

花：雄花序は黄褐色で、雌花序は緑色をしている。

山岳地帯に自生する高山（岳）の樺

北海道、本州の奈良県以北、四国の愛媛県・高知県・徳島県の亜高山帯に自生する落葉高木。寒冷地を好み、高山や山地に多く、シラカンバよりも高い標高で見ることができる。樹皮の表面は白っぽいが、紙状に薄く剥がれると中から褐色の樹皮が出てくる。葉は5〜10cmのやや長い三角状卵形をしており、葉脈はシラカンバよりも多い。花期は5〜6月で、雄花序は尾状に下垂し、雌花序は短円柱形で直立する。果期は9〜10月で、種子は風で散布される。

HARDWOOD（株）

写真：葉／中標津町郷土館、樹形・樹皮／ビジオ、花／岡田農園、果実／GREEN PIECE、冬芽／大岩千穂子

森林限界付近まで自生するが、風や雪の影響で曲がった樹形のものが多くなる。

広葉樹 単葉

[不分裂]

タニウツギ

Weigela hortensis

スイカズラ科

樹高：2〜5m
花期：5〜7月
分布：北海道（西部）、本州（おもに日本海側）

葉は卵形または長楕円形で、細かい鋸歯がある。

長さ5〜12cm、幅3〜6cm

特徴

葉のふち

[鋸歯縁]

葉のつき方

[対生]

常緑／落葉

[落葉]

樹形

株立ち状になり、下部からよく分岐する。

樹皮

樹皮は灰褐色で縦に剥がれる。

花

花は淡紅色でろうと状である。

冬芽

冬芽は卵形で褐色であり、芽鱗に覆われる。

果実

乾いた蒴果ができ、熟すと2つに裂ける。

新緑の中に咲くピンクの花が美しい樹木

　山地の谷沿いに多く自生する落葉低木で、日当たりのよい場所を好む。群生していることが多く、満開の花が山火事になったようにも見えることからカジバナとも呼ばれ、家に持ち込んだり植えたりすることを忌み嫌う地方もある。花期には散房花序を出し、桃紅色の花を2〜3個ずつつける。花弁はろうと状で、先端は5裂する。雄しべが5個と先が丸い雌しべが1個つく。葉の表面には白い毛が密に生え、葉柄は紫褐色をしている。10〜11月に褐色に熟す。

写真：葉／近畿地方整備局六甲砂防事務所の画像を編集、樹形・樹皮・花・果実・冬芽／ビジオ

材木を葬儀で骨を拾う箸として利用したことから、死人花や葬式花の異名がある。

広葉樹
単葉

[不分裂]

タブノキ
（イヌグス）
Machilus thunbergii

クスノキ科

樹高：20〜30m
花期：5〜6月
分布：本州、四国、九州、沖縄

倒卵状長楕円形で、表面にはつやがある。

長さ8〜15cm、幅3〜7cm

特徴

葉のふち

[全縁]

葉のつき方

[互生]

常緑／落葉

[常緑]

冬芽
卵形で毛のある冬芽が大きく膨らむ。

果実
直径1cmほどの球形の液果が黒紫色に熟す。

材は造船に使われる。古代の丸太船の主材料

海岸近くの丘陵地に自生する常緑高木。暖地を好むが耐寒性もあり東北地方でも見られる。耐火性が強く防火樹としてもよく植えられ、実際に機能した例も知られている。葉は枝先に集まる傾向にあり鋸歯はない。雌性期を経て雄性期を迎える両性花を咲かせる。雌性期には雄しべは横たわっているが、雄性期になると立ち上がる。また、アオスジアゲハの食草であり、花期に花の蜜を吸いに来る姿は美しい。果期は7〜8月で、黒紫色の液果を赤い果柄につける。

写真：葉／かのんの樹木図鑑、樹形・樹皮・花・果実・冬芽／ビジオ

ふるさと種子島

樹形
樹高は20〜30mで、幹は直立する。

樹皮
淡褐色でなめらかだが、筋が入るものもある。

花
枝先に円錐花序を出し、黄緑色の花を咲かせる。

樹皮や葉にはタンニンが多く含まれ、八丈島の草木染め・黄八丈の染料に使われる。

広葉樹 / 単葉 / [不分裂]

タマアジサイ

Hydrangea involucrata

アジサイ科

樹高：1.5〜2m
花期：8〜9月
分布：本州（福島県〜中部地方）、伊豆諸島、四国、九州

楕円形で葉縁には細かい鋸歯がある。
―
長さ10〜25cm、幅4〜10cm

特徴

葉のふち ― [鋸歯縁]

葉のつき方 [対生]

常緑／落葉 [落葉]

冬芽 芽鱗に包まれ、毛が多く生えている。

果実 球形の果実ができ、熟すと裂ける。

樹形 幹は株立ち状になり、枝がよく広がる。

樹皮 灰褐色で薄くはがれる。

花 中心部の両性花と周囲の装飾花で構成される。

つぼみが球形で玉のように見える「タマ」アジサイ

　谷沿いに自生することが多い落葉低木。ガクアジサイに似た花を咲かせるが、花期がガクアジサイより1カ月ほど遅い。また、ガクアジサイは葉の表面が無毛なのに対し、タマアジサイは葉の両面に毛が生えることからも見分けることができる。タマアジサイのつぼみは球状で、花期になると苞に包まれたつぼみが開き、淡紫色の花が現れる。真ん中の小さな淡紫色のものが本当の花で、周囲の白い4弁花は装飾花。果期は10月頃で蒴果から種子がこぼれる。

写真／葉／photolibrary、樹形・樹皮・花・果実／ビジオ、冬芽／大岩千穂子

かつては葉タバコの代用として使われていたため、「ヤマタバコ」の別名がある。

タムシバ
（ニオイコブシ）

Magnolia salicifolia

モクレン科

樹高：3〜9m
花期：4〜5月
分布：本州、四国、九州

広葉樹 単葉
［不分裂］

披針形または卵状披針形で鋸歯はない。
長さ6〜12cm、幅2〜5cm

特徴

葉のふち ［全縁］
葉のつき方 ［互生］
常緑／落葉 ［落葉］

冬芽 枝先につくのは花芽で、長卵形である。

果実 毛のない袋状の集合果がつく。

樹形 幹は直立し、枝はよく分岐する。

樹皮 灰褐色でなめらかな樹皮をしている。

花 花弁が6枚の白い花が平開する。

コブシに似た見た目とよい香りから別名は「ニオイコブシ」

　山の斜面や尾根に自生する落葉小高木で、日本海側の雪が多い地域に多く、太平洋側には少ない。葉は揉むと強い香りがあり、噛むと甘みがある。花期にはコブシに似た白い花を咲かせる。コブシは花の下に1枚の葉がつくが、タムシバにはつかないことが見分けるポイントになる。タムシバの花は香りが強く冬眠から覚めたツキノワグマが好んで食べる。果期は8〜9月で、小さな袋果が集まった集合果をつける。果実は熟すと裂けて中から赤い種子を出す。

写真：葉・樹形・樹皮・花・果実／ビジオ、冬芽／植木ペディア

タムシバは強い香りがあるため、「ニオイコブシ」の名前でアロマオイルが売られている。

広葉樹 単葉

タラヨウ

Ilex latifolia

モチノキ科

樹高：10〜20m
花期：4〜6月
分布：本州（静岡県以西）、四国、九州

[不分裂]

肉厚で光沢があり、細かい鋸歯がある。
長さ12〜20cm、幅4〜8cm

特徴

葉のふち

[鋸歯縁]

葉のつき方

[互生]

常緑／落葉

[常緑]

樹形
幹は直立し、枝はよく分かれる。

樹皮
灰褐色でなめらかである。

冬芽
頂芽は円錐形で、側芽は丸い。

果実
小さな赤い球形の核果が多くつく。

玄関前に植えている局も多い郵便局の木といえばこれ

山地に自生する常緑高木。自生は静岡県以西だが、関東地方でも植栽されることがある。葉の裏面に傷をつけると黒く変色することから、戦国時代には情報のやり取りに使われた。ハガキの語源になったともいわれ、郵便局の木に定められている。葉は大きく、20cmほどの長楕円形である。雌雄異株で、直径4mmほどの雌花と雄花をそれぞれ葉腋に多数咲かせる。果期は10〜12月で、直径8mmほどの小さな球形の核化が鈴なりにでき、赤く熟す。

花（雄花）　花（雌花）
直径4mmほどの淡黄色の花を咲かせる。

樹木医Sakurai

写真：葉／かのんの樹木図鑑、樹形・樹皮・雄花・雌花・果実／ビジオ、冬芽／植木ペディア

葉の裏面に傷をつけると黒く変化し、文字を書くことができ、「ハガキの木」の別名がある。

チドリノキ
（オオバチドリノキ）

Acer carpinifolium

ムクロジ科

樹高：8～15m
花期：4～5月
分布：本州（岩手県以南）、四国、九州

広葉樹

単葉

[不分裂]

葉には鋸歯があり、葉脈が目立つ。
長さ7～15cm、幅3～6cm

特徴

葉のふち

[鋸歯縁]

葉のつき方

[対生]

常緑／落葉

[落葉]

樹形

落葉小高木で、樹形は広がる。

冬芽は卵形であり、うろこ芽である。

冬芽

果実 果実は翼果で、風によって散布される。

翼のある果実の形が千鳥が飛ぶ姿を思わせる

　山地の沢沿いに自生する落葉小高木。葉は対生し、先端が伸びて尖る。葉の裏面は葉脈上にも毛が生える。葉脈は表面でくぼみ裏面に隆起する。カエデ属でありカエデの仲間だが、葉は分裂しない。カバノキ科のサワシバに似るため、サワシバカエデという別名もある。葉は黄葉後なかなか落ちず、春先まで残っていることもある。雄雌異株で、枝先から総状花序を出す。雄花は15個前後つき、雌花は3～7個つく。果期8～9月で、カエデの仲間らしい翼果をつける。

樹皮

黒褐色でなめらかな樹皮をしている。

花（雄花）

花（雌花）

雌雄異株で、淡緑色の雄花と雌花をつける。

写真：葉・樹形・樹皮・雄花・冬芽／ビジオ、雌花／Qwert1234、果実／植木ペディア

カエデの仲間だが、葉はカエデの仲間よりもサワシバやクマシデに似る。

広葉樹 単葉 [不分裂]

チャノキ
（チャ）
Camellia sinensis

ツバキ科

樹高：1～5m
花期：10～11月
分布：全国で植栽
（原産地：インド、ベトナム、中国西南部）

長楕円状の披針形で、薄い革質の葉をしている。
長さ5～9cm、幅2～4cm

特徴

葉のふち [鋸歯縁]

葉のつき方 [互生]

常緑／落葉 [落葉]

樹形
株立ち状になり、根元から多く分枝される。

樹皮
灰褐色でなめらかな樹皮をしている。

花
花弁が5枚の白い花を咲かせる。

樹木医Sakurai

果実
扁球形の蒴果をつけ、熟すと3裂する。

冬芽
葉のつけ根につき、白い毛が生える。

世界中の人々に憩いを与える紅茶・緑茶の木

　奈良時代に中国から渡来した落葉低木。渡来当時は薬用として使われたとされる。名前のとおり茶の木であり、葉は茶葉になる。日本では静岡県と鹿児島県の2県が生産量トップクラス。葉は先端がやや尖り、細かい鋸歯がある。葉脈は表面でくぼみ、裏面に隆起する。花期には直径2～3cmでツバキに似た花を咲かせる。花には柄があり、ぶら下がるように下向きに咲く。花の中央には多数の黄色い雄しべがある。果実は蒴果で、10～11月に褐色に熟し3裂する。

写真：葉／かのんの樹木図鑑、樹形・樹皮・果実／ビジオ、花／photoAC、冬芽／植木ペディア

栽培されているチャノキには、緑茶向きの中国種と紅茶向きのアッサム種がある。

ツクバネウツギ

Abelia spathulata var. *spathulata*

スイカズラ科

樹高：1～2m
花期：5～6月
分布：本州、四国、九州

葉は広卵形または長楕円形で、鋸歯がある。

長さ3～5cm、幅2～3.5cm

広葉樹

単葉

[不分裂]

特徴

葉のふち

[鋸歯縁]

葉のつき方

[対生]

常緑／落葉

[落葉]

果実

果実は線形の痩果で、先端にがくが残る。

冬芽

冬芽は枝と同色で卵形である。

日当たりのよい山地で咲く2輪1組の花は美しい

　日当たりのよい山地に自生する落葉低木。庭木や街路樹としてよく利用されるハナゾノツクバネウツギと同属であり、花が似ている。葉は長さ3～5cmで、葉先は尖り、両面とも毛が生える。花期には枝先から2輪1組の黄白色の花を咲かせる。花には5個のがく片がつき、そのがく片は5～8mmほどで、ひとつの花のがく片はすべてほぼ同じ長さである。花弁はつけ根は細いが、その後鐘形に広がり、先は唇状になる。果実は目立たず、先端に残るがく片が目立つ。

写真：葉・樹形・樹皮・果実／ビジオ、花・冬芽／植木ペディア

樹形

株立ち状で多く枝分かれする。

樹皮

樹皮は灰褐色で、薄く剥がれる。

花

2輪1組で咲き、内部には黄色い模様ができる。

果実の先端に残るがく片が、羽根突きの羽根に見えることからこの名がついたとされる。

広葉樹 単葉

ツゲ
（アサマツゲ）

Buxus microphylla. var. *japonica*

ツゲ科

樹高：1～6m
花期：3～4月
分布：本州（山形県、佐渡以西）、四国、九州

長楕円形で厚みがある葉をつける。
長さ1.5～3cm、幅0.7～1.5cm

特徴

葉のふち

[全縁]

葉のつき方

[対生]

常緑／落葉

[常緑]

樹形
幹は直立し、枝は分岐する。写真は自生林。

樹皮
樹皮は灰白色で、うろこ状の模様ができる。

冬芽
花芽は丸く、葉芽は長楕円形である。

果実
先端に花柱が残った蒴果をつける。

木肌がきめ細かいことから櫛の材料として重用される

　山地に自生する常緑低木または小高木で、石灰岩地や蛇紋岩地を好む。西日本の暖かい地域に分布する。東日本でもツゲが庭木に使われることが多いが、その場合はモチノキ科のイヌツゲを指している場合が多い。イヌツゲは葉の先が尖るが、ツゲの葉は丸くなるため、その点で見分けることができる。また、ツゲの葉には鋸歯はない。雌雄同株で、花期には枝先や葉腋に花序を出し、淡黄色の小さな花を咲かせる。果実は蒴果で倒卵形。9～10月に褐色に熟す。

花
花弁のない淡黄色の花を咲かせる。

写真：葉・樹皮・花・果実／ビジオ、樹形／Aiba4095、冬芽／植木ペディア

古くからツゲ製の櫛が重宝されており、平城京跡などからも出土している。

ツノハシバミ
(ナガハシバミ)

Corylus sieboldiana var. *sieboldiana*

カバノキ科

樹高：2～3m
花期：3～5月
分布：北海道、本州、四国、九州

広葉樹 単葉

[不分裂]

葉は卵形または広倒卵形で、重鋸歯がある。

長さ5～11cm、幅3～11cm

特徴

葉のふち

[鋸歯縁]

冬芽
雄花序は裸芽で、葉芽と雌花は鱗芽である。

果実 くちばし状の長い堅果をつける。

葉のつき方

[互生]

樹形
株立ち状で、枝を長く伸ばす。

常緑／落葉

[落葉]

ツノのような形状の果実を目印にすると見つかりやすい

山地の日当たりのよい場所に自生する落葉低木。公園樹や庭木としても植えられる。堅果を包む総苞片の先がツノのように伸びている様子からこの名がつけられた。葉脈は表面でくぼみ裏面に盛り上がり、葉の先端は細く尖る。花期には葉が開くのより先に花が咲く。雌雄同株であり雌雄異花。雄花序は3～13cmの尾状花序で、雌花序は枝先につき赤い花柱が目立つ。果期は9～10月で、緑色の総苞片に包まれた堅果が1～4個集まってつく。総苞片は先が伸びる。

樹皮
樹皮は灰褐色で、皮目が目立つ。

花（雄花） **花（雌花）**
雄花序は尾状花序であり、雌花は頭状に集まる。

写真：葉／かのんの樹木図鑑、樹形・樹皮・雄花・雌花・果実・冬芽／ビジオ

ヘーゼルナッツの仲間で、果実の中に入っているナッツは食用になる。

広葉樹 単葉 [不分裂]

ツリバナ
(タンザワツリバナ)
Euonymus oxyphyllus var. *oxyphyllus*
ニシキギ科

樹高：4〜6m
花期：5〜6月
分布：北海道、本州、四国、九州

葉は卵形または長楕円形で、細かい鋸歯がある。

長さ3〜10cm、幅2〜5cm

特徴

葉のふち　[鋸歯縁]

葉のつき方　[対生]

常緑／落葉　[落葉]

樹形
枝が細く長くなるため、弓なりになる。

樹皮
灰褐色でなめらかな樹皮をしている。

花
長い花柄に淡紫色の花が吊り下がる。

冬芽は細長い披針形で先が尖る。

冬芽

果実
果実は熟すと5裂して橙色の種子が出てくる。

かわいらしい花や果実を吊るようにつける樹木

　山地に自生する落葉低木。吊り下がってつく花や果実が特徴的で、観賞のために庭木や盆栽などに使われる。葉の葉柄は短く、葉先はやや尖る。花期には葉腋から長さ4〜15cmもある長い花柄を出し、その先に集散花序をつける。花は花弁が5枚あり、色は緑白色または淡紫色である。果期は9〜10月で、蒴果が吊り下がる。果実は球形で、直径が12mmほど。紅色に熟すと5つに裂け、赤橙色の種が出てくる。かわいらしい果実だが、種皮には毒がある。

写真：葉／かのんの樹木図鑑、樹形・樹皮・果実・冬芽／ビジオ、花／植木ペディア

秋元園芸植木屋やっちゃん

実や花が吊り下がってつくことから、「吊花」の名がついたといわれている。

ツルアジサイ
（ツルデマリ）

Hydrangea petiolaris

アジサイ科

樹高：つる性
花期：6〜7月
分布：北海道、本州、四国、九州

広葉樹 / 単葉 ［不分裂］

広卵形または卵円形で、鋭い鋸歯がある。

長さ5〜12cm、幅3〜10cm

特徴

葉のふち ［鋸歯縁］

葉のつき方 ［対生］

常緑／落葉 ［落葉］

頂芽は長卵形で、表面はなめらかである。 冬芽

果実 褐色に熟し、中には翼のある種子がある。

樹形
つる性で、ほかの植物に絡みながら成長する。

樹皮
淡褐色または赤褐色で、縦に裂ける。

花
クリーム色の両性花を装飾花が囲む。

花が壁面を飾る美しさから美術館の装飾にも使われる

　山地に自生する落葉つる性木本で、気根を出してほかの植物や岩に絡みついて成長する。原産地である日本よりもヨーロッパで人気が高く、庭木として用いられている。壁面の装飾に使うと壁一面が花で覆われて美しい。枝は赤みを帯びた褐色で、葉と葉をつなぐ葉柄は3〜9cmと長い。花期には装飾花に囲まれ、多数の長い雄しべが目立つ両性花をつける。両性花のまわりには4枚の花弁をもつ白い装飾花がつく。果実は蒴果で、9〜10月に熟し種を落とす。

写真：葉・樹形・樹皮・果実／ビジオ、花／Qwert1234、冬芽／植木ペディア

若芽にはキュウリのような香りがあり、食用になる。おひたしや和え物にすると美味。

広葉樹 単葉

ツルウメモドキ
Celastrus orbiculatus var. *orbiculatus*
ニシキギ科

樹高：つる性
花期：5〜6月
分布：北海道、本州、四国、九州、沖縄

[不分裂]

葉は倒卵形または楕円形で、浅い鋸歯がある。

長さ5〜10cm、幅3〜8cm

特徴

葉のふち

[鋸歯縁]

葉のつき方

[互生]

常緑/落葉
[落葉]

冬芽
冬芽は茎につき、球状や円錐形をしている。

果実
蒴果がつき、熟すと3つに裂ける。

樹形
つる性でほかの植物に絡みついて成長する。

樹皮
樹皮は灰褐色で、成木では網目状に裂ける。

花
花は淡緑色で、小さく目立たない。

花以上にきらびやかな黄色と赤色の果実が魅力の木

　低地や山地の日当たりのよい場所によく自生する落葉つる性木本。つるは1年目は緑色をしているが、2年目以降は木化して茶褐色になる。雌雄異株で、花期には葉腋から集散花序を出す。花は直径6〜8mmで、花弁は5枚つく。雄花は1〜7個が集まってつき、5個の雄しべが目立つ。雌花は1〜3個が集まってつき、中心に3裂した柱頭がつく。果期は10〜12月で、雌株には7〜8mmの蒴果がつく。蒴果は黄色に熟すと3裂し、橙赤色の種子が現れる。

写真：葉・樹皮・果実／ビジオ、樹形／photoAC、花／PIXTA、冬芽／大岩千穂子

果実は観賞価値が高く、生け花やリース、盆栽などに利用される。

テイカカズラ

Trachelospermum asiaticum var. *asiaticum*

キョウチクトウ科

樹高：つる性
花期：5～6月
分布：本州、四国、九州

広葉樹

単葉

［不分裂］

葉は楕円形で革質であり、光沢がある。

長さ3～7cm、幅2～3cm

特徴

葉のふち

［全縁］

葉のつき方

［対生］

常緑／落葉

［常緑］

冬芽

冬芽は紫褐色の毛に覆われる。

果実

約20cmの細長い袋果が2つ1組でぶら下がる。

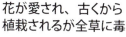
樹形

つる性で、ほかの植物に絡みついて成長する。

樹皮

樹皮は淡褐色で気根が出た跡が残る。

花

花は白色から淡黄色へと変わる。

花が愛され、古くから植栽されるが全草に毒

山地に自生する常緑つる性木本。枝から気根を出して、岩や木を這い上がる。成木になると樹皮に気根が出た跡が残り、多数の突起が出る。葉には鋸歯はなく、葉の先はやや尖る。花期には枝先や葉腋から集散花序を出し、直径2～3cmほどの白い花を咲かせる。白い花は次第に淡黄色になる。花冠の基部は筒状であり、先端はねじれたように5裂する。果期は10～11月で、弓なりに曲がった袋果ができる。袋果は熟すと縦に裂け、中から綿毛のある種子を出す。

写真：葉・樹形・樹皮・花・果実／ビジオ、冬芽、Nao.T

樹木医/Sakurai

茎や葉を切ると白い乳液が出てくるが、これは有毒なので触ってはいけない。

広葉樹 単葉

[不分裂]

ドウダンツツジ

Enkianthus perulatus

ツツジ科

樹高：1〜3m
花期：4〜5月
分布：本州（関東地方・伊豆半島以西）、四国、九州

葉は菱形に近い卵形で、葉身には毛が生える。

長さ2〜4cm、幅0.8〜2cm

特徴

葉のふち

[鋸歯縁]

葉のつき方

[互生]

常緑／落葉
[落葉]

冬芽は卵形で黄褐色から赤褐色をしている。

冬芽

果実　乾いた蒴果が上向きに裂ける。

幹は株立ち状になり、よく枝を広げる。

樹形

樹皮

樹皮は灰褐色で、不規則に剝がれる。

新葉から花、紅葉まで、長く見頃が続く人気の低木

　山地に自生する落葉低木だが、自生のものは少ない。自生するものはマグネシウムや鉄を多く含む蛇紋岩地帯に多い。庭木や生垣、公園樹などにもよく使われる。葉身は2〜4cmで、葉縁には細かい鋸歯がある。雌雄同株で、花期には壺形の白い小さな両性花をつける。花には1〜2cmほどの花柄があるため、花は下向きにつく。花冠の先は浅く5裂し反り返る。果期は9〜10月で、長い果柄に蒴果が上向きにつき、熟すと褐色になり、自然と裂ける。

花

1ヵ所の枝から数個の白い花を咲かせる。

写真：葉・樹形・樹皮・花・果実・冬芽／ビジオ

ドウダンツツジは漢字では「満天星躑躅」とも書き、これは中国の故事に由来する。

トキワサンザシ
（ピラカンサ）

Pyracantha coccinea

バラ科

樹高：2〜6m
花期：5〜6月
分布：本州、四国、九州で植栽（原産地：西アジア）

広葉樹 / 単葉 / [不分裂]

葉は狭倒卵形で、細かい鋸歯がある。
——
長さ2〜6cm、幅0.8〜2.5cm

特徴

葉のふち [鋸歯縁]

葉のつき方 [互生]

常緑/落葉 [常緑]

樹形
低木または小高木で、枝が広がる。

果実
ナシ状果が多数つき、鮮紅色に熟す。

樹皮
樹皮は灰褐色で皮目がある。

花
散房花序に白い5弁花を多数つける。

赤い果実は、ピラカンサの名で親しまれる

　西アジア原産の常緑低木で、日本ではトキワサンザシ、タチバナモドキ、カザンデマリをまとめてピラカンサというが、ピラカンサという場合はトキワサンザシを指すことが多い。日本には自生していないが、赤い果実が美しいことから庭木や公園樹などとして植栽される。枝にはトゲがあるため注意が必要。花は直径1cmほどの白い5弁花であり、多数の雄しべが目立つ。果実は5〜8mmの扁球形のナシ状で、多くが集まってつく。種子は鳥によって散布される。

樹木医Sakurai

写真：葉・樹形・樹皮・果実／ビジオ、花／植木ペディア

果実にははじめ青酸系の毒が含まれるが、熟すと毒素がなくなり鳥たちが好んで食べる。

広葉樹 単葉

ドクウツギ

Coriaria japonica

ドクウツギ科

樹高：1〜2m
花期：5〜6月
分布：北海道、本州（近畿地方以北）

先が尖った卵状楕円形の葉をつける。
——
長さ6〜8cm、幅2〜3.5cm

[不分裂]

特徴

葉のふち

[全縁]

葉のつき方

[対生]

常緑／落葉

[落葉]

樹形
幹は株立ち状で、枝葉が多くつく。

冬芽
冬芽は広卵形で、先端はやや尖る。

果実
核果ははじめ肥大した花弁に包まれる。

樹皮
樹皮は赤褐色で、縦に筋が入ったあと裂ける。

花（雄花）

花（雌花）

雌雄異花で、葉のわきに小さな花を咲かせる。

全体に猛毒。おいしそうな果実も食べてはいけない

　山野や河原の礫地や荒れ地に自生する落葉低木。猛毒をもつ樹木だがふつうに道端に生えていることもある。ウツギと付くがウツギの仲間ではなく、ドクウツギ科として独立している。全体に猛毒があるが、とくに果実は毒性が強い。葉は対生し、3本の葉脈が目立つ。雌雄同株で、花期になると黄色い雌しべが目立つ雄花と、紅色の花柱が目立つ雌花をそれぞれ咲かせる。果期は6〜8月で、果実は肥大した花弁に包まれ房状につく。熟すと赤色から黒紫色になる。

写真：葉・樹形・樹皮・果実／ビジオ、雄花・雌花・冬芽／植木ペディア

ドクウツギは、トリカブト、ドクゼリとともに、日本三大有毒植物のひとつに数えられる。

トベラ
（トビラノキ）
Pittosporum tobira

トベラ科

広葉樹 / 単葉 ［不分裂］

樹高：2〜6m
花期：4〜6月
分布：本州、四国、九州、沖縄

革質で厚い葉が枝先に集まってつく。
長さ4〜7cm、幅2〜3cm

特徴

葉のふち ［全縁］

葉のつき方 ［互生］

常緑／落葉 ［常緑］

冬芽
冬芽は球形または楕円形をしている。

果実
蒴果は球形で、熟すと3裂する。

樹形
幹は下部からよく分かれる。

樹皮
樹皮は灰褐色で小さな皮目が多い。

花（雄花）

花（雌花）

花弁が5枚ある白色の花を上向きに咲かせる。

節分には戸口に掲げられる魔よけの樹木

　海沿いの日当たりのよい場所に自生する常緑低木または小高木。海沿いの地域では防風林や防潮林として植えられることがあるが、それ以外にも公園樹として利用されることも多い。葉は倒卵状長楕円形で鋸歯はなく、葉縁はやや裏側に反る。雌雄同株で、花期には白い5弁花を咲かせる。雄花には雄しべが5個付き、雌花には退化した雄しべと1個の雌しべがつく。果実は直径15mmほどの蒴果で、11〜12月に灰褐色に熟して3裂すると赤色の種子が現れる。

写真：葉・樹形・樹皮・果実／ピジオ、雄花・雌花／大岩千穂子、冬芽／植木ペディア

樹木医Sakurai

果実が3裂すると出てくる種子には粘着性があり、これで付着して種子を散布させる。

広葉樹 単葉 [不分裂]

ナツグミ
（ホソバナツグミ）

Elaeagnus multiflora var. *multiflora*

グミ科

樹高：2〜4m
花期：4〜5月
分布：本州（関東地方〜中部地方）、四国

葉は長楕円形で、鋸歯はない。
長さ3〜9cm、幅2〜5cm

特徴

葉のふち

[全縁]

葉のつき方

[互生]

常緑／落葉

[落葉]

樹形
枝がよく分岐し、広がった樹形になる。

樹皮
樹皮は暗灰褐色で皮目がある。

花
花弁に見えるのはがくで、先が4裂する。

冬芽
冬芽は裸芽で、褐色をしている。

果実
12〜17mmで広楕円形の赤い偽果がつく。

夏につく赤い果実は
人も鳥もおいしく食べられる

　海の近くや山地に自生する落葉低木。公園樹や庭木として植えられることもある。樹皮は若木のうちはなめらかだが、成木になると縦に裂ける。葉は長さ3〜9cmで、葉の先端はやや尖る。葉の裏面には灰白色の鱗状毛が密生する。花期には葉のつけ根から淡黄色の花を1〜3輪ずつ咲かせる。がく筒と花柄には褐色の毛が密生する。果期は5〜7月で、長さ12〜17mmほどの赤い偽果をつける。果実は鳥たちに好まれ、食べられることで種子を広く散布する。

写真：葉・樹形・樹皮・花・果実／ビジオ、冬芽／植木ペディア

ナツグミの変種にトウグミがあり、その中でもとくに大きい果実を「ビックリグミ」という。

ナツツバキ
(シャラノキ)

Stewartia pseudocamellia

ツバキ科

樹高：10〜20m
花期：6〜7月
分布：本州(宮城県、新潟県以西)、四国、九州

広葉樹 **単葉**

[不分裂]

葉は倒卵形で、葉縁には細かい鋸歯がある。

長さ4〜12cm、幅3〜5cm

特徴

葉のふち

[鋸歯縁]

葉のつき方

[互生]

常緑／落葉

[落葉]

冬芽 冬芽は紡錘形または長楕円形で先が尖る。

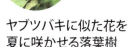
果実 果実は蒴果で、熟すと5裂する。

ヤブツバキに似た花を夏に咲かせる落葉樹

山地に自生する落葉高木。まだら模様になる樹皮や白いツバキのような花が美しいことから、よく庭木としても植栽される。ヒメシャラと混同されることがあるが、ナツツバキの方が葉が大きく、葉脈も目立つことから見分けることができる。ツバキの仲間は常緑性であることが多いが、ナツツバキは落葉する。花期には葉脈から直径5〜6cmほどの白い花を咲かせる。多数の雄しべとひとつの雌しべがある。果期は9〜10月で、卵形の蒴果が熟すと5裂する。

樹形 幹は直立することも株立ち状になることもある。

樹皮 なめらかな樹皮をしており、不規則に剝がれる。

花 白い花弁が5枚つき、縁にはしわがある。

写真：葉・樹皮・花・果実・冬芽／ビジオ、樹形／2007 Derek Ramsey (Ram-Man)

樹木医Sakurai

インドの沙羅双樹と混同され、沙羅双樹の代わりに寺院の境内に植えられることがある。

ナツメ

Ziziphus jujuba var. *inermis*

クロウメモドキ科

広葉樹 / 単葉 / [不分裂]

樹高：5〜10m
花期：6〜7月
分布：全国で植栽
　　　（原産地：中国）

葉は卵形で、3本の葉脈が目立つ。
長さ2〜4cm、幅1〜2.5cm

特徴

葉のふち　[鋸歯縁]

葉のつき方　[互生]

常緑／落葉　[落葉]

樹形
幹は直立し、枝が斜め上によく伸びる。

冬芽
冬芽より落枝痕が目立つ。

果実
核果はなめらかだが、次第にしわができる。

樹皮
樹皮は黒褐色で、縦に割れ目が入る。

花
淡緑色や黄色の小さく目立たない花をつける。

ハーブや生薬になる
果実で人類に貢献する樹木

　中国原産の落葉小高木。ナツメの葉にはジジフィンという舌の甘味受容体を阻害する成分が含まれており、ナツメの葉を噛むとしばらく甘みが感じにくくなるという作用がある。果実は製菓材料になったり、乾燥させて生薬になったりするため栽培もされるが、枝にはトゲがあるため少々扱いづらい。葉の先端は尖り、葉縁には鈍い鋸歯がある。花は淡緑色の5弁花で、直径は5mmほどと小さい。果期は10〜11月で、15〜25mmの核果が暗赤色に熟す。

写真：葉／かのんの樹木図鑑、樹形・樹皮・花・果実／ビジオ、冬芽／大岩千穂子

樹木医Sakurai

乾燥したものがハーブになることはよく知られているが、乾燥する前の実も食用にできる。

ナワシログミ

Elaeagnus pungens

グミ科

樹高：2〜3m
花期：10〜11月
分布：本州（関東地方以西）、四国、九州

葉は楕円形で、葉縁はやや波打つ。

長さ5〜8cm、幅2〜3.5cm

広葉樹 単葉

[不分裂]

特徴

葉のふち
[全縁]

葉のつき方
[互生]

常緑／落葉
[常緑]

樹形
トゲが多い枝でほかの植物に絡みつく。

樹皮
樹皮は灰褐色で、皮目が目立つ。

花
花弁に見えるものは黄褐色のがくである。

果実
長楕円形の赤い偽果をつける。

冬芽
冬芽は裸芽で、褐色の毛に覆われている。

海岸近くでも育ち、春に赤い実をつけるグミの仲間

　海岸近くの山地や沿岸地の林縁に自生する常緑低木。公園樹や庭木として植栽されるほか、盆栽として使う場合には、ナワシログミの名ではなくカングミの名で使われる。葉は厚くて堅く、鋸歯はない。裏面は淡灰褐色の鱗状毛で覆われる。花期には葉腋に黄褐色の花を数個つける。花弁はなく、がく筒の先は4裂する。がく筒に葉銀色と褐色の毛が密生する。果期は翌年の5〜6月で、長さ15mmほどの液果状の偽果が赤く熟す。生食できるが、未熟なものは苦くて渋い。

写真：葉／かのんの樹木図鑑、樹形・樹皮・花・果実／ビジオ、冬芽／植木ペディア

ふるさと種子島

苗代（なわしろ）を作る頃に果実が熟すことからこの名がついたといわれている。

広葉樹 単葉 ［不分裂］

ナンキンハゼ

Triadica sebifera

トウダイグサ科

樹高：10〜15m
花期：6〜7月
分布：本州、四国、九州で植栽
　　　（原産地：中国中南部）

葉は丸みを帯びた菱形で、鋸歯はない。

長さ4〜9cm、幅4〜7cm

特徴

葉のふち

［全縁］

葉のつき方

［互生］

常緑／落葉
［落葉］

樹形
幹は直立し、樹形は円柱形または球形になる。

樹皮
樹皮は暗灰褐色で、不規則に縦に裂ける。

花（雄花）

花（雌花）

黄緑色の小さな花を穂状につける。

冬芽
三角形の冬芽が枝に沿ってつく。

果実
黒褐色の種皮から白色の種子が出てくる。

江戸時代に長崎に渡来したハゼノキとは別物のハゼ

　江戸時代に中国から渡来した落葉高木。原産地である中国では亜熱帯に生育し常緑だが、日本で植栽すると落葉する。長崎に渡来したという資料が残っており、長崎市の市の木にもなっている。葉の先端は細長く尖り、葉柄は2〜8cmと長い。葉身は長さ4〜9cmで、葉柄の長さより少し長い。花期には6〜18cmの総状花序を出し、上部には多数の雄花と基部に2〜3個の雌花をつける。果実は蒴果で、10〜11月に熟すと果皮が落ちて白い種子が枝先に残る。

写真：葉・樹皮・雄花・雌花・果実／ビジオ、樹形／植木ペディア、冬芽／大岩千穂子

種子からは烏臼油という油脂がとれ、その油脂は石鹸や蝋燭の原料とされる。

広葉樹

単葉

[不分裂]

ニシキギ
（アオハダニシキギ）

Euonymus alatus f. *alatus*

ニシキギ科

樹高：2〜3m
花期：5〜6月
分布：北海道、本州、四国、九州

葉は長楕円形または
倒卵形で細かい鋸歯がある。

長さ4〜6cm、幅1.5〜3cm

特徴

葉のふち

[鋸歯縁]

葉のつき方

[対生]

常緑／落葉

[落葉]

樹形

株立ち状で、下部から多く分枝する。

樹皮

樹皮は灰褐色で、縦に筋が入る。

花

花は淡黄色で、小さく目立たない。

冬芽は長卵形で、多くの芽鱗に包まれる。 冬芽

果実は蒴果で、熟すと割れて種子が出てくる。 果実

紅葉が「錦」にたとえられる世界三大紅葉樹のひとつ

　山地や丘陵地に自生する落葉低木。紅葉が鮮やかで、ニッサやスズランノキとともに世界三大紅葉樹に数えられる。紅葉を楽しむために庭木としてもよく植栽される。枝に出る褐色で薄く堅いコルク質の翼が特徴的である。翼がかみそりのようにも見えることから、地方によってカミソリノキなどの方言名がある。花期には葉腋から集散花序を出し、淡黄緑色の小さな4弁花をつける。果期は10〜11月で、楕円形で赤い果実が2裂し赤橙色の種子が出てくる。

写真：葉・樹形・樹皮・花・果実／ピジオ、冬芽／植木ペディア

樹木医/Sakurai

日本では民間薬として使用されるが、中国にはニシキギがないため、漢方では使用されない。

広葉樹 単葉

ネコヤナギ
（タチネコヤナギ）

Salix gracilistyla

ヤナギ科

樹高：1～3m
花期：3～4月
分布：北海道、本州、四国、九州

[不分裂]

葉は長楕円形で先が尖る。
——
長さ7～13cm、幅1.5～3cm

特徴

葉のふち

[鋸歯縁]

葉のつき方

[互生]

常緑／落葉
[落葉]

樹形
株立ち状になり、下部から分枝する。

樹皮
樹皮は灰褐色で、皮目が散在している。

花（雄花）

花（雌花）

長楕円形の尾状花序に多くの花を咲かせる。

果実
毛を密生させた灰色の蒴果をつける。

冬芽
冬芽は円錐形で先が尖り、色は赤褐色である。

猫の尻尾のような
ふわふわとした花穂と果実

渓流沿いや川岸などに自生する落葉低木。水辺を好み、根が水に浸かっても生育できる。耐水性があり、洪水や水没に強いため、護岸の緑化樹としても利用される。また、花穂が美しいことから観賞用に庭木として植えられたり、生け花の花材に使われたりもする。葉には細かい鋸歯があり、裏面には白い毛が密生する。雌雄異株で、花期には葉の展開より早く尾状花序をつける。雌花序より雄花序の方が長く太い。5～6月には白い綿毛のついた種子を飛ばす。

写真：葉・樹皮・雄花・冬芽／ビジオ、樹形・果実／植木ペディア

柔らかな銀白色の毛が密生する花穂がネコの尻尾のようであることからこの名がついた。

ネジキ
（カシオミノ）

Lyonia ovalifolia var. elliptica

ツツジ科

樹高：2～7m
花期：5～7月
分布：本州（岩手県以南）、四国、九州

広葉樹 / 単葉 ［不分裂］

葉は広卵形または卵状楕円形で、鋸歯はない。

長さ6～10cm、幅2～6cm

特徴

葉のふち ［全縁］

葉のつき方 ［互生］

常緑／落葉 ［落葉］

樹形
幹が斜上するものも多い。裂け目がねじれる。

樹皮
樹皮は淡褐色で、縦に裂け目が入る。

花
白いつぼみ状の花を下向きに多数咲かせる。

果実
扁球形の蒴果で、淡褐色に熟す。

冬芽
冬芽は赤色で卵形、先は尖る。

奥ゆかしい花が下向きに咲く、成長とともに幹がねじれる木

低地から山地まで自生する落葉小高木で、日当たりのよい場所を好む傾向にある。成長すると幹や樹皮の裂け目がねじれることから名前がついたとされている。葉は薄いがやや堅く、先端は細長く尖る。新しい枝は赤みを帯び、光沢があって美しい。花期には葉腋から長さ4～6cmの総状花序を出す。花序は横向きに伸び、白いつぼ状の花を下向きに咲かせる。花冠の先は5裂する。果期は9～10月で、上向きについた蒴果が熟すと淡褐色になり裂ける。

写真／葉／かのんの樹木図鑑、樹形／KENPEI's photo、樹皮・花・果実・冬芽／ビジオ

秋元園芸植木屋やっちゃん

ネジキは有毒であり、家畜が誤って食べて中毒になった事例が多く報告されている。

広葉樹 単葉 [不分裂]

ネズミモチ
(タマツバキ)

Ligustrum japonicum

モクセイ科

樹高：2〜6m
花期：6月
分布：本州(関東以西)〜沖縄

楕円形。長さ4〜8cmで葉身は厚く光沢がある。

長さ4〜8cm、幅2〜5cm

特徴

葉のふち

[全縁]

葉のつき方

[対生]

常緑／落葉

[常緑]

樹形
全体は楕円形。根元近くからよく分枝している。

樹皮
灰褐色。粒状の皮目がある。

花
白色の小さな花。円錐状にたくさんつける。

果実
楕円形。紫黒色に熟し、アズキ粒大ほどある。

冬芽
赤褐色。芽鱗に包まれている。

秋に実る独特な形の果実。全体の雰囲気はモチノキ似

暖地の山地に生えている常緑小高木。生け垣や庭木などによく利用されている。本種の属しているモクセイ科の葉は対生であり、本種に似ているモチノキ科の葉が互生であることで大きく異なる。側脈は同属のトウネズミモチが透けるのに対し、本種は透けない。白色の花は円錐花序につき、半ばまで4裂して裂片は平開する。秋に紫黒色に熟す果実は、大きさ1cmほど。果実がネズミの糞に似ていることが名の由来。熟した果実は、日干しして漢方薬に用いられる。

写真／葉／かのんの樹木図鑑、樹形・果実／植木ペディア、樹皮・花／ビジオ、冬芽／Treeasy

ふるさと種子島

肉厚で光沢のある葉は、揉むと甘い香りを放つ。一方で、花はあまりよい香りではない。

ノリウツギ
（サビタ）

Hydrangea paniculata

アジサイ科

樹高：2〜5m
花期：7〜9月
分布：北海道〜九州

広葉樹 / 単葉 / [不分裂]

楕円形〜卵状楕円形。
長さ8〜17cmと大型。

長さ5〜15cm、幅3〜8cm

冬芽　暗褐色で円錐形。大きさは3mmほど。

果実　楕円形で茶褐色。大きさは5mmほど。

特徴

葉のふち [鋸歯縁]

葉のつき方 [対生]

常緑／落葉 [落葉]

樹形　根元からよく枝分かれして茂る。

樹皮　灰褐色。縦に裂け、薄くはがれ落ちる。

花　白色で大型の5弁花が枝先にピラミッド状に。

和紙の製造に欠かせない糊を樹皮から採取してきた

　冷涼な山地の明るい場所に生える落葉低木。庭木や公園樹に利用されている。同属のアジサイとの区別点として、葉柄が2〜4cmと長いことがある。葉の表面にやや硬い白毛が散らばっている。昔は、若葉を茹でて干し、冬の保存食にした。花は円錐状につき、はじめは白色で後に淡紅色や淡緑色に変化する。多数の小さな両性花とともに装飾花がつくが、これはがく片が変化したもの。樹皮からは糊が採取でき、和紙を漉くときに使われていた。この糊は名前の由来でもある。

写真：葉・樹形・樹皮・花・果実／ビジオ、冬芽／裏磐梯観光協会

材としては堅く、傘の柄やステッキに利用されている。根材で作るパイプは有名。

広葉樹 / 単葉 / [不分裂]

ハイノキ
（イノコシバ）

Symplocos myrtacea

ハイノキ科

樹高：10〜15m
花期：4〜5月
分布：本州（関西以南）〜九州

狭卵形。長さ4〜7cmで、葉身は薄い革質。

長さ4〜8cm、幅1〜2cm

特徴

葉のふち

[鋸歯縁]

葉のつき方

[互生]

常緑／落葉
[常緑]

果実

狭卵形の核果で長さ7〜8mm。10〜11月に紫黒色に。

樹形

根元から枝分かれして育つ。

樹皮

暗赤褐色でイボ状の皮目がある。若枝は緑色。

花

白色で筒状の花。数個まばらに散房状につく。

食用や染料にもなる庭木で人気な常緑小高木

　暖地の山地に生えている常緑小高木。おもに庭木として利用されている。葉は淡緑色で鈍頭の低い鋸歯をもち、葉の先端は細かくすっと伸びている。乾燥させた葉は黄色で、菓子や餅を黄色く染めるのに用いられる。花は3〜6個ほど房状につき、雄しべが目立つ。また、花は長細い柄をもつ。枝葉を燃やすと、染色の媒染剤に適した良質の灰が多量に採れる。このため「灰の木」とも呼ばれる。材としては緻密で、将棋の駒や民芸品などに用いられる。

写真：葉／かのんの樹木図鑑、樹形・樹皮・果実／ビジオ、花／植木ペディア

秋元園芸植木屋やっちゃん

別名にイノコシバがある。枝が細く粘り強く、捕えたイノシシの足を縛るのに使ったのが由来。

広葉樹 単葉 [不分裂]

ハクウンボク
（オオバヂシャ）

Styrax obassia

エゴノキ科

樹高：6〜15m
花期：5〜6月
分布：北海道〜九州

卵形。長さ20cmほどで、鋸歯は不揃い。

長さ10〜20cm、幅6〜20cm

特徴

葉のふち
[鋸歯縁]

葉のつき方
[互生]

常緑／落葉
[落葉]

樹形
幹はまっすぐ伸び、枝葉は卵形に広がる。

樹皮
灰黒色でなめらか。老木は浅く縦に裂ける。

花
白花が房になって垂れ下がり、群がって咲く。

果実
卵形の蒴果。灰青色で、長さ1.5cmほど。

冬芽
葉柄が冬芽をすっぽり包み込む。

群がって白い花を咲かせる白雲のような樹木

　冷涼な山地に生える落葉小高木。社寺や庭木、公園樹として利用されている。葉の先半分には不規則な鋸歯があり、先端は突き出る。短い枝では、大きな葉の下に小さな葉が2枚つくことが多い。花房として20個ほどの白い花を垂れ下げる。気品があり美しい花で、固まって咲く様子を白雲に見立てて名付けられた。果実は熟すと果皮が裂けて種子が現れ、キジバト、ヒヨドリなどが好んで食べる。また、種子からは油を採取することができ、ロウソクの原料にもなる。

写真：葉・樹形・樹皮・花・果実・冬芽／ビジオ

樹木医Sakurai

材は白いことに加え軟らかいことから、将棋の駒やこけし、日常生活の道具に加工される。

広葉樹 単葉

ハクサンシャクナゲ
（シロバナシャクナゲ）

Rhododendron brachycarpum

ツツジ科

樹高：1〜3m
花期：6〜7月
分布：北海道〜本州（中部以北）、四国

［不分裂］

楕円形。長さ5〜10cmで、葉身は革質。

長さ6〜18cm、幅1.3cm

特徴

葉のふち

［全縁］

葉のつき方

［互生］

［束生］

常緑／落葉

［常緑］

樹形
幹はやや屈曲して、枝分かれが多い。

樹皮
灰褐色で、細かい裂け目が入る。

花
白色や淡紅色。花冠の一部に淡緑色の斑点がある。

果実
蒴果。熟すと褐色で、長さ2cmほどの円柱形。

冬芽
黄緑色で芽鱗に包まれている。長さ1.5〜2cm。

白く霧のかかる山に存在感のある花を咲かせる

　冷涼な高山や山地に生えている常緑低木。盆栽の品種として利用されている。東北地方においてシャクナゲは一般的に本種を指している。葉は晩秋から冬にかけて筒状に丸まる。これは、厳冬期を迎えるにあたり葉の露出面積を最小して乾燥に耐えるための工夫である。春先になると、葉は再び開く。茶葉として使用されることがあるが、有毒なので避けたい。花はろうと状で5裂して花弁が開き、その花弁の一部には淡緑色か褐色の斑点がある。高山ではハイマツの中に生える。

写真：葉／Σ64、樹形・樹皮・花・果実／Arboretum、冬芽／photoAC

ハクサンシャクナゲは南限として富士山や長野県、石川県、岐阜県などで自生している。

ハクモクレン
（ハクレンゲ）

Magnolia denudata

モクレン科

樹高：5〜15m
花期：3〜4月
分布：全国で植栽
　　　（原産地：中国）

葉は倒卵形で、鋸歯はない。
長さ6〜15cm、幅6〜10cm

広葉樹

単葉

［不分裂］

特徴

葉のふち
［全縁］

葉のつき方

［互生］

常緑／落葉

［落葉］

樹形　幹は直立し、枝をよく広げる。

果実　果実は袋果が集まった集合果である。

冬芽　花芽は大きく、白く長い軟毛に覆われる。

ハスに似た形の白い花を咲かせることから白木蓮

中国原産の落葉高木。日当たりがよく水はけのよい、肥沃な土地を好む。各地で街路樹や庭木としてよく植栽される。コブシに花がよく似るが、ハクモクレンの花の方が一回り大きいことやコブシは花の下に1枚の葉があることから見分けられる。葉は長さ6〜15cmで、倒卵形。葉の先端近くでもっとも横幅が広いのが特徴である。花期には葉の展開よりも早く、10〜16cmほどの大きな白い両性花を咲かせる。果実は楕円形で、9〜10月に熟して裂開する。

樹皮　樹皮は灰白色でなめらかである。

花　9個の花被片がつく大きな白い花を咲かせる。

写真：葉／かのんの樹木図鑑、樹形・樹皮・花・冬芽／ビジオ、果実／植木ペディア

樹木医Sakurai

ハクモクレンなどのつぼみを乾燥させたものは「辛夷」と呼ばれ、生薬として使われる。

151

広葉樹 単葉

ハコネウツギ
（ベニウツギ）

Weigela coraeensis

スイカズラ科

樹高：3〜5m
花期：5〜6月
分布：北海道〜九州

[不分裂]

楕円形〜広卵形。
長さ6〜16cmで、やや光沢がある。

長さ8〜15cm、幅5〜7.5cm

特徴

葉のふち
[鋸歯縁]

葉のつき方
[対生]

常緑／落葉
[落葉]

根元からよく分枝し、枝葉は茂る。 樹形

赤褐色。芽鱗に包まれている。 冬芽

果実 筒状の蒴果。中には小さな種子がある。

灰褐色。縦に裂け、薄く剥がれる。 樹皮

白色から紅色に変化する。ろうと形の花。 花

温泉地・箱根に多くないが名前は箱根空木

　海岸近くの日当たりのよい場所によく生えている落葉小高木。公園樹や生け垣、庭木などに利用されている。日本固有種。葉の先端は鋭く尖り、ふちには細かい鋸歯がある。花はろうと形で花筒の中央から急に太くなり、先端が5裂している。枝先や葉腋に2〜3個ずつつき、花冠は白色から次第にピンク色、紅色と3色が入り混じって咲く。茎が空洞であることから「空木（ウツギ）」という名がついたとされる。ハコネは、神奈川県・箱根にちなむが、同地に多いわけではない。

写真：葉・樹形・樹皮・花・果実／ビジオ、冬芽／植木ペディア

神奈川県の箱根が由来とされているが、箱根にはわずかにしか自生していない。

ハシドイ

Syringa reticulata

モクセイ科

樹高：6～7m
花期：6～7月
分布：北海道、本州、四国、九州

葉は広卵形で、鋸歯はない。
長さ6～10cm、幅5～6cm

広葉樹 **単葉**

[不分裂]

特徴

葉のふち
[全縁]

葉のつき方
[対生]

常緑／落葉
[落葉]

冬芽は卵形で、芽鱗に覆われる。 **冬芽**

果実 狭長楕円形の蒴果で、熟すと2裂する。

樹形
幹は直立し、枝は斜め上に広がる。

樹皮
樹皮は灰褐色で横向きの皮目が目立つ。

花
円錐花序の小さな合弁花をつける。

よい香りの花を咲かせるライラックの近縁種

　山地に自生する落葉小高木で、渓流沿いや湿地の近くを好む傾向がある。多くの都道府県がレッドデータブックに掲載。ヨーロッパの原産であるライラックの近縁種であり香りがよいため、公園樹や庭園樹に使われることもある。葉の先端は短く尖り、裏面の脈上には毛がある。花期には20cmほどの円錐花序に白い小さな両性花を多くつける。合弁花で花弁の先端は4裂する。花ははじめは白いが徐々に黄色くなる。果実は蒴果で、8～10月に熟して2裂する。

写真：葉／National National Plant Trust、樹形・樹皮・花／ビジオ、果実／GREEN PIECE、冬芽／大岩千穂子

レッドデータブックに掲載する都道府県が多く、絶滅危惧種に指定されていることも多い。

広葉樹 単葉 [不分裂]

ハシバミ

Corylus heterophylla var. *thunbergii*

カバノキ科

樹高：1〜5m
花期：3〜4月
分布：北海道、本州、四国、九州

葉は広卵形で、不揃いな重鋸歯がある。

長さ5〜12cm、幅5〜12cm

特徴

葉のふち

[鋸歯縁]

葉のつき方

[互生]

常緑／落葉

[落葉]

樹形
幹は株立ち状になり、成木でも幹は細くなる。

樹皮
樹皮は灰褐色で、浅く裂け目が入る。

冬芽
雄花序は裸芽で、葉芽と雌花は鱗芽である。

果実
果実は堅果で葉状の総苞に包まれる。

葉縁の鋸歯が不揃い。形も左右非対称な幸運の木

　山地の日当たりのよい場所に自生する落葉低木。果実が食用になるため、庭などに植栽されることもある。色の名前に榛色（はしばみいろ）があるが、これは同属のセイヨウハシバミ（ヘーゼルナッツ）の実の色を指す。葉は堅く触るとザラザラしている。葉縁には不揃いな重鋸歯があり、先は急に尖る。雌雄同株で、花期には葉の展開より先に花が咲く。雄花は尾状花序で、葉腋から垂れ下がり、雌花は芽鱗に包まれたまま開花する。球形の堅果が9〜10月に熟す。

花（雄花）

花（雌花）

雄花は黄褐色で、雌花は赤い柱頭が目立つ。

写真／葉／かのんの樹木図鑑、樹形／小石川人見、樹皮・雄花・冬芽／植木ペディア、雌花／四季の山野草、果実／photolibrary

イギリスではハシバミの葉と枝で冠を作り頭に乗せると、幸運が訪れるといわれている。

バッコヤナギ
(ヤマネコヤナギ)

Salix caprea

ヤナギ科

樹高：3～15m
花期：3～4月
分布：北海道（南西部）、本州（近畿地方以北）、四国

広葉樹

単葉

[不分裂]

葉は長楕円形で、葉縁には波形の鋸歯がある。

長さ10～15cm、幅3.5～4.5cm

特徴

葉のふち

[鋸歯縁]

冬芽
冬芽は鱗目で、紅褐色でつやがある。

果実
果実は蒴果で、熟すと2裂して綿毛を出す。

葉のつき方

[互生]

樹形
幹は1本立ちで、樹形は大振りになる。

常緑／落葉

[落葉]

乾燥した土地を好む 変わった種類のヤナギの仲間

丘陵地や山地に自生する落葉高木。通常ヤナギの仲間は湿った場所を好むが、バッコヤナギは日当たりのよい乾いた場所を好む。葉の先端はやや尖り、表面はシワが目立つ。葉の裏面には白い毛が密生し、葉柄は赤みを帯びる。雌雄異株で、花期には葉の展開より先に尾状花序を出す。花序は花弁のない小さな花の集まりであり、雌花序より雄花序の方が長く太い。雄花序は黄色を帯び、雌花序は黄緑色を帯びる。果実は5月頃に熟して綿毛のついた種子を飛ばす。

樹皮
樹皮は暗灰褐色で、縦に不規則に裂ける。

花（雄花）

花（雌花）

大きな尾状花序に花弁のない花を多くつける。

写真：葉・樹形・樹皮・雌花・果実・冬芽／ビジオ、雄花／PIXTA

NPO法人札幌カラス研究会

別名にサルヤナギがあり、春先にサルが枝につかまって花を食べることからついたとされる。

広葉樹 単葉 [不分裂]

ハナイカダ

Helwingia japonica

ハナイカダ科

樹高：1～2m
花期：5～6月
分布：北海道（南部）、本州、四国、九州

葉は広楕円形で鋸歯がある。
——
長さ4～12cm、幅2～8cm

特徴

葉のふち

[鋸歯縁]

葉のつき方
[互生]

常緑／落葉
[落葉]

樹形
幹は株立ち状になり、上部で多く枝分かれする。

樹皮
緑色を帯びた樹皮をしており、皮目が目立つ。

果実
葉の中央に球形で黒色の核果をつける。

冬芽
頂芽は卵形で、赤褐色をしている。

小さな花がいかだのような葉の船に乗っている

　森林に自生することが多い落葉低木。成木になっても幹はあまり太くならない。幹は無毛で、太くなると隆起したような皮目が目立つ。葉は広楕円形で鋭く尖り、葉縁には低い鋸歯がある。葉は柔らかく、若芽は山菜として食用になる。ハナイカダの一番の特徴は葉の中央に花や果実がつくことで、花期になると1～複数の花を、果期になるとひとつの果実を葉の中央につける。これは花の花柄が葉の中央の主脈に合着しているためだと考えられている。

花（雄花）

花（雌花）

葉の中央に淡黄色の花が小さく咲く。

写真：葉・樹形・樹皮・雄花・雌花・果実／ビジオ、冬芽／植木ペディア

名前は、葉の中央に小花をつける様子をいかだに乗る姿に例えたことによる。

ハナズオウ

Cercis chinensis

マメ科

樹高：2〜3m
花期：4月
分布：全国で植栽
　　　（原産地：中国）

広葉樹
単葉

[不分裂]

特徴

葉のふち

[全縁]

葉のつき方

[互生]

常緑／落葉

[落葉]

円心形でつやがある葉をしている。
———
長さ5〜10cm、幅4〜10cm

冬芽
枝先につく仮頂芽は卵形で葉芽である。

果実
果実は豆果で、熟すと褐色になる。

樹形
幹は直立し、根元から少数が株立ち状になる。

樹皮
樹皮は灰褐色でなめらかである。

花
花は紅紫色の蝶形花で、枝に直接つく。

葉に先立って紅紫色の花がびっしり咲く

　原産地は中国だが、日本でも春に咲く美しい花が好まれ、庭などによく植栽される。花期は4月頃で、1cmほどの紅紫色の花が枝に直接つく。花は多く咲き、幹や枝を埋めつくすほどである。葉は花が終わりきる前に開き始める。円心形で鋸歯はなく、やや裏側へ反り返る。果実は豆のさや状で、つきはじめは緑色だが、そこから赤褐色、褐色と変化する。冬芽は仮頂芽が葉芽で花芽は葉腋につき、花芽は多数が集まってブドウの房のような形をしている。

写真：葉・樹形・樹皮・花・果実・冬芽／ビジオ

樹木医Sakurai

花言葉は「裏切り」。キリストを裏切ったユダが首を吊った西洋ハナズオウに由来する。

広葉樹 単葉

ハルニレ
（ニレ）

Ulmus davidiana. var. *japonica*

ニレ科

樹高：15〜35m
花期：4〜5月
分布：北海道、本州、四国（北部）、九州

[不分裂]

葉は倒卵形で、基部が左右非対称である。
長さ3〜15cm、幅2〜8cm

特徴

葉のふち

[鋸歯縁]

葉のつき方

[互生]

常緑／落葉
[落葉]

樹形
幹は直立し、成木では半球形の樹形になる。

樹皮は灰褐色で、縦に不規則に裂ける。
樹皮

冬芽
冬芽は卵形の鱗芽で、先は尖る。

果実
果実は翌葉で、円盤状の果実がつく。

寒冷な大地で春に花が咲くニレ

　山地に自生する落葉高木。寒冷地を好み、生育に適した環境である北海道では大木のハルニレを多く見ることができる。葉には重鋸歯があり、先端は長く尖る。表面には微毛があり、触るとざらついている。花期には葉が開くよりも先に小さな両性花をまとまってつける。果期は5〜6月で、翼果をつける。翼果の中心には種子が入っている。はじめは緑色をしているが、熟すと乾燥し褐色になり、風で散布される。冬芽は褐色の芽鱗に覆われ、やや毛がある。

花
小さな花が集まって咲き、赤褐色の葯が目立つ。

写真：葉・冬芽／植木ペディア、樹形・花・果実／ビジオ、樹皮／五十嵐茉彩、雄花／筑波大学山岳科学センター

ハルニレの種子は寿命が短く、1年が経過した種子は発芽しないといわれている。

広葉樹

単葉

[不分裂]

ハンカチノキ
(ハトノキ)

Davidia involucrata

ヌマミズキ科

樹高：15〜20m
花期：5〜6月
分布：庭園などで植栽
　　　（原産地：中国南西部）

葉は広卵形で、葉の先端が細長く伸びて尖る。

長さ9〜15cm、幅6〜10cm

特徴

葉のふち

[全縁]

葉のつき方

[互生]

常緑／落葉

[落葉]

冬芽

冬芽は赤褐色で、芽鱗に覆われる。

果実

硬い核果がつき、熟すと褐色になる。

樹形

幹は直立し、枝が広がるため丸い樹形になる。

樹皮

樹皮は灰黒褐色で、うろこ状にはがれる。

花

花には大小1組の白い苞がつく。

ハンカチのように見える白い苞をつける樹木

　中国原産の落葉高木で、日本では公園などに植栽されることが多い。別名のハトノキは、開花期の木が白っぽく見え、風に揺れると群れで飛ぶハトに見えることからつけられた。葉には粗い鋸歯があり、葉脈は表面ではくぼみ、裏面に隆起する。花につく白いヒラヒラは花弁ではなく苞葉であり、花の本体は中央の黒紫色の部分である。花は球状の頭状花序であり、多くの雄花とひとつの両性花からなる。果期は9〜10月で、3〜4cmの楕円形の果実が褐色に熟す。

写真：葉・樹形・花／ビジオ、樹皮・果実／五十嵐芙彩、冬芽／植木ペディア

樹木医Sakurai

1度は絶滅したと思われていたが、19世紀後半に中国で再び発見された。

広葉樹 単葉 [不分裂]

ハンノキ

Alnus japonica

カバノキ科

樹高：15～20m
花期：2～3月
分布：北海道、本州、四国、九州

葉は卵状長楕円形で、先は鋭く尖る。

長さ5～13cm、幅2～5.5cm

特徴

葉のふち

[鋸歯縁]

葉のつき方

[互生]

常緑／落葉

[落葉]

樹形 — 幹は直立し、枝は斜め上に広がる。

樹皮 — 樹皮は灰褐色で、縦に浅く裂ける。

冬芽 — 雄花序と雌花序の冬芽はどちらも裸芽である。

果実 — 堅果。松かさ状で、熟すと暗褐色になる。

花（雄花）

花（雌花）

雄花穂は下垂し、雌花穂は紅紫色を帯びる。

湿地に森林を形成する珍しい樹木

　山野の湿地や沼に自生する落葉高木。通常、植物は土壌に水分が多いと酸欠状態になって生育できないが、本種には耐水性があり、湿地や沼のような水分が多い土壌でも生育する。葉には浅い鋸歯があり、長さは5～13cm。花期は冬で、温暖な地域と寒冷な地域で花期の違いが大きい。雌雄同株で、雄花穂は円柱形で尾のように垂れ下がり、雌花穂は楕円形で雄花穂の下部の葉腋につく。冬芽は枝先に雄花序、その基部に雌花序のものがつき、柄がある。

写真：葉・樹形・樹皮・雄花・果実・冬芽／ピクシオ

質のよい炭ができるため、炭が多用されていた時代には多く伐採されていた。

ヒイラギ
（ミヤマモクセイ）

Osmanthus heterophyllus

モクセイ科

樹高：4～8m
花期：11月
分布：本州（福島県以西）、四国、九州（祖母山）、沖縄

広葉樹

単葉

[不分裂]

葉には大きな鋸歯があり、先はトゲ状になる。
——
長さ3～8cm、幅2～4cm

冬芽
冬芽は赤みを帯び、先端は尖る。

果実
果実は核果で楕円形、熟すと暗紫色になる。

特徴

葉のふち

[全縁]

[鋸歯縁]

樹形
幹は直立し、楕円形の樹冠になる。

「鰯の頭も信心から」ということわざの由来になった樹木

葉のつき方

[対生]

常緑／落葉

[常緑]

樹皮
樹皮は灰褐色で、細かい皮目がある。

山地に自生する常緑小高木。古くから縁起のよい木として庭木などとして植えられてきた。葉には光沢があり、大きな鋸歯が特徴的だが、葉は変異が多く、ほとんど鋸歯がないものから鋸歯が粗いものまで多様である。成木になるに従って鋸歯がなくなっていく。花期には芳香のある白い花を葉腋に多数つける。雌雄異株で、雌花は長い花柱が目立ち、雄花には2本の雄しべがある。花のがく片は反り返る。果期は翌年6～7月で、果実は青紫色から暗紫色に熟す。

樹木医Sakurai

花
白い小さな花を葉腋から咲かせる。

写真：葉／かのんの樹木図鑑、樹形・果実・冬芽／植木ペディア、樹皮・花／ビジオ、

節分の夜にヒイラギの枝にイワシの頭を刺して門戸に飾り、邪鬼を払うという風習がある。

広葉樹 / 単葉

ヒサカキ

Eurya japonica var. *japonica*

サカキ科

樹高：4〜7m
花期：3〜4月
分布：本州、四国、九州、沖縄

[不分裂]

葉は倒披針形で、低い波形の鋸歯がある。

長さ3〜8cm、幅1.5〜3cm

特徴

葉のふち

[鋸歯縁]

葉のつき方

[互生]

常緑／落葉

[常緑]

冬芽
冬芽は裸芽であり、葉芽の先は尖る。

果実
球形の液果が黒紫色に熟す。

樹形
よく枝分かれし、株立ち状になる。

樹皮
樹皮は灰褐色でなめらかであり、皮目が少ない。

樹木医Sakurai

花（雄花） **花（雌花）**
枝からぶら下がるように白色の小さな花が咲く。

神事でも仏事でもサカキの代用となる樹木

　山地や丘陵地に自生する常緑小高木で、サカキよりやや小型である。サカキは暖地でしか生育できないが、ヒサカキはサカキよりも寒冷地に適応している。ヒサカキは枝を水平に広げる傾向にあり、平面的な枝の出し方をする。葉は厚みがある革質で、表面には光沢がある。花期には鐘形の花を下向きに咲かせる。花は小さく、花弁は5枚である。果期は10〜12月で、球形の液果が黒紫色に熟す。ヒサカキの果実は鳥たちに好まれ、果期には鳥たちが集まる。

写真／葉：かのんの樹木図鑑、樹形／植木ペディア、樹皮・雄花・雌花・果実／ビジオ、冬芽／大岩千穂子

神仏に捧げるための宗教的な利用が多く、サカキの代用として用いられる。

広葉樹 単葉

ヒトツバタゴ
（ナンジャモンジャ）

Chionanthus retusus

モクセイ科

樹高：5〜30m
花期：5月
分布：本州（長野県、岐阜県、愛知県）、九州（長崎県対馬）

[不分裂]

葉は長楕円形で、成木では鋸歯はない。
長さ4〜10cm、幅2.4〜5cm

特徴

葉のふち
[全縁]
[鋸歯縁]

葉のつき方
[対生]

常緑／落葉
[落葉]

樹形
幹は直立し、枝は多く分岐する。

樹皮
樹皮は灰褐色で、縦に細かく裂け目が入る。

花
4裂する白い花弁をつける花を多く咲かせる。

果実
核果。楕円形で、熟すと黒くなる。

冬芽
冬芽は円錐形で、芽鱗に覆われる。

別名はナンジャモンジャ。白い花を多く咲かせる

　長野県・岐阜県・愛知県と長崎県対馬の山地に自生する落葉高木。別名のナンジャモンジャは、本来は特定の植物を指す名前ではなく、見慣れない植物に対して地元の人々がつけた愛称とされており、ヒトツバタゴはその代表的な樹種である。限られた地域にしか自生しないが、公園などに植栽されることもあり、自生地外でも見ることができる。雄花をつける株と両性花をつける株があり、集散花序に花を咲かせる。果実は直径1cmほどの核果で、9月頃に熟す。

樹木医Sakurai

写真：葉／かのんの樹木図鑑、樹形・樹皮・花・冬芽／ビジオ、果実／植木ペディア

日本での自生地は少なく、環境省レッドリストの絶滅危惧Ⅱ類に指定されている。

広葉樹 単葉

ヒメコウゾ
（ナンゴクコウゾ）

Broussonetia monoica

クワ科

樹高：2～5m
花期：4～5月
分布：本州（岩手県以西）、四国、九州、沖縄、奄美大島

[不分裂]
葉は分裂しないものと2〜3裂するものがあり、形はさまざま。
長さ4〜10cm、幅2〜5cm

特徴

葉のふち

[鋸歯縁]

葉のつき方

[互生]

常緑／落葉

[落葉]

樹形
細い幹や枝を出し、つる性のような印象をもつ。

樹皮
樹皮は灰褐色で、皮目が目立つ。

冬芽
冬芽は円錐形で丸みがある。

果実
球形の集合果が赤く熟す。甘くて食用になるが、食感が悪いのが難点。

和紙で有名なコウゾの片親。親子の区別は難しい

　低地や低山地の林縁に自生する落葉低木。和紙の原料として栽培されていたことがあり、人里の近くで野生化している個体も多い。葉は長さ4〜10cmで、ゆがんだ卵形をしている。葉の先端は細長く尖り、葉縁には細かい鋸歯がある。葉の表面と裏面の葉脈上には短毛がある。雌雄同株で、花期になると枝の下部の葉腋には球状の雄花序、上部の葉腋には球状で暗紫色の花柱が多数ついた雌花序をつける。果期は6〜7月で、直径15mmほどの集合果が赤く熟す。

花（雄花）

花（雌花）

雄花序は黄色、雌花序は暗紫色をしている。

樹木医Sakurai

写真：葉／かのんの樹木図鑑、樹形・樹皮・果実／ビジオ、雄花・雌花・冬芽／植木ペディア

ヒメコウゾの樹皮から抽出されたエキスは、化粧水に使われることがある。

ヒメシャラ
（コナツツバキ）
Stewartia monadelpha

ツバキ科

樹高：10〜15m
花期：5月
分布：本州（神奈川県以西）、四国、九州

広葉樹

単葉

[不分裂]

葉先は尾状で尖り、葉身全体に鋸歯がある。

長さ5〜8cm、幅2〜4cm

特徴

葉のふち

[鋸歯縁]

冬芽

冬芽は長卵形で、芽鱗に包まれている。

葉のつき方

[互生]

果実

円錐状卵形の蒴果で、熟すと5裂する。

常緑／落葉

[落葉]

日本三大美幹のひとつ。樹形も花も美しい

樹形

幹がひとつ出るものと複数出るものがある。

樹皮

淡赤褐色で樹皮がまだら模様になる。

花

葉腋から白い花をひとつずつ咲かせる。

　山地に自生する落葉高木。公園樹や庭木としても利用される。ナツツバキ（シャラノキ）より小さいことから、ヒメシャラの名がついた。ナツツバキに葉や花が似るが、どちらもヒメシャラの方が小ぶりである。葉は長さ5〜8cmの長楕円形で、表面と裏面の葉脈上には毛がある。花期には直径2cmほどの白色の花を下向きに咲かせる。花弁は5枚で、多数の雄しべが目立つ。果期は9〜10月で、先端が尖った直径1cmほどの蒴果が熟すと暗褐色になり5裂する。

写真：葉／かのんの樹木図鑑、樹形／植木ペディア、樹皮・花・果実・冬芽／ビジオ

秋元園芸植木屋やっちゃん

ヒメシャラは、アオギリ、シラカバとともに日本三大美幹のひとつに数えられる。

広葉樹 単葉

ビヨウヤナギ
（マルバビヨウヤナギ）

Hypericum monogynum

オトギリソウ科

樹高：0.5〜1.5m
花期：6〜7月
分布：全国で植栽
　　　（原産地：中国）

［不分裂］

葉は長楕円形で鋸歯はなく、先は丸い。

長さ4〜8cm、幅1〜2cm

特徴

葉のふち　［全縁］

葉のつき方　［対生］

常緑／落葉　［落葉］

樹形

株立ち状になり、よく枝分かれする。

樹皮

枝は明るい褐色をしている。

樹木医Sakurai

花

5枚の花弁がある黄色い花を枝先に咲かせる。

果実

円錐形の蒴果で、熟すと褐色になる。

中国から渡来した、鮮やかな黄色い花が美しい樹木

　江戸時代に中国から渡来した半落葉性小低木で、庭木や公園樹として多く植えられている。花期には黄色い5弁花を咲かせる。長い雄しべが特徴的で、雄しべは花弁よりも長く、湾曲して伸びる。同属のキンシバイやセイヨウキンシバイによく似るが、葉の形や葉脈、花などをよく見ると見分けることができる。ビヨウヤナギはオトギリソウ科で、葉には油点がある。花のあとには円錐形の蒴果ができ、8〜9月に熟すと褐色になり、自然と裂けて種子を拡散させる。

写真：葉・樹形・樹皮・花・果実／ビジオ

枝の下がり方や葉の形からヤナギとつくが、ビヨウヤナギはヤナギの仲間ではない。

フサザクラ

Euptelea polyandra

フサザクラ科

樹高：7〜8m
花期：3〜4月
分布：本州、四国、九州

広葉樹 / 単葉 [不分裂]

葉は広卵形で、先が長く伸びて尖る。

長さ6〜12cm、幅5〜10cm

特徴

葉のふち [鋸歯縁]

葉のつき方 [互生]

常緑／落葉 [落葉]

樹形
枝が根本からよく分岐する。

冬芽
冬芽は暗紫色で芽鱗に覆われる。

果実
扁平で長い柄のある翼果を多数つける。

樹皮
樹皮は灰色で、細かい皮目が多い。

花
多数の雄しべと雌しべが垂れ下がる。

サクラとは名ばかり。花弁のない花が房状に咲く

山地の湿気が多いところに自生する落葉高木で、陽樹である。土砂災害などに強く、急傾斜地の環境に適応している。花期には特徴的な両性花をつける。花には花弁やがくがなく、暗紅色の雄しべと雌しべが房状になって垂れ下がる。果実は翼果で、熟すと黄褐色になり、風に乗って種子が散布される。葉は長枝では互生し、短枝では束生する。葉縁には不揃いな鋸歯がある。冬芽は鱗芽で、花芽は卵形、葉芽は長卵形である。サクラとつくが、サクラと類縁関係はない。

写真：葉・樹形・樹皮・花・果実／ビジオ、冬芽／大岩千穂子

鵜飼農園

フサザクラは土砂災害などで主幹が倒れても萌芽枝に栄養を送り再び成長する能力をもつ。

広葉樹 単葉

ブッソウゲ
（ハイビスカス）

Hibiscus rosa-sinensis

アオイ科

［不分裂］

樹高：2〜5m
花期：7〜10月
分布：九州南部、沖縄、伊豆諸島南部、小笠原諸島

葉は広卵形で、葉縁には粗い鋸歯がある。
—
長さ4〜9cm、幅2〜5cm

特徴

葉のふち

［鋸歯縁］

葉のつき方

［互生］

常緑／落葉

［常緑］

樹形
枝が横へと広がる傾向がある。

樹皮
樹皮は灰褐色で皮目が目立つ。

花
5枚の花弁がやや反り返る。

果実
花のあとには卵形の蒴果がつく。

ハイビスカスとも呼ばれる、南国の雰囲気が溢れる樹木

　熱帯や亜熱帯に自生する常緑低木。日本では九州南部や沖縄に分布する。本州にも植栽されるが、鉢植えが多い。一般にハイビスカスと呼ばれるが、ハイビスカスはブッソウゲを含めた複雑なアオイ科の園芸種群の総称である。ブッソウゲの園芸品種は3000種とも5000種ともいわれており、極めて変異に富む。花は外では夏から秋に咲くが、温室など温度が高い場所では一年中咲く。花は5枚ある花弁が杯状に開き、花柱が突出し、雌しべは5裂する。

樹木医Sakurai

写真：葉・果実／photoAC、樹形・樹皮・花／植木ペディア

花の寿命は1日程度だが、暖かい地域では次々と花を咲かせ、1年中咲いていることもある。

ブナ
(シロブナ)
Fagus crenata
ブナ科

樹高：15～30m
花期：4～5月
分布：北海道（渡島半島）、本州、四国、九州

広葉樹

単葉

[不分裂]

葉は菱形楕円形で、波形の鋸歯がある。

長さ4～9cm、幅2～4cm

冬芽

冬芽は赤茶色の鱗片に覆われる。

果実

堅果は総苞片に包まれ、熟すと4裂する。

特徴

葉のふち

[鋸歯縁]

葉のつき方

[互生]

常緑／落葉

[落葉]

樹形

幹は直立し、丸みを帯びた樹冠になる。

樹皮

樹皮は灰白色で、よく地衣類や苔類がつく。

世界自然遺産の白神山地に純林が広がる

　山地に自生する落葉高木。日本各地に広く自生し、分布していないのは千葉県と沖縄県だけである。関東地方南部では標高800mくらいからブナが分布するが、千葉県は最高標高が愛宕山の408mのため分布しないと考えられる。花期には葉の展開と同時に花が咲く。果期は10～11月で、柔らかいトゲのある殻に包まれ、熟すと4裂して種子を落とす。種子はカロリーが高く有害物質も含まれないため、人もさまざまな動物たちも食べる。米と一緒に炊いても美味。

花（雄花）

花（雌花）

雄花序は下垂し、雌花序は上向きにつく。

写真：葉／photoAC、樹形・樹皮・雄花・果実・冬芽／ビジオ、雌花／只見町ブナセンター

熊はブナの花、果実のどちらも好み、ブナの木にクマ棚ができるのも珍しくない。

広葉樹 単葉

ホオノキ

Magnolia obovata

モクレン科

樹高：20～30m
花期：5～6月
分布：北海道、本州、四国、九州

[不分裂]

葉は倒卵状楕円形で、鋸歯はない。
長さ20～40cm、幅10～25cm

特徴

葉のふち
[全縁]

葉のつき方
[互生]

常緑／落葉
[落葉]

冬芽
頂芽は大きく、2枚の芽鱗に包まれる。

果実
果実は袋果が集まった集合果である。

樹形
幹は直立し、枝数や枝の分岐は少ない。

樹皮
樹皮は灰褐色で、小さな皮目が多い。

花
大きな黄白色の花を上向きに咲かせる。

日本に自生する樹木の中でもっとも大きい葉と花をつける

　丘陵地や山地に自生する落葉高木であり、ほどよく湿潤で肥沃な土地を好む。葉が大きく香りがあり、殺菌抗菌作用があることから朴葉寿司（ほおばずし）に使われたり、耐火性があるため食材を乗せて焼く朴葉味噌や朴葉焼きなどに使われたりする。葉身は長さ20～40cmで葉脈は大きく波打ち、葉の裏面には毛が密生する。花期には15～20cmの大きな両性花が輪生状についた葉の中央に咲く。果実は10～15cmの長楕円形で、9～11月に熟す。煎じると香りのよいお茶になる。

写真：葉／かのんの樹木図鑑、樹形・樹皮・花・果実・冬芽／ビジオ

日本ではホオノキの葉が古くから食器や酒器として使われていたと考えられている。

ボケ

Chaenomeles speciosa

バラ科

樹高：2〜3m
花期：3〜4月
分布：庭園などで植栽
　　　（原産地：中国）

広葉樹

単葉

[不分裂]

葉は狭卵形で、葉縁には細かい鋸歯がある。

長さ4〜8cm、幅1.5〜5cm

特徴

葉のふち

[鋸歯縁]

葉のつき方

[互生]

常緑／落葉

[落葉]

冬芽
花芽は球形、葉芽は三角形をしている。

果実　ナシ状果。楕円形で、黄色に熟す。

樹形
幹は下部から株立ち状になり、よく分枝する。

樹皮
樹皮は灰褐色で、小枝にはトゲがある。

花
花弁は5枚つき、花の色は紅色が多い。

早春に咲く紅色の花。
生け花の枝物としても重宝

　中国原産の落葉低木で、日本へは平安時代に渡来した。庭園樹として植栽されるほか、盆栽としても使われる。多くの園芸品種があり、紅色の花色だけでなく、淡紅や白、白と紅の混ざったものなどもあり、花弁も八重咲きのものもある。葉先は鈍く尖り、葉身は4〜8cm。花期には葉の展開より早く雄花と両性花を咲かせる。花は直径2〜5cmである。果実は直径3〜10cmのナシ状果で、7〜8月に黄色に熟す。クサボケは日本に自生するボケの仲間である。

写真：葉・樹形・樹皮・花・果実／ビジオ、冬芽／大岩千穂子

樹木医Sakurai

ボケ酒と呼ばれる果実酒があり、咳やのどの痛みなどに効き、疲労回復などによいとされる。

広葉樹 単葉 [不分裂]

ボダイジュ
（コバノシナノキ）

Tilia miqueliana

アオイ科

樹高：8〜20m
花期：6〜7月
分布：全国で植栽
　　　（原産地：中国中部）

葉は歪んだ円形で、葉縁には鋸歯がある。

長さ5〜10cm、幅4〜8cm

特徴

葉のふち

[鋸歯縁]

葉のつき方

[互生]

常緑／落葉

[落葉]

果実
淡褐色の毛が生えた球形の堅果をつける。

冬芽
仮頂芽は卵形で、薄茶色の短毛が生える。

樹形
幹は直立し、樹冠は丸みを帯びる。

樹皮
樹皮は暗灰色で、縦に浅く裂ける。

花
花は淡黄色で、下向き多数咲かせる。

仏教に由来し、寺院に植えられることが多い

　中国原産の落葉高木。寺社などに植栽されることが多い。葉は長さ5〜10cmで、葉先は狭くなってから尖る。日本固有種のシナノキに葉が似るが、シナノキは葉脈のつけ根に毛の塊があることや、シナノキの方が掌状脈が多いことなどから見分けることができる。花期には葉腋から長さ8〜10cmの花序を出し、花弁が5枚ある直径1cmほどの花を多数咲かせる。果期は9〜10月で、直径7〜8mmの球形の核果が黄褐色に熟す。果実からは数珠が作られる。

写真：葉・果実・冬芽／植木ペディア、樹形・樹皮・花／ビジオ

釈迦がインドボダインジュの下で悟りを開いたことから、日本の寺院では本種が植えられる。

ホルトノキ
（モガシ）

Elaeocarpus zollingeri

ホルトノキ科

樹高：10〜15m
花期：7〜8月
分布：本州（千葉県以西）、四国、九州、沖縄

広葉樹
単葉

［不分裂］

葉は長楕円状披針形で、低い鋸歯がある。

長さ5〜12cm、幅2〜3.5cm

幹は直立し、上部ではよく分枝する。
樹形

樹皮は灰褐色でなめらかである。
樹皮

総状花序に白い小さな5弁花を多くつける。
花

果実
楕円形の核果が黒紫色に熟す。

冬芽
冬芽は先が尖り、微毛が生える。

特徴

葉のふち

［鋸歯縁］

葉のつき方

［互生］

常緑／落葉

［常緑］

紅葉した葉が一年中あるポルトガルの木

　沿岸地の林内に自生する常緑高木。名前はオリーブを意味する「ポルトガルの木」が転訛したものだといわれている。江戸時代の学者である平賀源内が、オリーブと勘違いして本で紹介してしまったことから誤用がはじまった。現在は自生のものだけでなく、公園樹や街路樹として植栽されたものも見ることができる。葉は古くなると紅葉するため、常にどこかの葉は紅葉している。花期には花弁の先が細かく裂けた白い花をつける。果実は核果で11〜2月に熟す。

写真／葉／かのんの樹木図鑑、樹形／KENPEI's photo、樹皮・花・果実／ビジオ、冬芽／植木ペディア

ホルトノキの樹皮にはタンニンが多く含まれることから、大島紬の染料として使われる。

広葉樹 単葉

ボロボロノキ

Schoepfia jasminodora

ボロボロノキ科

樹高：2〜10m
花期：3〜4月
分布：九州、沖縄

[不分裂]

葉は卵形で、葉柄は2〜3mmと短い。

長さ3〜7cm、幅1.5〜3cm

特徴

葉のふち
[全縁]

葉のつき方

[互生]

常緑／落葉

[落葉]

樹形
幹は直立し、枝は屈曲が多い。

冬芽は先が尖った卵形をしている。 冬芽

果実 はじめは緑色だが熟すと赤くなる。

樹皮
樹皮は灰褐色で、縦筋が入る。

花
淡黄白色の筒状の小花をつける。

九州と沖縄にしか自生しない、枝がもろい樹木

　九州と沖縄県の低地や山地に自生する落葉小高木。日本のほかには中国の亜熱帯などに分布する。日本に分布するボロボロノキ科の樹木はボロボロノキ1種のみである。新枝は強いものを除いて落葉時に落ちてしまう。葉の先は尖り鋸歯はない。花期には葉腋から長さ3〜5cmの花序を出し、3〜5個の筒状の花をつける。花冠は4〜5裂する。果期は6月頃で、長さ8mmほどの楕円形の果実が緑色から赤色に熟す。果実が赤く熟す際、果柄も徐々に赤くなる。

写真：葉／かのんの樹木図鑑、樹形／M108t、樹皮・花・果実・冬芽／さがの樹木図鑑

ボロボロノキの実を唯一の餌とするベニツチカメムシがボロボロノキの自生地には存在する。

ホンミツバツツジ
（ミツバツツジ）

Rhododendron dilatatum subsp. *dilatatum* var. *dilatatum*

ツツジ科

樹高：1〜3m
花期：4〜5月
分布：本州（関東地方、東海地方、近畿地方）

広葉樹 / 単葉 ／ [不分裂]

葉は枝先に集まって3枚輪生する。

長さ3〜7cm、幅2.5〜5cm

特徴
葉のふち [全縁]
葉のつき方 [輪生]
常緑／落葉 [落葉]

冬芽は枝先につき、多くの芽鱗に覆われる。 冬芽

卵状円筒形の蒴果が熟すと5裂する。 果実

樹形
幹は株立ち状になり、横方向に分枝する。

葉が3枚1組で枝先につくツツジの仲間

　太平洋側の山地や丘陵地に自生する落葉低木で、やせた尾根や岩場、雑木林に好んで生育する。ミツバツツジ類には多くの種類があるが、どの種も枝先に3枚ずつ葉がつく。葉身は長さ3〜7cmで菱形状広卵形をしている。葉先は尖る。花期には葉の展開より早く、枝先に紅紫色の花を2〜3個つける。花冠はろうと状で、先は深く5裂する。雄しべは5本で、雌しべは1個ある。果期は7〜9月。7〜12mmの卵状円筒形で短い毛のある蒴果が、熟すと裂開する。

樹皮
樹皮は暗灰色でなめらかである。

花
ろうと形で紅紫色の花を咲かせる。

写真／葉／Dr. Tridle、樹形・樹皮・花・果実・冬芽／ビジオ

秋元園芸植木屋やっちゃん

ミツバツツジ類は、2018年の研究で国内に44種もの野生種があることがわかった。

175

広葉樹 単葉

[不分裂]

マサキ
（オオバマサキ）

Euonymus japonicus

ニシキギ科

樹高：2〜6m
花期：6〜7月
分布：北海道（南部）、本州、四国、九州、沖縄、小笠原諸島

葉は楕円形で、浅い鋸歯が基部以外にある。

長さ3〜8cm、幅2〜4cm

特徴

葉のふち

[鋸歯縁]

葉のつき方

[対生]

常緑／落葉

[常緑]

冬芽　冬芽は先の尖った長卵形で芽鱗に覆われる。

果実　球形で紅色の蒴果が果柄にぶら下がる。

樹形　幹は下部から多く枝分かれする。

樹皮　樹皮は暗褐色で、縦に浅い溝ができる。

刈り込みに強いことから生垣や庭木に多い樹木

　沿岸部の林内や林縁に自生する常緑低木。塩害に強く、防潮林や防砂林に利用されることがある。大気汚染や乾燥にも強く、街路樹としても植えられる。葉は長さ3〜8cmで、先端は鋭く尖る。表面には光沢があり、厚みがある。花期には葉腋から集散花序を出し、直径7mmほどの花を多くつける。花弁は丸く、4個の雄しべが目立つ。果実は6〜8mmの球形の蒴果で10〜11月に熟すと裂開し、橙赤色の種子が現れる。種子は果実にぶら下がる。

花　花は小さな4弁花で、緑白色をしている。

写真：葉・樹形・樹皮／ビジオ、花・果実・冬芽／植木ペディア

葉に模様（斑）が入るものや新葉が黄色であるものなど、多数の園芸品種がある。

マグワ
（カラヤマグワ）
Morus alba

クワ科

広葉樹 / 単葉 [不分裂]

樹高：6〜15m
花期：4〜5月
分布：全国で植栽、野生化
　　　（原産地：中国）

葉は卵形または広卵形で、粗い鋸歯がある。
長さ8〜15cm、幅4〜8cm

樹形
よく分枝し、広がった樹形になる。

樹皮
樹皮は灰褐色で、縦に浅く裂ける。

花（雄花）

花（雌花）

雄花序は円柱形であり、雌花序は楕円形である。

冬芽
冬芽は広卵形で淡褐色、芽鱗に覆われる。

果実
果実は複合果で、熟すと黒紫色になる。

特徴

葉のふち [鋸歯縁]

葉のつき方 [互生]

常緑／落葉 [落葉]

元は養蚕用が各地で野生化。果実酒も美味

　中国原産の落葉高木で、養蚕のために植栽されたものが各地で野生化している。カイコの餌として使われるほか、果実で酒をつくったり、韓国ではポンイプチャという桑の葉茶が飲まれたりしている。マグワの葉は変異が多く、3〜5裂する葉と不分裂の葉が混生する。葉の表面はざらつく。雌雄異株で、花期には4〜7cmの雄花序が3〜4個と5〜10cmの雌花序が2〜3個つく。果実は1.5〜2cmの楕円形で、6〜7月に白から赤、そして黒紫色へと変わる。

Yushiana Mansor

写真：葉・樹皮・果実／かのんの樹木図鑑、樹形／Emöke Dénes、雄花・雌花／跡見群芳譜、冬芽／photolibrary

マグワは音速の約半分（610km/h）の速さで花粉を放出することが知られている。

広葉樹 単葉 [不分裂]

マタタビ

Actinidia polygama

マタタビ科

樹高：つる性
花期：6〜7月
分布：北海道、本州、四国、九州

葉は広卵形で、葉縁には細かい鋸歯がある。

長さ6〜15cm、幅3.5〜8cm

特徴

葉のふち [鋸歯縁]

葉のつき方 [互生]

常緑／落葉 [落葉]

樹形 — よく枝分かれし、ほかの木に絡みついて伸びる。

樹皮 — 樹皮は褐色で、薄く剥がれる。

冬芽は半隠芽で、葉痕上部に隠れる。

果実 — 長楕円形の液果で、先端が伸びる。

ネコの大好物として知られるつる性木本

　山地に自生する落葉つる性木本。林縁でよく見られる。葉は長さ6〜15cmで、葉先は狭くなり尖る。通常葉の色は緑色だが、花期になると葉の一部または全面が白くなる性質がある。雌雄異株で、雄花は白い5弁花をつけ、多数の雄しべが目立つ。雌花は花弁がない。両性花は白い5弁花で、雄しべの中央に放射状に広がった花柱が目立つ。10月頃に熟し、2〜2.5cmの液果が橙黄色に熟す。若い果実は辛いが、熟すと甘くなる。新芽、若い枝、葉、花、果実が食用になる。

花（雄花）

花（両性）

それぞれ特徴のある雄花、雌花、両性花がつく。

写真／葉／photolibrary、樹形・樹皮／ビジオ、雄花・雌花／ビジオ・千葉県立中央博物館、果実・冬芽／植木ペディア

森林総合研究所多摩森林科学園

マタタビにはネコしか反応しないかと思いきや、トラやライオンもマタタビに反応する。

マテバシイ

Lithocarpus edulis

ブナ科

樹高：10〜15m
花期：6月
分布：本州（紀伊半島）、四国、九州、沖縄

広葉樹

単葉

［不分裂］

葉は倒卵状長楕円形で、鋸歯はない。

長さ9〜26cm、幅3〜8cm

特徴

葉のふち

［全縁］

葉のつき方

［互生］

常緑／落葉

［常緑］

幹は直立し、丸い樹冠になる。 樹形

樹皮は灰褐色でなめらか、縦筋模様が出る。 樹皮

雄花序と雌花序は上向きに出る。 花（雄花） 花（雌花）

冬芽は球形で、芽鱗に覆われる。 冬芽

果実　堅果に浅い椀形の殻斗がつく。

ドングリはアク抜きせず そのまま炒って食べられる

　沿岸地に自生する常緑高木。街路樹や公園樹として利用されるほか、耐火性が高いことから防火樹としても利用される。また、マテバシイのドングリはお菓子に使われたり焼酎の原料にされたりもする。葉には光沢があり、葉先は尖る。雌雄同株。雄花序は5〜9cmで葉腋から斜め上に出る。雌花序は5〜9cmで、雄花序より根元側葉腋から上向きに出る。雄花は花柱が尖る程度で目立たない。果実は長楕円形で翌年の10月頃に熟す。殻斗には鱗状の模様がつく。

写真：葉・雌花・冬芽／かのんの樹木図鑑、樹形・樹皮・雄花・果実／ビジオ

岡山県自然保護センター Youtubeチャンネル「岡山いきもの学校」

マテバシイはオオバヤドリギの寄生を受けやすく、寄生されると衰弱し、時には枯死する。

広葉樹 単葉
[不分裂]

マユミ
（カンサイマユミ）

Euonymus sieboldianus var. *sieboldianus*

ニシキギ科

樹高：3〜5m
花期：5〜6月
分布：北海道、本州、四国、九州

葉は長楕円形で、葉先はやや細く伸びて尖る。
長さ6〜15cm、幅2〜8cm

特徴

葉のふち
[鋸歯縁]

葉のつき方
[対生]

常緑/落葉
[落葉]

樹形

枝がよく分岐し、広がった樹形になる。

冬芽

冬芽は卵形で、芽鱗に覆われる。

果実

蒴果。熟すと4裂し種子をぶら下げる。

樹皮

樹皮は灰白色で、縦に裂け目が入る。

材は古くから弓が作られ細工物にも使われる樹木

　山地や丘陵地、低地などに自生する落葉小高木。紅葉や果実が好まれ、古くから庭木や盆栽に使われてきた。万葉集にはマユミを詠んだ歌が11種もあり、昔から身近にあった樹木であることがうかがえる。葉は長さ6〜15cmで、葉縁には細かい鋸歯がある。葉脈は裏面に盛り上がる。花期には長さ3〜6cmほどの柄のある花序を出し、淡緑色の4弁花を1〜7個咲かせる。果期は10〜11月で、淡紅色に熟すと裂開し、中からは赤橙色の仮種皮をもつ種子が4つ出てくる。

花（雄花）　花（雌花）

直径8mmほどの淡緑色の花をつける。

写真：葉・樹形・樹皮・果実・冬芽／ビジオ、雄花・雌花／季節の木

樹木医Sakurai

新芽は山菜として利用されるが果実は有毒であるため、食べてはいけない。

マルバチシャノキ
（オオバチシャノキ）

Ehretia dicksonii

ムラサキ科

樹高：7〜9m
花期：5〜7月
分布：本州（千葉県以西）、四国、九州、沖縄

広葉樹 / 単葉 ［不分裂］

葉は広楕円形で、不規則な鋸歯がある。
長さ6〜17cm、幅5〜12cm

特徴
葉のふち ［鋸歯縁］
葉のつき方 ［互生］
常緑／落葉 ［落葉］

冬芽
冬芽は小さな鱗目で円錐形をしている。

果実
黄色い球形の核果を多くつける。

樹形
枝がよく広がり葉の量が多い。

樹皮
樹皮は灰白色で、コルク層が発達する。

花
散房花序に白い花を多くつける。

葉も丸いが黄色い果実も丸くて美味

海の近くの山地や林縁、岩場などに自生する落葉小高木。自生の個体は珍しいが、植栽されているので公園などで見かけることがあるかもしれない。剪定に弱いため植栽されたものも自然樹形で育てられることが多く、葉も大きいため鬱蒼とした雰囲気になりやすい。葉身は長さ6〜17cmで、葉先は細かく尖る。花期には枝先に散房花序を出し、1cmほどの花を多く咲かせる。花冠の先は5裂し反り返る。果期は7〜11月で、1cmほどの果実が黄色く熟す。

写真：葉／鳥平の自然だより、樹形・樹皮・花・果実／植木ペディア、冬芽／大岩千穂子

レタス（チシャ）のような味がする葉と、バナナ風味の果実が食味の特徴。

広葉樹 単葉 [不分裂]

マルバヤナギ
（アカメヤナギ）

Salix chaenomeloides

ヤナギ科

樹高：10〜20m
花期：4〜5月
分布：本州（東北以西）、四国、九州

両面とも無毛で、葉の先端は尖っている。
長さ5〜15cm、幅2〜6cm

特徴

葉のふち
[鋸歯縁]

葉のつき方
[互生]

常緑／落葉
[落葉]

樹形
枝を横にはりだし幅広の樹形になる。

樹皮
灰褐色で、古くなると縦に割れ目が入る。

花（雄花）

花（雌花）

雄花、雌花ともに穂状をしている。

冬芽
5mmほどの三角形で先端が尖っている。

果実
蒴果。6月頃に成熟し裂開する。

水辺に生える
しだれないヤナギ

　雌雄異株の落葉高木。水辺を好み、湿地帯や川沿いに自生する。枝はしだれず、直立または斜めに伸びる。葉に丸みがあることが名前の由来。別名「アカメヤナギ」は新芽が赤いことから名付けられたとされる。葉の表面は光沢のある緑色、裏面は粉白色である。日本に自生するヤナギ属の中でもっとも花期が遅く、5月頃、葉の展開後に開く。種子は白い綿毛に包まれ、風によって運ばれる。水辺に自生する性質上、水の流れで運ばれることも多い。

写真：葉／かのんの樹木図鑑、樹形・樹皮・雄花・果実／ビジオ、雌花／植木ペディア、冬芽／PIXTA

樹皮が柔らかい上に樹液が豊富なため、甲虫類やスズメバチがよく集まる。

マンサク

Hamamelis japonica

マンサク科

樹高：5〜6m
花期：2〜3月
分布：北海道（渡島半島）、本州、四国、九州

広葉樹 / 単葉 / [不分裂]

葉は広卵形で、基部は左右非対称。

長さ5〜10cm、幅4〜7cm

冬芽 冬芽には2枚の鱗芽がつくが落ちやすい。

樹形
幹は直立する場合と株立ち状になる場合がある。

樹皮
樹皮は灰褐色で楕円形の皮目がある。

果実 卵状球形の蒴果で、褐色の毛が密生する。

早春の林内で、ほかに先駆け「まんず咲く」

山地に自生する落葉低木または小高木。早春にほかの植物に先駆けて花を咲かせることから好まれ、庭木や公園樹として植えられることもある。葉には粗い波形の鋸歯があり、葉先は尖る。花期には葉が展開するよりも早く、葉腋から生じた短い柄に黄色い花を3〜4個ずつ咲かせる。花の基部の暗紫色のものががく片で、黄色い線形のものが花弁であり、それぞれ4つずつつく。果期は9〜10月で、直径1cmほどの蒴果をつける。蒴果は熟すと音を立てて2裂する。

花
葉腋から出た柄に黄色い花を咲かせる。

特徴
葉のふち [鋸歯縁]
葉のつき方 [互生]
常緑／落葉 [落葉]

写真：葉／photoAC、樹形／Tebdi、樹皮・花・果実／ビジオ、冬芽／植木ペディア

HARDWOOD（株）

岐阜県白川郷の合掌造りでは、マンサクを使って柱や桁を結束している。

広葉樹 単葉 [不分裂]

マンリョウ
（オオマンリョウ）

Ardisia crenata

サクラソウ科

樹高：0.3～1m
花期：7～8月
分布：本州（関東地方以西）、四国、九州、沖縄

葉は長楕円形で波状の鋸歯がある。
長さ7～15cm、幅2～4cm

特徴

葉のふち [鋸歯縁]

葉のつき方 [互生]

常緑/落葉 [常緑]

樹形
幹は細かく伸び、上部で枝が広がる。

樹皮
樹皮は灰褐色で、落葉痕が目立つ。

花
散房花序に小さな白い花を複数つける。

果実
球形の核果で、赤く熟す。

冬芽
葉腋の上に長円錐形の冬芽をつける。

センリョウとともに縁起物。正月の飾りには欠かせない

　山地に自生する常緑小低木。万両という名前がめでたいため、センリョウ科のセンリョウ（千両）とともに正月の縁起物とされ、正月飾りなどに用いられる。ほかにも庭木として植えられたり、庭園の下木として使われたりする。葉は厚く光沢があり、枝先に集まって互生する。花期には葉腋から散房花序を出し、8mmほどの花を5～10個咲かせる。花冠は5裂し反り返る。果期は10～11月で、6～8mmの球形の核果が赤く熟す。白い果実の品種もある。

写真：葉・樹形・樹皮・花・果実／ビジオ、冬芽／松江の花図鑑

樹木医Sakurai

センリョウとマンリョウは似るが、前者は葉の上、後者は葉の下に実がつくことで見分ける。

ミズキ
（ハシノキ）

Cornus controversa var. *controversa*

ミズキ科

樹高：10〜20m
花期：5〜6月
分布：北海道、本州、四国、九州

広葉樹
単葉

［不分裂］

葉は広卵形で、葉縁には鋸歯はない。

長さ6〜15cm、幅3〜8cm

特徴

葉のふち

［全縁］

葉のつき方

［互生］

常緑／落葉

［落葉］

冬芽
冬芽は長卵形で、濃紅色の芽鱗に覆われる。

果実
球形の核果で、黄紅色から黒紫色に熟す。

樹形
幹は直立し、階段状の独特な樹形になる。

樹皮
樹皮は灰色で、縦筋が入る。

花
散房花序に白色の4弁花を多数つける。

春先に枝を切ると水が滴り落ちる水木

　低山から山地の明るい沢沿いなどに自生する落葉高木。独特な樹形をしており、見分ける際のポイントになる。公園樹や庭木などによく利用される。ミズキの木材はこけし材としても有名で、木肌が美しく材が割れにくいことから、東北地方ではミズキの材を使ってこけしが作られることが多い。花期には枝先に直径6〜12cmの散房花序を上向きに出す。花弁は5mmほどの長楕円形で平開する。果実は6〜7mmの核果で、8〜10月に熟し、同時に果柄が赤くなる。

写真：葉・樹形・樹皮・花・果実・冬芽／ビジオ

樹木医Sakurai

春に枝を切ると水のような樹液が大量に流れ出ることから「水木」の名がついた。

広葉樹 単葉

ミズナラ
（オオナラ）

Quercus crispula var. *crispula*

ブナ科

[不分裂]

樹高：15〜30m
花期：5月
分布：北海道、本州、四国、九州

葉には大きく波打つような鋸歯がある。

長さ7〜20cm、幅5〜9cm

特徴

葉のふち

[鋸歯縁]

葉のつき方

[互生]

常緑／落葉

[落葉]

樹形

幹は直立し、樹冠は丸みを帯びる。

樹皮

樹皮は淡灰褐色で、縦に裂けて剥がれる。

花（雄花）　花（雌花）

雄花序は下垂し、雌花序は葉腋につく。

冬芽
冬芽は長卵形で、頂芽と複数の頂生側芽がつく。

果実
突起がある殻斗のついたドングリをつける。

カシワやコナラに似た大きな鋸歯のある葉

　山地から亜高山帯にかけて自生する落葉高木。近縁種であるコナラやクヌギよりも寒冷な気候を好み、北海道では標高の低い場所にも自生する。葉は長さ7〜20cmの倒卵状楕円形で、葉柄は短い。葉先は尖る。雌雄同株で、新枝の基部に雄花序、新枝の上部の葉腋に雌花序がつく。雄花序は黄褐色で長さは6〜7cm。雌花序は短く、雌花が1〜3個つく。果期は10月頃で、夏の間青かったドングリが濃褐色に熟す。ミズナラの殻斗は、こぶ状の鱗片に覆われる。

写真／葉／かのんの樹木図鑑、樹形・樹皮・雄花・果実・冬芽／ビジオ、雌花／季節の木

ミズナラの木材から作られた樽で熟成させたウイスキーが近年注目を集めている。

ミズメ（アズサ）

Betula grossa

カバノキ科

樹高：15〜25m
花期：4月
分布：本州（岩手県以西）、四国、九州（鹿児島県高隈山まで）

広葉樹 単葉

[不分裂]

葉は卵形で、葉縁には重鋸歯がある。
長さ3〜10cm、幅2〜8cm

雄花序の冬芽は裸芽で、枝の上部に複数つく。 **冬芽**

果実 果穂は楕円形で上向きにつく。

特徴

葉のふち

[鋸歯縁]

葉のつき方

[互生]

常緑／落葉

[落葉]

樹形
幹は直立し、枝は斜め上に広がる。

樹皮
樹皮は灰褐色で、横に長い皮目がある。

花（雄花） **花（雌花）**

雄花序は下垂し、雌花序は直立する。

樹皮を傷つけると水のような樹液が出てくる

　山地に自生する落葉高木。サリチル酸メチルを多く含む。サリチル酸メチルは湿布薬やアロマ精油に使われ、ミズメの枝葉や樹液からも湿布薬のような匂いがする。この匂いがかつては不快な匂いとされたことから、ヨグソミネバリの別名がある。葉は長さ3〜10cmで、葉先は尖る。雌雄同株で、雄花序は長さ5〜7cmで黄褐色の円筒形、雌花序は1〜1.5cmの円柱形である。果期は10月頃で、堅果が集まった果穂が褐色に熟す。

写真：葉／近畿地方整備局六甲砂防事務所の画像を編集、樹形・樹皮・雄花・雌花・果実・冬芽／ピジオ

枝は古くから巫女が儀式で使う「梓弓」の材料に使われていたことからアズサの別名もある。

広葉樹 単葉

ムクノキ（ムクエノキ）
Aphananthe aspera
アサ科

[不分裂]

樹高：15～20m
花期：4～5月
分布：本州（関東地方以西）、四国、九州、沖縄

葉は卵状披針形で、先は尾状に伸びて尖る。
長さ4～10cm、幅3～6cm

特徴

葉のふち
[鋸歯縁]

葉のつき方
[互生]

常緑／落葉
[落葉]

樹形
幹は直立し、枝は斜め上に広がる。

樹皮
樹皮は淡灰褐色で、縦に浅い筋が入る。

花
雄花は集散花序で、雌花は葉腋につく。

果実
球形の核果が黒紫色に熟す。

冬芽
冬芽は長楕円形で伏毛が生える。

天然記念物に指定されている大木が多い樹木

低地から山地の日当たりのよい場所に自生する落葉高木。公園樹や街路樹として植えられるほか、神社に御神木として植えられることもある。樹皮は成長とともに徐々に浅い筋が入るようになり、老木になると樹皮が剥がれる。葉は長さ4～10cmで、鋸歯がある。両面に剛毛が生えており、触るとざらざらしている。雌雄同株で、花期には雄花が枝の下部に集散花序を出し、雌花は筒形で上部の葉腋に1～2個つく。果実は核果で、10月頃に黒紫色に熟す。

写真：葉／かのんの樹木図鑑、樹形・樹皮・花・果実・冬芽／ビジオ

葉は両面に剛毛があり、乾燥させた葉は漆器や角細工を磨くのに使われている。

ムラサキシキブ

Callicarpa japonica

シソ科

樹高：2〜3m
花期：6〜7月
分布：北海道、本州、四国、九州、沖縄

広葉樹 / 単葉

[不分裂]

葉は長楕円形で、葉先は細長く尖る。

長さ6〜13cm、幅2.5〜6cm

特徴

葉のふち

[鋸歯縁]

葉のつき方

[対生]

常緑／落葉

[落葉]

果実 ／ 冬芽

小さな球形の核果で、熟すと紫色になる。

冬芽は裸芽で、毛が密生する。

樹形

株立ち状になり、枝先はやや枝垂れる。

樹皮

樹皮は淡褐色で、楕円形の皮目が目立つ。

花

集散花序に淡紫色の小花を多数咲かせる。

人も鳥も好む紫の果実がかわいらしい樹木

　山地や低地の藪などに自生する落葉低木。通常果実の色は紫色だが、園芸品種には白い果実をつけるシロシキブもある。果実を観賞するために庭木として植えられることがあるが、その場合はムラサキシキブではなく近似種のコムラサキが植えられることが多い。葉は長さ6〜13cmで、細かい鋸歯がある。花期には葉腋から集散花序を出し、小さな筒形の花を多く咲かせる。花冠は4裂し、雄しべと雌しべは花冠から突き出る。果実は核果で、10月頃に熟す。

写真：葉・樹形・樹皮・花・果実・冬芽／ビジオ

樹木医Sakurai

コムラサキと間違われやすいが、ムラサキシキブよりコムラサキの方が果実が密につく。

広葉樹 単葉 [不分裂]

メギ
（コトリトマラズ）
Berberis thunbergii
メギ科

樹高：1～2m
花期：4月
分布：本州（関東地方以西）、四国、九州

葉はへら形で、鋸歯はない。
長さ1～3cm、幅0.5～1.5cm

特徴

葉のふち [全縁]

葉のつき方 [互生]

常緑／落葉 [落葉]

冬芽
冬芽はトゲの基部につき、芽鱗に覆われる。

果実
楕円形の液果が熟すと赤色になる。

樹形
幹は株立ち状になり、枝を斜め上に広げる。

樹皮
樹皮は褐色で、不規則な割れ目がある。

花
総状花序に淡黄色の花を下向きにつける。

鋭いトゲが多く、小鳥が止まらない木になった

　山地や丘陵地に自生する落葉低木。トゲが鋭いことから、防犯目的で生垣として植えられることがある。葉が赤いものや葉に模様が入るものなど、園芸品種も多数存在する。葉はへら形または基部が狭くなる楕円形で、葉身は1～3cmである。花期には総状花序を出し、6mmほどの淡黄色の花を2～4個下向きに咲かせる。花弁は6枚で、がく片も6個。花弁よりも大きく、やや紅色を帯びる。果実は長さ7～10mmの液果であり、10～11月に赤く熟す。

写真：葉・樹形・樹皮・花・果実／ビジオ、冬芽／植木ペディア

茎や根を煎じたものが洗眼薬として利用されていたことから目木の名がついた。

モチノキ

Ilex integra

モチノキ科

樹高：10〜25m
花期：4月
分布：本州（宮城県、山形県以西）、四国、九州、沖縄

広葉樹 **単葉**

[不分裂]

葉は暗緑色で楕円形をしている。
長さ5〜10cm、幅2〜4cm

特徴

葉のふち

[全縁]

葉のつき方

[互生]

常緑／落葉

[常緑]

樹形
幹は直立し、上部でよく分枝する。

樹皮
樹皮は灰白色でなめらかである。

冬芽
頂芽は円錐形をしていて小さい。

果実
球形の核果で、赤く熟す。

花（雄花）　花（雌花）
黄緑色の4弁花を葉腋につける。

日本庭園には欠かせない三大名木のひとつ

　海岸沿いの山地に自生する常緑高木。古くから日本庭園に使われ、モッコク、モクセイとともに、庭木の三大名木とされている。剪定に強いため、公園樹や一般家庭の庭木としてもよく植栽される。葉は長さ5〜10cmの楕円形で、葉先は鈍く尖り鋸歯はない。雌雄異株で、花期には葉腋から短い柄を出し、多くの雄花と数個の雌花をつける。雄花は4本の雄しべが、雌花は中央につく雌しべが目立つ。果期は11〜12月で、核果が熟すと赤色になる。

写真：葉・樹形・樹皮・雄花・雌花・果実／ビジオ、冬芽／PIXTA

樹皮からトリモチを作ることができることが、名前の由来になったといわれている。

広葉樹
単葉

[不分裂]

モッコク
（イイク）

Ternstroemia gymnanthera

サカキ科

樹高：10〜15m
花期：6〜7月
分布：本州（関東地方南部以西）、四国、九州

葉は狭倒卵形で、鋸歯はない。

長さ4〜7cm、幅1.5〜2.5cm

特徴

葉のふち

[全縁]

葉のつき方

[互生]

常緑／落葉

[常緑]

樹形

幹は直立し、整った円錐形の樹冠になる。

冬芽

冬芽は半球形や円錐形で、紅紫色をしている。

果実

卵状球形の蒴果が、熟すと裂ける。

樹皮

樹皮は暗灰色でなめらかである。

日本庭園に植栽される庭木の王様

海沿いの山地に自生する常緑小高木。樹形を整えやすいことや、樹齢を重ねるに従って風格が出ることから庭木の王様と称され、古くから日本庭園の庭園樹として植栽されている。葉は長さ4〜7cmで、葉先は丸みがあるか鈍く尖る。雌雄異株で、雄花のみが咲く株と両性花が咲く株がある。どちらの花も花弁は5枚で、直径は15mmほどである。雄花は多数の雄しべが目立ち、雌花は雄しべの中央に雌しべがある。果期は10〜11月で、果実は蒴果である。

樹木医Sakurai

花（雄花）

花（両性）

花の色は白色から黄色へ変化する。

写真：葉／かのんの樹木図鑑、樹形・樹皮・雄花・果実／ビジオ、雌花／PlantPIX、冬芽／植木ペディア

アカマツ、イトヒバ、カヤ、イヌマキとともに、江戸五木のひとつに数えられる。

モモ

Prunus persica

バラ科

樹高：3〜8m
花期：4月
分布：全国で植栽
　　　（原産地：中国）

広葉樹 / 単葉

葉は倒披針形で、葉先は細長く尖る。

長さ7〜16cm、幅3〜5cm

[不分裂]

特徴

葉のふち
[鋸歯縁]

葉のつき方
[互生]

常緑／落葉
[落葉]

冬芽は長卵形の鱗芽で、毛に覆われる。

冬芽

果実 球形の核果で、縦に筋が1本入る。

樹形 小高木であり、幹は直立する。

樹皮 樹皮は灰褐色で、皮目が目立つ。

花 花弁が5枚ある薄桃色の花を咲かせる。

果実があまりにも美味なミモモとしてハナモモと区別

　中国が原産地とされている落葉小高木。多くの栽培品種があり、果実は食用となるため商業栽培もされる。花を観賞する目的で植えられるハナモモに対し、こちらは果実を食用にするために植えられるのでミモモ（実桃）と呼ぶこともある。樹皮ははじめ灰褐色だが、樹齢を重ねるにつれて黒みが増し、縦に裂けるようになる。花は薄桃色のものが多いが、白から濃紅色までさまざまである。花弁も八重咲きのものもある。果期は7〜8月で、果実は核果である。

写真：葉／iStock、樹形・花／photoAC、樹皮・果実／ビジオ、冬芽／大岩千穂子

樹木医Sakurai

古くからモモには邪気を祓う霊力があるとされており、古事記や日本書紀にも登場する。

193

ヤシャブシ

Alnus firma

カバノキ科

広葉樹 / 単葉

樹高：8〜20m
花期：3〜4月
分布：本州（太平洋側）、四国、九州

[不分裂]

葉は卵形で、葉縁には重鋸歯がある。
長さ4〜10cm、幅2〜4.5cm

特徴

葉のふち

[鋸歯縁]

葉のつき方

[互生]

常緑／落葉

[落葉]

樹形
幹は直立し、枝はよく分岐する。

樹皮
樹皮は灰褐色でなめらかである。

果実
堅果が集合して、長さ1.5〜2cmの果穂になる。

冬芽
雄花序の冬芽は枝先につき、裸芽である。

花（雄花）

花（雌花）

枝先に雄花序、その下部に雌花序がつく。

土壌を選ばず生育し、緑化樹としても使われる

　山地に自生する落葉小高木。太平洋側に多く、日本海側にはほとんど見られない。地面にしっかりと根を張る性質があり、土壌を選ばず生育するため、土留めや緑化などに使われることがある。しかし、ヤシャブシ類は花粉症や口腔アレルギー症候群を引き起こすことがあり問題になっている。雌雄同株で、葉の展開よりも早く花を咲かせる。雄花序は尾状花序で枝先から下垂し、雌花序は柄がある穂状花序である。果期は10〜11月で、果穂が暗褐色に熟す。

写真／葉／iStock、樹形・樹皮・果実・冬芽／ビジオ、雄花・雌花／植木ペディア

果穂がタンニンを多く含むことから、五倍子（お歯黒などに使用）の代用とされていた。

ヤドリギ
(タイワンヤドリギ)

Viscum album subsp. *coloratum*

ビャクダン科

樹高：40〜50cm
花期：2〜3月
分布：北海道、本州、四国、九州

広葉樹 / 単葉 [不分裂]

葉はへら形をしていて、葉先は丸い。
長さ3〜8cm、幅0.5〜1cm

特徴

葉のふち [全縁]

葉の付き方 [対生]

常緑／落葉 [常緑]

樹形
枝は分岐を繰り返して丸くなる。

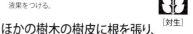
果実
半透明で淡黄色の液果をつける。

冬芽
黄緑色の冬芽がつく。

ほかの樹木の樹皮に根を張り、寄生して生育する寄生植物

落葉樹に寄生する常緑寄生小低木。おもにエノキやケヤキ、クリ、アカシデ、ヤナギ類、ブナ、ミズナラなどに寄生する。宿主の樹皮に根をはって、養分と水分を吸い取って生育する。落葉樹は冬に葉を落とすので、冬になるとヤドリギを目視しやすくなる。葉は2〜6cmで、厚みがある。雌雄異株で、花は直径3mmほど。厚みのあるがくをつけ、雄花は開くが雌花は小さくあまり開かない。果実にはネバネバした果肉があり、10〜12月に半透明の淡黄色に熟す。

樹皮
枝は緑色をしている。

花(雄花)

花(雌花)

枝先に黄色い小さな花を咲かせる。

写真：葉／BerndH、樹形・樹皮／ビジオ、雄花・雌花／花・花・flora、冬芽／PlantPix

Youtubeちゃんあなごチャンネル

種子の外側に粘着物質がついており、鳥が樹上で種子を排出したときに樹皮に張りつく。

広葉樹
単葉

[不分裂]

ヤブツバキ
（ツバキ、ヤマツバキ）

Camellia japonica

ツバキ科

樹高：10～15m
花期：2～4月
分布：本州、四国、九州、沖縄

葉は長楕円形で、葉縁には細かい鋸歯がある。

長さ5～12cm、幅3～6cm

特徴

葉のふち

[鋸歯縁]

葉のつき方

[互生]

常緑／落葉

[常緑]

冬芽
花芽は膨らみ、葉芽は細い。

果実
球形で無毛の蒴果が熟すと3裂する。

樹形
幹は直立するものと株立ちになるものがある。

樹皮
樹皮は淡灰褐色で、なめらかである。

花
葉腋から赤い花を咲かせる。

樹木医Sakurai

さまざまな園芸種がある
ツバキの野生種

　海沿いや山地に自生する常緑小高木または高木。ヤブツバキを使用して多くの園芸品種が作られた。花弁が八重咲きのものや葉に斑という模様が入ったもの、枝が枝垂れるものなど、園芸品種の幅は広い。葉は長さ5～12cmで、葉縁には細かい鋸歯がある。葉先はやや細長く伸びて尖る。葉は厚みがあり、表面には光沢がある。花期には葉腋から5～7cmの赤い花を咲かせる。ツバキは花が終わると花がそのまま落ちる。果実は蒴果で、9～10月に褐色に熟す。

写真：葉／かのんの樹木図鑑、樹形・樹皮・果実／ビジオ、花／植木ペディア、冬芽／PIXTA

北限である青森県にある夏泊半島には、椿山と呼ばれる1万株に及ぶツバキの群落がある。

ヤブデマリ

Viburnum plicatum var. *tomentosum*

ガマズミ科

樹高：2～6m
花期：5～6月
分布：本州（関東地方以西）、四国、九州

広葉樹

単葉

[不分裂]

葉は楕円形で、先は尖る。

長さ5～12cm、幅3～7cm

特徴

葉のふち

[鋸歯縁]

葉のつき方

[対生]

常緑／落葉

[落葉]

冬芽

冬芽は長楕円形で、褐色の芽鱗が2枚つく。

樹形

枝を水平に広げた樹形になる。

果実

楕円形の核果が赤から黒紫色に熟す。

花はガクアジサイ似だが、ガマズミの仲間

山地や丘陵地に自生する落葉低木または小高木で、水辺などの湿り気のある場所を好む。葉は長さ5～12cmで、葉縁には鈍い鋸歯がある。葉の裏面には毛が密生し、とくに脈状に多い。花期には枝先から5～10cmほどの散房花序を出し、両性花と装飾花をつける。花序の中央に淡黄色の両性花が集まってつき、そのまわりを直径2～4cmほどの白い装飾花が囲む。両性花は5本の雄しべが目立つ。果期は8～10月で、5～10mmの核果が赤色から黒色に熟す。

樹皮

樹皮は灰黒色で、皮目がある。

花

両性花のまわりを装飾花がふちどる。

写真：葉・樹形・樹皮・花・果実・冬芽／ビジオ

藪のような場所に生え、花序が手まりのように丸いことからこの名がついた。

広葉樹 / 単葉

ヤブニッケイ
（ナンジャモドキ）

Cinnamomum yabunikkei

クスノキ科

樹高：15～20m
花期：6～7月
分布：本州（福島県以西）、四国、九州、沖縄

[不分裂]

葉は長楕円形で先は尖り、鋸歯はない。
長さ6～12cm、幅2～5cm

特徴

葉のふち

[全縁]

葉のつき方

[互生]

常緑／落葉

[常緑]

樹形
幹は直立し、枝葉が密生する。

樹皮
樹皮は灰黒色でなめらかである。

果実
楕円形の液果で、黒紫色に熟す。

冬芽
冬芽は長卵形で、赤褐色の芽鱗に覆われる。

藪に生えるニッケイ。本家と似た香りがする

　山地の藪に自生する常緑高木。庭木などに利用されることがある。種子からは香油や蝋をとることができ、ろうそくなどに使うことができる。葉は長さ6～12cmで、表面には光沢がある。ニッケイよりは香りの強さは劣るが、葉を揉むとかすかにシナモンのような香りがする。花期には葉腋から散形花序を出し、黄緑色の小さな花を複数個つける。花弁は6枚で、あまり開かない。果期は10～11月で、1.5cmほどの楕円形の液果が赤色から黒紫色に熟す。

植木屋ケンチャンネル

花
散形花序に黄緑色の小さな花をつける。

写真：葉・樹皮・果実／ビジオ、樹形・花／植木ペディア、冬芽／Nao.T

観賞目的で庭木にされるよりは、目隠しなどの実用的な目的で植栽されることが多い。

ヤマアジサイ

Hydrangea serrata var. *serrata*

アジサイ科

樹高：1～1.5m
花期：6～8月
分布：本州（関東地方以西）、四国、九州

広葉樹 / 単葉 [不分裂]

葉は長楕円形で、葉先は細く伸びて尖る。

長さ10～15cm、幅5～10cm

特徴

葉のふち [鋸歯縁]

葉のつき方 [対生]

常緑／落葉 [落葉]

樹形
株立ち状になり、下からよく分枝する。

樹皮
樹皮は灰褐色で、薄く剥がれる。

花
両性花のまわりを装飾花が囲む。

果実
小さな蒴果が淡褐色に熟す。

冬芽
頂芽は裸芽で、側芽は鱗芽である。

冬まで残る装飾花は、ガクアジサイより小ぶり

　山地の沢沿いや渓谷などに自生する落葉低木。沢沿いによくみられることからサワアジサイとも呼ばれる。アジサイの仲間は種を同定するのが難しいことが多い。ヤマアジサイの特徴としては、葉が薄く光沢がないこと、葉先が細長く伸びること、花序の直径が小さめであること、などが挙げられる。花は両性花で、装飾花は直径1.5～3cmであり、花序のまとまりは10cmほどである。果実は4mmほどの倒卵形の蒴果で、10～11月に淡褐色に熟す。

写真：葉・樹形・樹皮・花・冬芽／ビジオ、果実／植木ペディア

フローリット　増田明彦

葉にフィロズルチンの配糖体（甘味）を含むものがあり、甘茶として利用される。

広葉樹 単葉 [不分裂]

ヤマグルマ
（トリモチノキ）

Trochodendron aralioides

ヤマグルマ科

樹高：10〜20m
花期：5〜6月
分布：本州（山形県以西）、四国、九州、沖縄

葉は狭倒卵形で、葉先は細く尖る。
——
長さ5〜14cm、幅2〜8cm

特徴

葉のふち [鋸歯縁]

葉のつき方 [互生]

常緑／落葉 [常緑]

公益財団法人 国際花と緑の博覧会記念協会

果実
袋果が5〜10個集合。熟すと裂開して種子を出す。

冬芽
冬芽は大きく、先が尖る。

樹形
幹は直立し、枝を面的に広げる。

樹皮
樹皮は灰褐色でなめらかである。

花
花弁とがくがない黄緑色の花を咲かせる。

原始的な植物とされる、トリモチが採れる樹木。

　山地の斜面や岩場に自生する常緑高木。枝を面的に広げ、階層を作る樹形になる。葉は長さ5〜14cmで、葉縁には基部以外に波形の鋸歯がある。葉は厚い革質で光沢がある。花期には枝先から長さ7〜12cmの総状花序を出し、花柄のある黄緑色の花が10〜20個集まって咲く。花は直径1cmほどで、花弁もがくもない。花が終わると袋果が集まった集合果をつける。袋果は1cmほどの扁球形で、先端に花柱が残る。10月頃に熟すと裂開し、種子を落とす。

写真：葉／植木ペディア、樹形・樹皮・花・果実・冬芽／ビジオ

被子植物であるが導管をもたず、仮導管をもつことから、原始的な植物と見なされる。

ヤマザクラ

Cerasus jamasakura

バラ科

樹高：15〜25m
花期：3〜4月
分布：本州（宮城県、新潟県以南）、四国、九州

広葉樹 / 単葉

[不分裂]

葉は長楕円形で、葉先は細く伸びて尖る。
——
長さ7〜12cm、幅3〜5cm

特徴

葉のふち

[鋸歯縁]

葉のつき方

[互生]

常緑／落葉

[落葉]

冬芽
冬芽は長卵形で、赤褐色の芽鱗に覆われる。

果実
球形の核果が黒紫色に熟す。

樹形
幹は直立し、上部で枝を広げる。

樹皮
樹皮は暗褐色で、横長の皮目が目立つ。

花
散房花序を出し、淡紅色の花を複数つける。

江戸時代以前は、サクラといえばこのサクラ

　山地に自生する落葉高木で、日本に自生するサクラの代表種。庭木や街路樹として植栽されることもある。樹皮は樹齢を重ねると裂ける。葉は長さ7〜12cmで鋸歯は日本産のサクラの中では一番小さい。葉柄は赤みを帯び、長さは2〜2.5cm。葉と花はほぼ同時に開く。花期には葉腋から短い柄のある花序を出し、白色から淡紅色の花を咲かせる。花は直径2.5〜3.5cmで、花弁は5枚ある。果期は5〜6月で、7〜8mmの球形の核果が黒紫色に熟す。

写真：葉・樹皮・花・果実・冬芽／ビジオ、樹形／photoAC

ふるさと種子島

ヤマザクラは葉の展開と同時に花が咲くので、その点でソメイヨシノと見分けられる。

広葉樹 / 単葉

ヤマナラシ
（ハコヤナギ）

Populus tremula var. *sieboldii*

ヤナギ科

樹高：10〜25m
花期：3〜4月
分布：北海道、本州、四国、九州

[不分裂]

葉は菱形状卵形で、葉縁には鋸歯がある。

長さ4〜8cm、幅4〜8cm

特徴

葉のふち

[鋸歯縁]

葉のつき方

[互生]

常緑／落葉

[落葉]

樹形

幹は直立し、上部でよく分枝する。

樹皮

樹皮は灰白色で、菱形の皮目が目立つ。

花（雄花） / 花（雌花）

花序は円柱形で、数個が束になって下垂する。

果実

果実は葱果が集まった複合果である。

冬芽

冬芽は鱗芽で白い毛があり、先は尖る。

材から箱が作れるのでハコヤナギの別名が有名に

　山地や丘陵地に自生する落葉高木。街路樹として植栽されることがある。葉が風にそよぎやすく、よく音を立てて風に揺れている。葉は長さ4〜8cmで、葉縁には鋸歯がある。主脈はまっすぐに伸びず、ジグザグに曲がる。雌雄異株で、葉の展開よりも早く花が咲く。雌花序は長さ6〜10cmで黄緑色、雄花序は長さ5cmほどで淡褐色になる。果期は5月頃で、葱果が集まった複合果をつける。果実は熟すと裂開し、白くて長い綿毛のついた種子（柳絮）を飛ばす。

写真：葉・樹形・樹皮・雌花・果実・冬芽／ビジオ

ヤマナラシという名前は、葉がカサカサと音を立てやすいことに由来する。

ヤマブキ

Kerria japonica

バラ科

樹高：1〜2m
花期：4〜5月
分布：北海道、本州、四国、九州

広葉樹

単葉

[不分裂]

葉は卵形で、葉先は細長く伸びて尖る。

長さ3〜7cm、幅2〜4cm

特徴

葉のふち

[鋸歯縁]

葉のつき方

[互生]

常緑／落葉

[落葉]

樹形

株立ち状で、枝先は垂れ気味である。

樹皮

樹皮ははじめは緑色だが、次第に褐色になる。

花

枝先に、鮮黄色の花をひとつずつ咲かせる。

果実

痩果が集合し、熟すと裂開する。

冬芽

冬芽は長卵形で、芽鱗に包まれている。

黄色でもクリーム色でもない「山吹色」の花を咲かせる

　山地に自生する落葉低木で、沢沿いなど適度に湿気がある土地を好む。公園樹や庭木、切り花などに使われる。園芸品種も多く、花が白いものや八重咲のもの、葉に斑と呼ばれる模様が入るものなどさまざま。ヤマブキの葉は長さ3〜7cmで、葉縁には重鋸歯がある。花は両性花で、短枝の先に直径4cmほどの黄色い5弁花を咲かせる。花が散ったあとには5枚のがく片が残る。果期は9〜10月で、痩果が集まった広楕円形の集合果をつけ、熟すと暗褐色になる。

写真：葉／近畿地方整備局六甲砂防事務所の画像を編集、樹形・樹皮・花・果実／ビジオ、冬芽／植木ペディア

樹木医Sakurai

ヤマブキの鮮やかな黄色い花の色は、山吹色という色の名前の由来にもなっている。

広葉樹 単葉 [不分裂]

ヤマボウシ

Cornus kousa subsp. *kousa*

ミズキ科

樹高：5〜10m
花期：5〜7月
分布：本州、四国、九州

葉は広卵形で、葉先は鋭く尖る。
長さ4〜12cm、幅3〜7cm

特徴

葉のふち
[全縁]

葉のつき方
[対生]

常緑／落葉
[落葉]

樹形
幹は直立し、多く枝葉を広げる。

樹皮
樹皮は灰褐色で、不規則に剥がれる。

冬芽
枝先には葉芽がつき、先端は尖る。

果実
核果の複合果で、熟すと赤色になる。

初夏、花弁でなく総苞片がまばゆいばかりの白色に

　山地に自生する落葉小高木で、やや湿った土地を好む。病気に強く、街路樹としてや公園樹として植えられることが多い。耐寒性も強く、札幌市あたりを北限に、北海道でも植栽することができる。アメリカヤマボウシ（ハナミズキ）に似るが、花の総苞片の先がヤマボウシは尖ることで見分けられる。葉は長さ4〜12cmで、鋸歯はない。花は両性花で、頭状花序である。果期は9〜10月で、核果が集まった直径1〜1.5cmの球形の複合果が赤く熟す。

花
花弁のように見える白色の総苞片をつける。

写真：葉・樹形・樹皮・花・果実・冬芽／ビジオ

秋元園芸植木屋やっちゃん

果実は食用になり、生食もできる。品種改良によって、大きな果実がなるものも作られた。

ヤマモモ

Morella rubra
ヤマモモ科

樹高：5〜15m
花期：3〜4月
分布：本州（関東地方以西）、四国、九州、沖縄

広葉樹 **単葉**

[不分裂]

若い枝の葉は鋸歯があるが、通常は鋸歯はない。
長さ6〜12cm、幅1.5〜3cm

特徴

葉のふち
[全縁]
[鋸歯縁]

葉のつき方
[互生]

常緑／落葉
[常緑]

冬芽
葉芽は円錐形で、黄色い腺点に覆われる。

果実
2表面に粒状の突起が密生した核果をつける。

樹形
幹は直立し、樹冠は円形になる。

樹皮
樹皮は灰白色でなめらかである。

花
葉腋から穂状の花序を伸ばし花をつける。

山のモモの果実は、粒状の突起があるピンク色

　山地に自生する常緑高木。公園樹や街路樹、庭木に使われる。果実はさまざまなものに加工できるが、未加工の生の果実は日もちしないため市場には出回らない。葉は密につき、葉身は6〜12cm。葉の形は倒披針形で、葉先は鈍く尖る。雌雄異株で、花期には葉腋から穂状の花序を出し、目立たない花をつける。雄花序は黄褐色で2〜4cmほどであり、雌花序は1cmほどで紅色の雌しべがある。果期は6〜7月で、球形の果実が黄紅色から暗赤色に熟す。

写真／葉／かのんの樹木図鑑、樹形・樹皮・花・果実／ビジオ、冬芽／PIXTA

果実は生食できるほか、ジャムや砂糖漬け、リキュールなど、さまざまなものに加工される。

広葉樹
単葉
[不分裂]

ユーカリ
（ユーカリノキ）

Eucalyptus globula

フトモモ科

樹高：80〜100m
花期：6〜7月
分布：公園樹として植栽
　　　（原産地：オーストラリア）

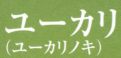

葉は披針形で、葉先は鋭く尖る。
長さ10〜20cm、幅1cm

特徴

葉のふち
[全縁]

葉のつき方
[互生]

常緑／落葉
[常緑]

幹は直立し、まっすぐに伸びていく。
樹形

樹皮は灰白色で、縦に長く剥がれる。
樹皮

HARDWOOD（株）

花は放射状に雄しべが広がる。
花

果実
果実は蒴果であり、半球形をしている。

コアラが好物にする葉には、精油成分があり芳香が高い

　オーストラリア原産の常緑高木。日本では樹高30mほどだが、原産地では100mになることもある。日本には明治時代に渡来し、はじめは建築用に使われていたが、そのうち公園樹や並木に用いられるようになった。コアラの食草として知られているが、毒があるためコアラ以外の動物は食べることができない。葉には鋸歯はない。花は枝先の葉腋につき、多数の雄しべがある花を咲かせる。果実は直径2.5cmほどの蒴果で、熟すと裂開し種子を落とす。

写真：葉・樹形・樹皮／ビジオ、花／Javier martin、果実／植木ペディア

含まれる精油成分（引火性物質）がオーストラリアの山火事の原因ではないかといわれている。

ユキツバキ
（オクツバキ）

Camellia rusticana

ツバキ科

樹高：1〜2m
花期：4〜5月
分布：本州（岩手県、秋田県〜滋賀県北部）の日本海側

広葉樹

単葉

［不分裂］

葉は楕円形で先端は尖る。
長さ5〜10cm、幅5cm

特徴

葉のふち
［鋸歯縁］

葉のつき方
［互生］

常緑／落葉
［常緑］

樹形
幹は株立ち状になり、多く分枝する。

樹皮
樹皮は灰褐色でなめらかである。

花
花の花弁は薄く、やや水平上に開く。

果実
果実は蒴果で、熟すと裂開する。

冬芽
冬芽は先の尖った長卵形をしている。

日本海側の多雪地帯に自生。雪の重みに耐える体

　日本海側の山地に自生する常緑低木。樹高はあまり高くならず、雪の重みに耐えられるよう適応したツバキである。地を這うような樹形になり、地面についた枝から根を出すこともある。雪が溶けはじめると、雪の重みで枝垂れていた枝が立ち上がりはじめる。花期は地域により、雪が消える頃に花を咲かせることが多い。花は5〜8cmほどで、花弁は5〜6枚。ヤブツバキよりも花弁は薄く、花は水平上に開く。森林内のユキツバキは個体数も少なく果実が実ることは珍しい。

写真：葉・樹形・樹皮・花・果実／植木ペディア、冬芽／山形市野草園

ユキツバキは新潟県で最初に発見され、新潟県の県の木に指定されている。

広葉樹 単葉

ユズリハ
（ウスバユズリハ）

Daphniphyllum macropodum subsp. *macropodum*

ユズリハ科

樹高：4〜10m
花期：5〜6月
分布：本州（東北地方南部以南）、四国、九州、沖縄

葉は長楕円形で、鋸歯はない。
長さ10〜20cm、幅3〜7cm

[不分裂]

特徴

葉のふち

[全縁]

葉のつき方

[互生]

常緑／落葉

[常緑]

樹形
幹は直立し、丸みを帯びた樹冠になる。

樹皮
樹皮は灰褐色で皮目が目立つ。

花（雄花） 花（雌花）
総状花序に花弁のない花を多数つける。

冬芽は紅色で、芽鱗に包まれる。

冬芽

果実
核果。楕円形で、緑色から藍黒色に熟す。

遠目からもわかる赤い葉柄。正月飾りに使う地方も

　山地に自生する常緑小高木。庭木や公園樹としても植栽されている。子孫繁栄を象徴する縁起のよい木とされ、正月飾りにも使われる。有毒植物としても有名で、家畜が食べて中毒症状が出た例などが知られている。葉は長さ10〜20cmで、葉先は尖る。葉の表面には光沢があり、葉柄は赤く色づく。雌雄異株で、葉腋から総状花序を出し、花弁やがくがない花を多数つける。総状花序は下垂する。果期は10〜12月で、楕円形の核果が藍黒色に熟す。

写真：葉／かのんの樹木図鑑、樹形・樹皮・果実／ビジオ、雄花・雌花／植木ペディア、冬芽／大岩千穂子

枝先に若葉が出たあと、前年の葉が若葉に場所を譲るように落葉することから名がついた。

リョウブ
（ミヤマリョウブ）

Clethra barbinervis

リョウブ科

広葉樹 単葉 [不分裂]

樹高：8〜10m
花期：7〜9月
分布：北海道（南部）、本州、四国、九州

葉は倒卵状長楕円形で、小さい鋸歯がある。
長さ5〜15cm、幅2〜7cm

特徴

葉のふち [鋸歯縁]

葉のつき方 [互生]

常緑／落葉 [落葉]

冬芽は芽鱗に覆われるが、のちに裸芽になる。

冬芽

果実 球形の蒴果で、褐色に熟す。

樹形
幹は株立ち状で、上部で枝葉を広げる。

樹皮
樹皮は茶褐色と灰白色のまだら模様になる。

花
総状花序を出し、白い小さな花を多数つける。

飢饉時に大きな助けとなった代表的な救荒食物

　山地に自生する落葉小高木。やや乾いた土地を好む傾向がある。春の若芽は山菜になり、ご飯に混ぜて炊いたり、おひたしや天ぷらなどにしたりして食べられる。葉は枝先に集まって輪生状に互生し、葉身は5〜15cm。葉先は尖る。花期には円錐状に出した総状花序に両性花を多く咲かせる。総状花序は長さ10〜20cmで、花序につく花の花冠は深く5裂する。雄しべは10個あり、雌しべは1個である。果期は10〜11月で、3〜4mmの蒴果をつけ熟すと裂開する。

写真：葉・樹形／植木ペディア、樹皮・花・果実・冬芽／ビジオ

秋元園芸植木屋やっちゃん

律令時代、飢饉に備えて本種を植えさせる令法が出されたことから、漢字では令法と書く。

広葉樹 単葉

レンギョウ
（レンギョウウツギ）

Forsythia suspensa

モクセイ科

樹高：2〜3m
花期：3〜4月
分布：庭園などで植栽
　　　（原産地：中国）

[不分裂]

葉は卵形で、先は鋭く尖る。

長さ4〜8cm、幅3〜5cm

特徴

葉のふち

[鋸歯縁]

葉のつき方

[対生]

常緑／落葉

[落葉]

樹形
幹は株立ち状で、枝葉よく伸びる。

冬芽
冬芽は枝とほぼ同色で、先端は鈍く尖る。

果実
蒴果。先が尖った長卵形で、熟すと2裂する。

樹皮
樹皮は暗灰褐色で、縦に裂ける。

花
多くの黄色い花が枝に密に咲く。

早春、びっしりと咲く黄花は英名がゴールデンベル

　中国原産の落葉低木。庭木や公園樹として人気が高く寒さにも強いことから、全国各地で植栽されている。枝の髄が早いうちになくなり中が空洞になるため、連翹空木（レンギョウウツギ）の別名もある。葉は基部以外に粗い鋸歯がある。葉は通常対生するが、若い葉は三出複葉になることもある。雌雄異株で、花期には葉の展開よりも早く葉腋から花を咲かせる。花冠は直径2.5cmほどで、深く4裂する。果期は10〜11月で、長さ1〜2cmほどの蒴果が熟すと2裂する。

写真：葉・樹形・樹皮・花・果実・冬芽／ビジオ

樹木医Sakurai

レンギョウの果実を乾燥させたものは連翹と呼ばれ、漢方薬として使われる。

ロウバイ

Chimonanthus praecox

ロウバイ科

樹高：2〜4m
花期：1〜2月
分布：本州（関東以西）、四国、九州で植栽
　　　（原産地：中国）

広葉樹 / 単葉

[不分裂]

葉は長楕円形で、葉先は細く伸びて尖る。

長さ7〜15cm、幅4〜6cm

特徴

葉のふち

[全縁]

葉のつき方

[対生]

常緑／落葉
[落葉]

冬芽　葉芽は卵形で、花芽はほぼ球形である。

果実　長卵形の偽果が褐色に熟す。

樹形　幹は株立ち状で、よく分枝する。

樹皮　樹皮は淡灰褐色で、小さな皮目がある。

花　やや透き通った花弁の花を下向きにつける。

まだ冬も終わらない頃に咲かせる花は半透明に輝く

　中国原産の落葉低木で、特徴的な花を咲かせる樹木である。文人画の世界では、ウメ、サザンカ、スイセンとともに、雪中四友に数えられ、中国で古くから画の題材として描かれていた。葉は長さ7〜15cmで、鋸歯はない。葉の表面には毛が散生する。花期には半透明の黄色い両性花を下向きにつける。花の直径は2cmほどで、花弁とがくは多数ある。花には方向があり、これは精油によるものである。果実は偽果で、約4cm。やや木質化して、色は褐色になる。

写真：葉・樹形・樹皮・果実／ビジオ、花／五十嵐菜彩、冬芽／植木ペディア

樹木医／Sakurai

つぼみを乾燥させたものは生薬として、油は抗菌抗炎作用があるとされ薬に使われる。

広葉樹 単葉

アオギリ
(ケナシアオギリ)

Firmiana simplex

アオイ科

樹高：10〜20m
花期：6〜7月
分布：本州（紀伊半島、伊豆半島）、四国（愛媛県・高知県）、九州（大隅半島、奄美大島）などで野生化（原産地：中国南部、東南アジア）

大型で3〜5つに浅く分裂する。
長さ12〜25cm、幅15〜30cm

特徴

葉のふち
［全縁］

葉のつき方
［互生］

常緑／落葉
［落葉］

樹形

幹は直立性で、枝がよく繁茂する。

古くなると灰白色になり縦に筋が入る。
樹皮

大きな半球形で頂芽が大きい。

冬芽

秋に袋果をつけ、成熟前に5つに裂開する。

果実

大きな葉で涼しい木陰をつくる身近な街路樹

　亜熱帯原産の落葉高木。雌雄同株。日本には古くに伝わり四国や九州、紀伊半島や伊豆半島で野生化している。成長が早く耐火性があることから、おもに公園樹や街路樹として利用される。花はひとつの花序に雄花と雌花が混じって咲く。樹皮が緑色であること、葉がキリに似ていることが名前の由来。種子は梧桐子（ごどうし）と称され生薬として利用されている。戦時中にはコーヒーの代わりに利用された。根の粘液は紙漉きのノリに利用されることもある。

花（雄花）

花（雌花）

花弁はなく、雌花は赤みを帯びる。

樹木医/Sakurai

写真：葉／photolibrary、樹形・雌花／植木ペディア、樹皮・雄花・果実・冬芽／ビジオ

中国の伝説の鳥である「鳳凰（ほうおう）」は梧桐の木（アオギリ）に住むとされる。

広葉樹 単葉

アメリカスズカケノキ
（セイヨウボタンノキ）

Platanus occidentalis

スズカケノキ科

樹高：15～20m
花期：4～5月
分布：全国で植栽
　　　（原産地：北米）

［分裂］

掌状に3～5つに
浅く切れ目が入る。

長さ5～20cm、幅8～22cm

特徴

葉のふち
［鋸歯縁］

葉のつき方
［互生］

常緑／落葉
［落葉］

無毛で赤褐色。一枚の鱗片に包まれる。　冬芽

痩果が集まった集合果で球形をしている。　果実

樹形
幹は直立し、高さは15～20mになる。

樹皮
暗褐色で縦に割れ目が入る。

花（雄花）　花（雌花）
雄花は黄緑色、雌花は赤色で、別々の花序につく。

スズカケノキ御三家の中で葉の切れ込みが最浅

　北米原産の落葉高木。原産地では40mに達するものもある。日本には明治時代に渡来し、公園樹や街路樹として利用されている。和名は球状の果実が、山伏が着る篠懸衣（すずかけごろも）の玉飾りに似ていることから名付けられた。別名「ボタンノキ」は英語名のButtonwoodを訳したもの。葉は長さ7～20cm、幅8～22cmで表面には光沢がある。樹皮は荒れたまだら模様になり、同属のモミジバスズカケノキのようなきれいな迷彩柄にはならない。

Jonah Bowdle

写真：葉・冬芽／かのんの樹木図鑑、樹形・樹皮・雄花・雌花・果実／ビジオ

プラタナスグンバイはプラタナスの葉を吸汁し白化させることで被害をもたらしている。

広葉樹 単葉

イタヤカエデ
Acer pictum

ムクロジ科

樹高：15〜25m
花期：4〜5月
分布：本州、四国、九州

[分裂]

長さ、幅が7〜15cmの大きな葉をつける。

長さ7〜15cm、幅7〜15cm

特徴

葉のふち
[全縁]

葉のつき方

[対生]

常緑／落葉

[落葉]

樹形
枝をよく広げ、樹形は大ぶりになりやすい。

樹皮
灰青色で、古くなると縦に浅く裂ける。

花
葉の展開前に、黄緑色の小花を多数つける。

赤紫色の光沢のある鱗片に包まれている。　冬芽

果実　翼果。長い柄のつけ根に2個の種子がつく。

雨宿りができるほどに森で大きな葉を連ねる

　山地に自生する、雌雄同株の落葉高木。カエデの中ではとくに大きく育つ種で、大きいものでは25mに達する。先が5〜7つに浅く割れた葉をつける。和名は、大きな葉が重なり、板屋根のように雨が漏れない様子から名付けられたとされている。葉の切れ込みや毛の有無によって多数の変種が存在する。種子には羽がついており、風に乗って回転しながら拡散する。樹液には多くの糖分を含み、冬場の凍結を防いでいる。樹液からメープルシロップを作ることができる。

写真／葉／近畿地方整備局六甲砂防事務所の画像を編集、樹形・冬芽／植木ペディア、樹皮・花・果実／ビジオ

糖度の高い樹液を出し、アイヌ名のトペニは「乳の出る木」という意味である。

イロハモミジ
（イロハカエデ）

Acer palmatum

ムクロジ科

樹高：10〜15m
花期：4〜5月
分布：本州（福島県以西）、四国、九州の山地

広葉樹 単葉

[分裂]

掌状に5〜9裂し、裂片には鋸歯がある。

長さ4〜6cm、幅3〜7cm

特徴

葉のふち
[鋸歯縁]

葉のつき方
[対生]

常緑／落葉
[落葉]

冬芽 紅褐色の卵形で、2つずつ並んでいる。

果実 熟すと赤い翼果。夏に翼が大きくなる。

樹形 通常は単幹。幹は直立する。

樹皮 若木では緑色。樹齢を重ねると淡い灰褐色に。

花 垂れ下がった花序に暗紅色の花をつける。

紅葉の季節の主人公。モミジを代表する樹木

　日本の秋を真っ赤に彩る、落葉高木。モミジといえば本種を指す。山地のやや湿り気のある沢沿いや斜面に生育し、日当たりのよい場所を好む。庭園などに植栽されることも多い。緑の葉は、黄色に変わりやがて紅葉するのが普通だが、黄色を経ずに赤くなるもの、長く黄色を保つもの…、紅葉のしかたは環境や気候、個体によってさまざまである。葉を展開すると同時に赤い花を咲かせ、プロペラのような形の翼果をつけ、晩秋にひらひらと回転しながら落ちていく。

秋花園芸植木屋やっちゃん

写真／葉／近畿地方整備局六甲砂防事務所の画像を編集、樹形・樹皮・果実／ビジオ、花・冬芽／植木ペディア

7つに裂けた葉の裂片を順に数えると、ちょうどイロハニホヘトになることが名前の由来。

広葉樹 単葉

ウリカエデ
(メウリノキ)

Acer crataegifolium

ムクロジ科

樹高：6〜8m
花期：4〜5月
分布：本州〜九州

[分裂]

分裂葉の各裂片の先端は尾状に尖る。分裂しない葉もある。

長さ4〜8cm、幅3〜5cm

特徴

葉のふち
[鋸歯縁]

葉のつき方
[対生]

常緑／落葉
[落葉]

幹は直立し、分岐する。

樹形

若い樹皮には緑色の筋が入る。

樹皮

花（雄花）

花（雌花）

淡黄色の花をつける。

毛のない楕円形の冬芽をつける。

冬芽

果実　翼果。2個ずつ対になって、プロペラのような形をしている。

小さな葉は、分裂・不分裂…、形がさまざま

　東北南部から九州の温帯地域の山地や丘陵の林内においてやや普通に自生している。葉も実も小さいことで知られているカエデの一種である。とくに葉の形にはさまざまな形が存在しており、通常は小型で3つに浅く裂けた形をしているが、成木の樹冠上部では不分裂の葉が見られたり、徒長枝では5つに裂けている葉も見られることがある。また、春頃には美しい淡黄色の花が枝の先に垂れ下がって咲くことが知られているが、目立たない。

写真：葉・雄花／かのんの樹木図鑑、樹形・樹皮・雌花・果実／ビジオ、冬芽／植木ペディア

秋元園芸植木屋やっちゃん

緑色の樹皮に黒色の筋が入っておりマクワウリに似ていることが名前の由来。

ウリノキ

Alangium platanifolium var. *trilobatum*

ミズキ科

樹高：2〜4m
花期：6月
分布：北海道〜九州

広葉樹
単葉

[分裂]

浅く3つに裂け、葉柄の出る基部がハート型にくぼむ。

長さ7〜20cm、幅7〜20cm

特徴

葉のふち
[鋸歯縁]

葉のつき方
[対生]

常緑／落葉
[落葉]

先が丸く灰褐色の毛が密生している。 **冬芽**

果実 藍色の核果をつけるがあまり目立たない。

樹形
低木、成長すると枝が広がった形をとる。

樹皮
灰色で裂け目が見られる。

花
花弁が巻き上がる形をとる。

花弁が反り返って丸まる不思議な形の花が咲く

　北海道〜九州の温帯地域に自生しており、とくに山地の林内においてやや普通に見ることができる。6月頃には花弁が巻きあがる不思議な形をしている花をつける。また、葉柄が冬芽を包む葉柄内芽であるため、葉があるときには冬芽を見ることができない。通常、大型で浅く三つに裂け葉身基部が深く湾入する形として知られているが、葉形の変異として不分裂の形の葉や5つに裂ける形で裏側には軟毛が多い特徴をもつ葉が存在する。

Linking

写真：葉・樹形・樹皮・花・果実・冬芽／ビジオ

浅く裂けた葉の形がウリの葉に似ていることからその名前がついたとされる。

217

広葉樹 / 単葉

ウリハダカエデ
Acer rufinerve

ムクロジ科

[分裂]

樹高：8～10m
花期：5月
分布：本州～九州

五角形に近い。鋸歯は不揃い。3～5つに裂ける。

長さ8～15cm、幅7～14cm

特徴

葉のふち

[鋸歯縁]

葉のつき方

[対生]

常緑／落葉

[落葉]

樹形
幹は直立する。成長につれ枝分かれが増える。

樹皮
黒い縦縞が入っている暗緑色のなめらかな樹皮。

長卵形。大きさは7～13mmほど

冬芽

果実
翼果が連なって多数つき、翼が直角に開く。

食用にもなる大きな葉。紅葉の中でひときわ目立つ

　本州～九州の山地のやや湿った場所や里山林に育つ。若い木の樹皮がウリのような縞模様を見せることが名前の由来。葉は、厚みのある5角形状葉で、浅く切れ込みが3つ入った裂片が目立つ。秋頃は葉が紅葉や黄葉するものがあり、華やかな印象を残す。5月頃には枝先に小さな花が10～15個の穂状に垂れ下がって咲く。また、翼果は連なってた多数つき、2枚の翼がほぼ直角に開く。兵庫県神河町では、樹液からメープルシロップが作られ、販売されている。

花（雄花）

花（雌花）

花弁が5枚あり、葉が出るときと同時に咲く。

写真／葉／近畿地方整備局六甲砂防事務所の画像を編集、樹形・樹皮・雌花・果実／ビジオ、雄花／かのんの樹木図鑑、冬芽／植木ペディア

材は白く加工しやすいため、こけしや箸、細工物などに利用されている。

オオイタヤメイゲツ

Acer shirasawanum

ムクロジ科

樹高：10m
花期：5月
分布：本州〜四国

広葉樹 **単葉**

[分裂]

同心形。葉の切れ込みが9〜13裂と多い。

長さ5〜9cm、幅6〜10cm

鱗片は4対、敷石状に並ぶ。

 冬芽

果実 果期は7〜9月。翼果がほぼ水平に開く。

イタヤメイゲツより葉が"大板"のカエデ

　低山の林内に生える日本固有の落葉高木。とくに冷涼な山地に多い。頂芽は普通できず、枝には毛が生えていない。花は10〜20個まとまり、雄花と雌花が混在してつく。秋には黄色、赤などに紅葉し、非常に美しい。葉柄は長めで、葉身の半分以上の長さになる。この木が属するハウチワカエデ類はカエデ類の中でも葉の切れ込みの数が9つ以上と多いのが特徴であるが、本種はとくに葉の切れ込みが多く、鋸歯がもっとも鋭く、木の数が少ない。

特徴

葉のふち

[鋸歯縁]

葉のつき方

[対生]

常緑／落葉

[落葉]

樹形
幹はほぼ直立し、枝は分枝する。

樹皮
灰色。縦にすじが入っている。

花
淡黄色。有花枝に頂生し、10〜20個まとめてつく。

写真：葉／一般社団法人日本植木協会、樹形・樹皮／植木ペディア、花・冬芽／山形市野草園、果実／かのんの樹木図鑑

「カエデ」という名前は、葉の形がカエルの手のように見えることが由来といわれている。

広葉樹 単葉 [分裂]

オオモミジ
（ヒロハモミジ）

Acer amoenum var. *amoenum*

ムクロジ科

樹高：10〜15m
花期：4〜5月
分布：北海道〜九州

掌状葉。7裂または9裂で、鋸歯が普通は細かい。
長さ7〜12cm、幅7〜12cm

特徴

葉のふち
[鋸歯縁]

葉のつき方
[対生]

常緑／落葉
[落葉]

冬芽
赤茶色。鱗片は4対で、敷石状に並ぶ。

果実
果翼は平開、ないし鈍角に開く。

樹形
幹はやや傾き、枝を横に伸ばす。

イロハモミジの変種。黄葉して終わる個体もある

　低山の林内や里山に点々と生える落葉高木。一般に「モミジ」というと、本種とイロハモミジ、ヤマモミジのことを指すことが多く、この3種がもっとも紅葉が美しいといわれている。その3種の中でも葉が大きく、鋸歯が細かいのが特徴である。果期は6〜9月。紅葉の色は普通なら赤になるが、橙や黄色になることもある。葉が深裂し、裂片の基部が狭くなるものがフカギレオオモミジ、葉の幅が10cmを越えるものがホロナイカエデと呼ばれることもある。

樹皮
灰褐色。縦すじが入る。

花
暗紫色。有花枝に頂生し、15〜30個まとめてつける。

秋元園芸植木屋やっちゃん

写真：葉／かのんの樹木図鑑、樹形・樹皮・花・果実／ビジオ、冬芽／植木ペディア

本文のモミジ3種から多くの栽培品種が作られ、紅葉名所や社寺などにも多く植栽される。

オヒョウ
（アツシ、アツニ）
Ulmus laciniata
ニレ科

樹高：5〜25m
花期：4〜6月
分布：北海道〜九州

広葉樹　単葉

［分裂］

広倒卵形〜楕円形。
普通は3〜5裂した分裂葉

長さ7〜15cm、幅5〜7cm

特徴

葉のふち

［鋸歯縁］

葉のつき方

［互生］

常緑／落葉

［落葉］

冬芽　暗栗褐色で卵形。鱗片のふちに微毛がある。

果実　円形又は広楕円形の翼果。中央に種子がある。

樹形　幹は直立し、枝葉は横に広がる。

樹皮　淡い灰褐色。縦に浅く裂ける。

花　微紅色を帯びた小さな花。葉腋に多数束生する。

アイヌが織物に使う樹皮が強靭な樹木

　オヒョウは冷温帯の山地の谷沿いに生える落葉高木で、大きいものだと高さ25mに達する。国内では北海道でとくに多い。不分裂葉と葉先部分が不規則に切れ込む分裂葉をつける。葉は重鋸歯で脈腋には多少毛があり、質感は洋紙質でざらつく。花期は4〜6月で前の年の枝の葉腋に微紅色を帯びた小さな花が葉腋に多数束生して咲く。その後5〜7月に円形、または広楕円形の翼果が熟す。材は挽物や食器、強靭な樹皮は織物や縄などに利用される。

写真：葉・樹形・樹皮／ビジオ、花／photolibrary、果実／野幌森林公園、冬芽／植木ペディア

オヒョウの樹皮はアイヌの人達の伝統的な織物であるアッツシの原料になる。

広葉樹 単葉

カクレミノ
（チョウセンカクレミノ）

Dendropanax trifidus

ウコギ科

樹高：3〜8m
花期：7〜8月
分布：本州〜沖縄

[分裂]

日照や成長段階により形はさまざま。葉身は革質。

長さ7〜12cm、幅3〜5cm

特徴

葉のふち
[全縁] 成木
[鋸歯縁] 幼木

葉のつき方

[互生]

[常緑]／落葉
[常緑]

樹形
幹は直立し逆さにしたほうきのような樹形。

緑色。三角錐で扁平、数枚の芽鱗に包まれる。 冬芽

果実 広楕円形の液果。秋に熟し、黒紫色。

樹皮
灰褐色。なめらかで、小さく丸い皮目がある。

樹木医/Sakurai

花
黄緑色で小さい花。枝先で球状に咲く。

状況次第でさまざまな葉。まさに狂言の隠れ蓑

　暖地の沿岸地に生える小高木で、3〜8mほどに成長する。日当たりや成長段階によってさまざまな形の葉をつける。そのため同じ個体でも切れ込み方や葉柄の長さが異なるさまざまな葉がついている。若い株ほど切れ込みのある葉が多く、老木になるほどあまり切れ込まなくなる。雌雄同株で花期は7〜8月で小花が枝先で球状に咲く。秋になると黒紫色の液果が熟す。狂言に登場する隠れ蓑（着ると姿を消せる蓑）に葉の形を見立てたことからこの名がついた。

写真：葉／かのんの樹木図鑑、樹形／植木ペディア、樹皮・花・果実／ビジオ、冬芽／Nao.T

カクレミノの果実はヒヨドリの好物で、糞によって種子を広い範囲に分散させている。

カジノキ

Broussonetia papyrifera

クワ科

樹高：5～10m
花期：5～6月
分布：本州（中部以南）～沖縄

広葉樹
単葉

[分裂]

卵形で厚い葉。裏面には毛がある。

長さ10～20cm、幅7～14cm

特徴

葉のふち

[鋸歯縁]

葉のつき方

[互生]

常緑／落葉

[落葉]

樹形

根元から枝分かれし伸びる。

褐色。筆形で芽鱗に包まれる。　冬芽

球形のクワ状で、大きさは3cmほど。橙色に熟す。　果実

樹皮

黄色を帯びた灰色。皮目は縦に伸びる。

花（雄花）

花（雌花）

雄花は穂のように垂れ下がる。雌花は丸い裸花。

古くからの紙の材料。
平安時代には七夕の短冊に

　山地に生える落葉広葉小高木。大陸から移入され、製紙原料として栽培されていたものが西日本中心に各地で野生化している。雌雄異株で、若い枝の葉の腋に裸花をつける。雌花は紅紫色の細長い花柱が球状に集まる。雄花は4～8cmで黄を帯び尾のように垂れ下がる。鋸歯葉の表面はザラザラとしている。丸い果実は、熟すと赤くなり食べると甘い味がする。平安時代にはこの葉に歌を添えて七夕祭りをしたという。コウゾやヒメコウゾと比べ大きく育つ。

写真：葉／photolibrary、樹形／Nao.T、樹皮・雄花・雌花・果実・冬芽／ベジオ

古くから樹皮が製紙原料（和紙）の原料として用いられる。

広葉樹 単葉

カンボク
（ケナシカンボク）

Viburnum opulus var. *sargentii*

ガマズミ科

樹高：2～7m
花期：5～7月
分布：北海道～九州

[分裂]

広卵形で3つに分裂。
3本の目立った葉脈あり。
長さ4～12cm、幅4～12cm

特徴

葉のふち
[全縁]

葉のつき方
[対生]

常緑／落葉
[落葉]

樹形
小高木で、強風などで乱れやすい。

樹皮
褐色で縦に割れている。

花（両性）
白色の小さな両性花と大きい装飾花をもつ。

冬芽
赤褐色で卵形。
枝に対生し仮頂芽が2つ。

果実
小さく丸い赤い核果を多くつける。

秋の山を彩る赤い果実。
枝葉は爪楊枝や民間薬に

　爪楊枝などの材料に用いられてきた落葉広葉樹。東アジアの北東部に分布し、日本では北日本の山地に多く見られる。山地の中のとくに湿気の多い場所に自生する。枝葉には独特の香気があることが特徴で、煎じた液は切り傷を洗浄する民間薬として用いられてきた。ガクアジサイに似た美しい白色の装飾花が終わると、大量の小さな丸く赤い果実をつける。樹皮は暗褐色で厚く、割れ目が縦に入っている。葉には3本の目立った葉脈がある。

写真：葉・樹形・樹皮・花・果実／ビジオ、冬芽／植木ペディア

和名の「肝木」は民間で薬用として用いられていたことに由来する。

キヅタ
（フユヅタ）

Hedera rhombea

ウコギ科

樹高：5〜10m
花期：10〜12月
分布：北海道（南部）〜沖縄

広葉樹 単葉

［分裂］

尖った卵形。
枝の若さにより葉の形状は異なる。

長さ3〜7cm、幅2〜4cm

特徴

葉のふち

［全縁］

葉のつき方

［互生］

常緑／落葉

［常緑］

樹形
ほかの樹木や岩に沿った形状。

樹皮
茎が樹皮のような役割を果たし、茶色に硬質化。

花
黄緑色で5弁花。数個の花序を生じる。

冬芽
緑色の冬芽が茎の節目に生じる。

果実
液果。大きさは6mmほどで熟すと黒色になる。

一年中葉をつけるつる性木本。樹齢で葉の形が変わる

　低地の山野に生えるほかの樹木や岩などに這う常緑つる性木本。茎から多数の不定根（付着根）を伸ばし、ほかの樹木や岩などに這い上る。日本では北海道南部、本州、四国、九州、沖縄に分布しており、日陰、寒さに強いことが特徴のひとつ。若い枝は葉先が3〜5つ分裂した卵形の葉をつける一方で、古い枝は葉先が裂けていない卵形の葉を付ける。枝の若さによって付ける葉の形状が大きく異なることが特徴。春に6mmほどの大きさの球形の黒い果実を付ける。

ふるさと種子島

写真：葉／photolibrary、樹形・樹皮・花・果実／ビジオ、冬芽／大岩丁穂子

キヅタは一年を通して葉を落とさないため、フユヅタとも呼ばれる。

広葉樹 単葉 [分裂]

コゴメウツギ

Neillia incisa

バラ科

樹高：1～2m
花期：5～6月
分布：北海道（日高地方）、本州、四国、九州

三角状広卵形で、緑色に重鋸歯がある。

長さ2～4cm、幅1～3cm

冬芽

先の尖った卵形で、褐色をしている。

果実

2～3mmの袋果で黒褐色をした果実をつける。

特徴

葉のふち

[鋸歯縁]

葉のつき方

[互生]

常緑／落葉

[落葉]

樹形

株立ち状で、枝をよく広げる。

樹皮

灰褐色で樹皮は縦に薄く剥がれる。

直径は5mmほど。白い花は、まるで小さな米

落葉低木で、林縁や山野の道沿いに見られる。5～6月に白い花をまとめて咲かせる。花弁が10枚あるようにも見えるが、短い5枚はがくであり、長い5枚が花弁である。細かい枝が多く分岐し、若い枝は赤みを帯び、表面には軟毛がある。葉のつけ根部分で枝がやや折れ曲がる。葉は互生し、両面や葉柄には軟毛がある。9～10月に黒褐色の果実をつける。花弁が散ったあともがくが残り、果実がつく。冬芽は互生し、葉痕は三角形。維管束痕は3個ある。

花

直径5mmほどの小さくて白い花を咲かせる。

写真：葉・樹形・樹皮・花・果実／ビジオ、冬芽／植木ペディア

太平洋側には多く自生しているが、日本海側には少ない。

コハウチワカエデ
(イタヤメイゲツ)
Acer sieboldianum

ムクロジ科

樹高：10～15m
花期：5～6月
分布：本州、四国、九州

広葉樹

単葉

[分裂]

切れ込みは深くなく、丸みを帯びる。
——
長さ6～8cm、幅5～10cm

特徴

葉のふち
[鋸歯縁]

葉のつき方
[対生]

常緑／落葉
[落葉]

樹形
幹が細く、枝葉は少ない。

果実
プロペラ状で褐色の翼果をつける。

樹皮
暗灰色で、成木では幹にしわができる。

葉裏の葉脈や葉柄、若枝に細かい毛が生えている

　日本の固有種で、本州・四国・九州の、湿気の多い山地に分布する。葉の裏面の葉脈や葉柄、若い枝に細かい毛が生える。ほかの似たようなカエデには毛が生えないことから、見分ける際のポイントとなる。花はクリーム色で、似ているハウチワカエデは花が赤いことから見分けられる。果実はつき始めは緑色だが、9～10月には褐色に熟す。紅葉は、同じ木につく葉でも場所によって色が異なるため、グラデーションがかかった様子を見ることができる。

花（両性）
花はクリーム色で、花序には細かい毛が生える。

写真：葉／近畿地方整備局六甲砂防事務所の画像を編集、樹形・樹皮・果実／ビジオ、花／かのんの樹木図鑑

秋元園芸植木屋やっちゃん

名前にあるハウチワとは鳥の羽で作られたうちわのことで、天狗がこれをもつとされる。

広葉樹 単葉

[分裂]

シュロ
（ワジュロ）

Trachycarpus fortunei

ヤシ科

樹高：5〜10m
花期：5〜6月
分布：九州南部

葉柄が長く、葉の先端が折れ曲がる。
直径50〜80cm

特徴

葉のふち
[全縁]

常緑／落葉
[常緑]

樹形
幹は直立し、頂部に葉が広がる。

果実
1cmほどの球形の液果が黒く熟す。

樹皮
暗褐色の繊維に覆われている。

花
肉質の円錐花序に黄白色の花をつける。

南国風の雰囲気を醸し出すれっきとした日本原産樹

九州南部に自生し、今では本州にも植栽される常緑高木。現在では庭園だけでなく、公園や民家にも植えられている。温暖な土地を好むため、本来は本州での生育は難しいはずだが、地球温暖化の影響か冬の寒さが和らいだため、本州でも見かけることが多くなった。種子が数多くでき、鳥によって運ばれるため、驚くような場所で生育しているシュロが増えている。小さい株の頃から地中深くに根を張るという特徴があり、小さい株であっても駆除は難しい。

写真：葉／photoAC、樹形・樹皮・花・果実／ビジオ

野生のシュロ（野ジュロ）が爆発的に増えてきており、問題視されはじめている。

スズカケノキ

Platanus orientalis

スズカケノキ科

樹高：10～30m
花期：4～5月
分布：全国で植栽
　　　（原産地：西アジア）

広葉樹 / 単葉
[分裂]

葉身の1/2以上に切れ込みが入る。
——
長さ10～20cm、幅10～20cm

赤褐色をしており、やや光沢がある。 **冬芽**

果実 3.5cmほどの痩果の集合果を複数つける。

樹形
樹高15～20mになり、樹冠は広がる。

樹皮
淡灰褐色で、まだら模様をしている。

花（雄花） **花（雌花）**
4～5月に、淡黄緑色の玉状の花序をつける。

特徴

葉のふち — [鋸歯縁]

葉のつき方 [互生]

常緑／落葉 [落葉]

大きな木陰で人が休める。世界四大街路樹のひとつ

　アジア西部原産の落葉高木。成長が早く、世界中で街路樹として植栽されている。花言葉は「天才」「非凡」とされ、これは古代ギリシャでアテネにあるプラタナス並木で哲学者たちが哲学を説いていたことに由来する。本種は、同属のアメリカスズカケノキやモミジバスズカケノキの中では一番葉の切れ込みが深い。雌雄同株だが雌雄異花である。果期は10月頃で、痩果が多数集まった球形の集合果をつける。通常、3～7個の集合果が縦に連なってぶら下がる。

写真：葉・冬芽／植木ペディア、樹形・樹皮／photoAC、雄花・雌花・果実／ビジオ

NPO法人癒し憩いネットワーク

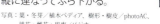

スズカケノキ（プラタナス）は世界四大街路樹のひとつに数えられている。

広葉樹 / 単葉

ダンコウバイ

Lindera obtusiloba

クスノキ科

樹高：3～7m
花期：3～4月
分布：本州（新潟県、関東地方以西）、四国、九州

[分裂]

広卵形で浅く3裂する葉が多い。
長さ5～15cm、幅4～13cm

特徴

葉のふち
[全縁]

葉のつき方
[互生]

常緑／落葉
[落葉]

冬芽

花芽は球形で、葉芽は長楕円形をしている。

果実 — 光沢のある球形の液果をつける。

樹形
樹形は株立ち状で、まばらに枝を広げる。

樹皮
樹皮は暗灰色でなめらかだが、皮目が目立つ。

大きな葉が展開する前に、早春、黄色い花を咲かせる

　山地の明るい場所に自生する落葉低木または小高木。早春の花が少ない時期に香りのある黄色い花を咲かせるため、庭木としても多く使われる。種子には油分が多く、かつて朝鮮半島では油を高級整髪料として利用していた。葉は変異が多いが、通常は浅く3裂する。鋸歯はなく、3本の葉脈が目立つ。雌雄異株で、葉が展開するより早く散形花序に黄色い小花を多数つける。花も花序も雄花の方が大きい。果期は9～10月で、液果が黒紫色に熟す。

花（雄花）

花（雌花）

香りがある黄色い小さな花を多数つける。

写真：葉・樹形・樹皮・雌花・果実・冬芽／ビジオ、雄花／植木ペディア

秋元園芸植木屋やっちゃん

果実や葉が白檀（檀香）のように香り、ウメに似た花を咲かせることから檀香梅の名。

ツタ
（ナツヅタ）

Parthenocissus tricuspidata

ブドウ科

樹高：つる性
花期：6～7月
分布：北海道、本州、四国、九州

広葉樹 / 単葉 [分裂]

葉の形はひとつの個体でもさまざまである。

長さ5～15cm、幅5～15cm

特徴

葉のふち [鋸歯縁]

葉のつき方 [互生]

常緑／落葉 [落葉]

冬芽
大きな葉痕の上に円錐形の冬芽をつける。

果実
藍黒色で球形の液果をつける。食用は不可。

樹形
つる性で、ほかの植物に絡みついて成長する。

樹皮
樹皮は黒褐色で縦筋がある。

花
5枚の花弁をもつ小さな緑色の花を咲かせる。

古くから外壁の装飾として建物に趣を与えてきた樹木

　山地に自生する落葉つる性木本であり、非常に成長が早い。巻きひげの先は吸盤になっている。ツタは落葉性で冬には葉が落ちる。そのことから常緑性で冬でも葉が見られるフユヅタ（キヅタ）に対してナツヅタともいう。葉は花のつく短枝では3裂するが、花のつかない長枝では1～3裂するものや切れ込みのないものまでさまざまである。花期には直径3mmほどの小さな緑色の5弁花をつける。果期は10～11月で直径6mmほどの果実が藍黒色に熟す。

写真：葉／photoAC、樹形・樹皮・花・果実／ビジオ、冬芽／大岩千穂子

平安時代にはツタの樹液を煮詰めて甘味料を作っていたため、「アマヅラ」の別名がある。

広葉樹 単葉

トウカエデ

Acer buergerianum

ムクロジ科

樹高：10〜20m
花期：4〜5月
分布：北海道部以西の日本各地で植栽
（原産地：中国東部）

[分裂]

葉の形状はさまざまだが、先が3裂することが多い。
長さ3〜8cm、幅3〜7cm

特徴

葉のふち
[全縁] 成木
[鋸歯縁] 幼木

葉のつき方
[対生]

常緑／落葉
[落葉]

冬芽
冬芽は先が尖った卵形で褐色をしている。

果実
翼果がついて、冬季まで残る。

樹形
幹は直立し、丸い樹冠になる。

樹皮
樹皮は灰褐色で、縦に剥がれる。

花
花弁が5枚で淡黄色の花を咲かせる。

大気汚染や病害虫に強く、優秀な街路樹になる

中国大陸東部原産の落葉高木で、日本には江戸時代に渡来した。唐のカエデという意味でトウカエデと名がついた。街路樹として多用されるほか、公園樹や庭木、盆栽としても用いられる。紅葉・黄葉が美しい。葉は長さ4〜8cmで先端は尖り、長い葉柄がある。葉の基部から出る3本の葉脈が目立つ。成木ではふちに鋸歯はないが、幼木の葉には鋸歯がある。雌雄同株で、ひとつの散房花序に雄花と両性花が混生する。果期は10月で、翼果は熟すと褐色になる。

写真：葉・樹形・樹皮・果実／ビジオ、花・冬芽／かのんの樹木図鑑

トウカエデは東京都内の街路樹の本数ランキングで4位に入っている。（H31年4月時点）

ノブドウ

Ampelopsis glandulosa var. *heterophylla*

ブドウ科

樹高：5〜8m
花期：7〜8月
分布：北海道〜沖縄

広葉樹 単葉

[分裂]

円形。葉は3〜5裂し、深く裂けるものもある。

長さ8〜11cm、幅5〜9cm

特徴

葉のふち

[鋸歯縁]

葉のつき方

[互生]

常緑／落葉

[落葉]

冬芽

葉痕の中に冬芽がある隠芽。

果実

液果は小さい球形。緑や白、紫、紅紫色など。

樹形

つる状の茎が、節でややジグザグ状に曲がる。

樹皮

暗灰褐色。基部は木質化する。

花

淡緑色の小さな花を多数つける。

山野で見かける
食べられないブドウ

　全国の野山に生える落葉つる性木本。花材として栽培されることがある。大きな特徴として互生する各葉に向かい合って、二又に分かれる巻きひげを出すものがある。秋に熟す果実は、一房の中に白色や青色など複数の色の実がつく。これは液果の中にハエやハチの幼虫が寄生し、虫こぶになっている状態である。そのため生食することはできない。乾燥させた葉はお茶になる。民間では茎葉は慢性腎炎、肝炎など、根は関節痛の漢方薬として利用される。

写真：葉／かのんの樹木図鑑、樹形／photoAC、冬芽／植木ペディア

樹木医Sakurai

熊本県球磨地方では、赤痢の予防・治療に果実をつけたつるを玄関にかける風習があった。

広葉樹 単葉 [分裂]

ハウチワカエデ
（メイゲツカエデ）

Acer japonicum

ムクロジ科

樹高：5～10m
花期：4～5月
分布：北海道～本州

円心形で葉脈は裏面に隆起。厚く、葉柄は短い。

長さ6～13cm、幅7～18cm

特徴

葉のふち [鋸歯縁]

葉のつき方 [対生]

常緑／落葉 [落葉]

冬芽
紅色。3～4枚の芽鱗に包まれている。

果実
風を利用して散布する翼果。7～9月に熟す。

樹形
幹はまっすぐ伸び、枝が広がっていく。

樹皮
灰青色でなめらか。老木になると浅く縦に裂ける。

花
紅紫色。10個ほどの花がまとまって垂れ下がる。

天狗がもつのにふさわしい、名月とともに秋を彩るカエデ

　低山帯から亜高木帯の山野に生えている落葉高木。盆栽として高い人気があり、庭木などにも利用されている。大型の葉を天狗がもつ羽団扇に見立てたのが名の由来。葉の裂片は幅が広い卵形で先端が鋭い。葉身は厚く、表面は粗毛がありしわが目立つ。葉柄は葉身の半分の長さに満たないほど短い。秋には葉先から少しずつ色を変えていくため、黄緑色、黄色、オレンジ色、赤色の多彩なグラデーションが見られる。材は、建築材、器具材、彫刻材として使われる。

写真：葉／かのんの樹木図鑑、樹形・樹皮・花・果実／ビジオ、冬芽／植木ペディア

10～11月に色づく本種は、中秋の名月で紅葉が映えることから名月楓という。

ハナノキ
（ハナカエデ）

Acer pycnanthum

ムクロジ科

樹高：20〜30m
花期：4月
分布：本州（長野県、愛知県、岐阜県）

広葉樹 **単葉**

［分裂］

葉は広卵形で、先が浅く3裂する。
長さ4〜10cm、幅3〜6cm

特徴

葉のふち
［鋸歯縁］

葉のつき方
［対生］

常緑／落葉
［落葉］

冬芽
冬芽は赤みを帯び、芽鱗に覆われる。

果実
果実は翼果で、翼はあまり開かない。

樹形
幹は直立し、枝は斜め上に広がる。

樹皮
樹皮は灰褐色で、成木になると縦に裂ける。

花（雄花） **花（雌花）**
雄花は葉腋に束状につき、雌花は垂れ下がる。

葉が開く前に咲く赤い花。どうしても花の木だ！

　長野県・愛知県・岐阜県の山地に自生する落葉高木。自生地は限られるが、公園樹や街路樹として植栽されることもあるため、自生地以外でも見ることができる。葉は4〜10cmで通常は浅く3裂するが、切れ込みがない葉が混じることもある。雌雄異株で、花期には葉が開く前に赤い花を咲かせる。葉腋に4〜10個の花序を束状につける。雄花の花柄が5〜6mmなのに対し、雌花の花柄は1〜1.5cmと長めである。果期は5月頃で、長い果柄に翼果をつける。

写真：葉・樹形・樹皮・雄花・雌花・冬芽／ビジオ、果実／植木ペディア

撮影・編集　越前町立福井総合植物園プラントピア　福井工業高等専門学校　小木曽晴信

限られた地域にしか自生しておらず、レッドリストでは絶滅危惧Ⅱ類に指定されている。

広葉樹 単葉

[分裂]

ハリギリ
（センノキ）

Kalopanax septemlobus

ウコギ科

樹高：20～25m
花期：7～8月
分布：北海道、本州、四国、九州

葉は枝先に集まり、5～9裂する。
長さ10～30cm、幅10～30cm

特徴

葉のふち

[鋸歯縁]

葉のつき方

[互生]

常緑／落葉

[落葉]

冬芽は卵形または円錐形で芽鱗に覆われる。

冬芽

果実　直径5mmほどの球果が熟すと藍黒色になる。

樹形
幹は直立し、太い枝がまばらに広がる。

樹皮
若木は枝や幹に太くて鋭いトゲがある。

花
散形花序に淡黄色の小さな花が多数つく。

年輪の模様が美しい材は Senの名で輸出されていた

　平地から山地まで自生し、肥沃な土地を好む。若い木は枝や幹にトゲが生えるが、老木になるに従ってトゲがなくなり、樹皮には縦に裂け目が入る。葉は枝の先に集まって互生し、葉身は5～9裂し掌状になる。妖艶には細かい鋸歯がある。新芽は山菜として食用にされる。花期には枝の先端に散形花序をつくり、淡黄色で直径5mmほどの小さな花を多くつける。果期は10月で、直径5mmほどの球形の果実をつける。冬芽は暗紫褐色でつやがある。

写真／葉／松江の花図鑑、樹形・樹皮・冬芽／ビジオ、果実／あきた森づくり活動サポートセンター総合情報サイト

ハリギリは肥沃な土地を好むことから、農地開墾の目印とされていた。

フユイチゴ
(カンイチゴ)
Rubus buergeri
バラ科

樹高：つる性
花期：9〜1月
分布：本州(関東地方南部、新潟県以西)、四国、九州

広葉樹

単葉

[分裂]

葉は広卵形で、浅く3〜5裂する。
長さ5〜10cm、幅5〜10cm

冬芽は葉柄の基部につく。

果実は集合果(キイチゴ状果)で、赤く熟す。

特徴

葉のふち

[鋸歯縁]

葉のつき方

[互生]

常緑／落葉

[常緑]

つる性木本で地表を匍匐する。

枝には毛が密生する。

白い5弁花を横向きにつける。

酸っぱいけれどおいしいクリスマスチェリー

　山地に自生する常緑つる性木本。ほかのつる性木本のように上へ伸びることはせず、地面を這うように伸びる。高さは30cmほどにしかならない。古い茎は木質になる。葉は長さ5〜10cmで葉縁には細かい鋸歯がある。葉の先端は丸みがあり、基部は円心形をしている。葉の両面に短毛が生える。花期には葉腋から伸びた花茎に、7〜10mmほどの花を数個つける。果実は核果が集まった集合果で、直径は1cmほど。11〜1月に赤く熟し、酸味は強いが生食できる。

写真／葉／photoAC、樹形・果実／Sphl、枝・花／植木ペディア、冬芽／松江の花図鑑

葉に白い模様(斑)が入る園芸品種である「三光曙斑」も人気が高い。

広葉樹 単葉

[分裂]

ムクゲ
（ハチス）

Hibiscus syriacus

アオイ科

樹高：2〜3m
花期：8〜9月
分布：北海道（中南部）、本州、四国、九州で植栽
（原産地：中国）

葉は菱形状卵形で、浅く3裂する。

長さ4〜10cm、幅2.5〜5cm

特徴

葉のふち

[鋸歯縁]

葉のつき方

[互生]

常緑／落葉
[落葉]

冬芽 冬芽は裸芽で、毛が密生する。

果実は卵形の蒴果で、星状毛が密生する。 **果実**

樹形 幹は株立ち状で、枝は斜め上に広がる。

樹皮 樹皮は灰白色または茶褐色で縦に浅く裂ける。

樹木医Sakurai

花 白やピンクの5弁花を咲かせる。

花が次々と開花して、花期には絶えず花が咲く

　中国が原産地とされる落葉低木で、日本では庭木や街路樹、公園樹などとして利用されている。ブッソウゲと同じくアオイ科フヨウ属であり、花の雰囲気も似ている。枝はしなやかであり、手で折るのは難しい。多くの園芸品種があり、色や花弁の枚数はさまざまである。葉身は4〜10cmであり、先端は鈍く尖る。基部から出る3本の葉脈が目立つ。葉縁には大きな鋸歯がある。花は直径5〜10cmで、葉腋に花をつける。果実は蒴果で、10月頃に熟し5裂する。

写真：葉・樹形・樹皮・花・果実／ビジオ、冬芽／PIXTA

ムクゲの花は一日花で、1日咲くと散ってしまうが、花は次々と開花する。

[広葉樹 単葉]

モミジイチゴ
（キイチゴ）

Rubus palmatus var. *coptophyllus*

バラ科

樹高：1〜2m
花期：4〜5月
分布：本州（中部地方以北）

[分裂]

葉は3〜5裂するが、形は個体差が大きい。

長さ3〜7cm、幅2.5〜4cm

特徴

葉のふち

[鋸歯縁]

冬芽
冬芽は光沢のある紅紫色をしている。

葉のつき方

[互生]

果実
球形に核果が集合。橙黄色に熟す。

常緑／落葉

[落葉]

樹形
株立ち状になり、よく枝分かれする。

樹皮
樹皮は緑褐色で、小さいトゲがある。

花
白い花がひとつずつ下向きに咲く。

イチゴに似た黄色い果実は小熊が大好き

　日当たりのよい山地や林縁、土手や雑木林など、身近な場所にも自生する落葉低木。果実は生食だけでなく果実酒やジャムにも使われる。ツキノワグマが子熊に本種の果実を食べさせ、夢中になっている間にそっと離れて子別れするという「イチゴ落とし」がマタギたちの間では知られている。葉には鋸歯があり、花期には2〜3cmの5弁花を咲かせる。果期は5〜6月で、果実は核果が集まった1〜1.5cmのキイチゴ状果である。

写真：葉／Alpsdake、樹形／あきた森づくり活動サポートセンター総合情報サイト、樹皮／県立あいかわ自然公園、花・冬芽／植木ペディア、果実／photoAC

キイチゴ類の中でもとくに果実がおいしいとされ、食用にするために植栽する場合もある。

広葉樹 単葉

モミジバスズカケノキ
（カエデバスズカケノキ）

Platanus × *hispanica*

スズカケノキ科

樹高：15～20m
花期：4～5月
分布：全国で植栽

葉には葉身の1/2程度の切れ込みが入る。
長さ4～11cm、幅7～22cm

[分裂]

特徴

葉のふち
[鋸歯縁]

葉のつき方
[互生]

常緑／落葉
[落葉]

冬芽
葉柄内芽で、冬芽は丸い葉痕に囲まれる。

果実
痩果。球形で黄褐色に熟す。

樹形
成長が早く、枝を多く広げる。

樹皮
樹皮は鱗片状に剥がれ落ちまだら模様になる。

花（雄花） **花（雌花）**

葉腋から花序軸を出し、花序を数個つける。

街路樹として人気が高い、通称はプラタナス

　スズカケノキとアメリカスズカケノキの交配種。落葉高木で、プラタナスとも呼ばれる。樹皮はまだら模様になり、灰白色や暗褐色、淡緑色が混ざった幹になる。葉は掌状に浅く3～5裂する。葉の長さは6～20cmである。広卵形で、葉縁には粗い鋸歯がある。葉の先端は鋭く尖る。花期には花序軸に球形花序を1～3個つけ、雄花序は黄緑色を帯び、雌花序は赤い柱頭が目立つ。果実は痩果が集まった複合果で、1～3個が連なり10～11月に熟す。

写真：葉・樹形・樹皮・雄花・雌花・果実／ビジオ、冬芽／植木ペディア

モミジバスズカケノキの学名には×が入るが、これは交雑種であることを表している。

ヤツデ

Fatsia japonica

ウコギ科

樹高：3〜5m
花期：10〜11月
分布：本州（関東地方南部以西）、四国、九州、沖縄

広葉樹 / 単葉 ／ [分裂]

葉は深く7〜11裂する。

直径20〜40cm。

特徴

葉のふち ― [鋸歯縁]

葉のつき方 ― [互生]

常緑/落葉 ― [常緑]

樹形

1〜3本の幹を出し、あまり枝分かれしない。

葉芽は3〜4枚の芽鱗に包まれる。 冬芽

果実 液果。小さな球形で、熟すと黒色になる。

庭で親しまれる日本固有種。今日、海外で人気になった

海岸近くの山林などに自生する常緑低木。日陰に強く、日当たりの悪い場所でも生育できる。また、庭木や庭園樹としてもよく植栽される。葉は20〜40cmの大きな円形で、葉縁には粗い鋸歯がある。葉には光沢があり、厚みがある。花期には球状の散形花序が集まって大きな円錐花序をつくる。花は5mmほどの白い5弁花である。雄しべが伸びる雄性期のあとに、雌しべが伸びて雌性期が来る。果実は3mmほどの球形の液果で、翌年の4〜5月に黒く熟す。

樹皮

樹皮は灰褐色で、幹には落葉痕が残る。

花（雄花）　花（雌花）

花序に白い小さな花を多数つける。

写真：葉／はなどんや、樹形・樹皮・果実／ビジオ、雄花・雌花・冬芽／植木ペディア

樹木医Sakurai

日本固有種だが19世紀半ばにヨーロッパに渡り、今も海外でも人気がある。

広葉樹 単葉

[分裂]

ヤマグワ
（シマグワ）

Morus australis

クワ科

樹高：10～15m
花期：4月
分布：北海道、本州、四国、九州

葉は分裂しない場合と3～5裂する場合がある。

長さ6～14cm、幅4～10cm

特徴

葉のふち

[鋸歯縁]

葉のつき方

[互生]

常緑／落葉

[落葉]

樹形
幹は直立し、枝を斜め上に広げる。

冬芽
冬芽は卵形で淡褐色をしている。

果実
複合果（クワ状果）。長い花柱が残っている。

樹皮
樹皮は灰褐色で、皮目が目立つ。

花（雄花）

花（雌花）

雄花序、雌花序はどちらも葉腋にひとつつく。

甘くておいしい果実は鳥たちにも大のごちそう

　山地や丘陵地に自生する落葉低木または高木。クワの葉はカイコの食草で、養蚕のために栽培もされていた。葉は不分裂のものと分裂するものがあり、分裂するものの中でも変化に富む。葉先は細長く尖り、葉縁には鋸歯がある。葉の表面は脈状に毛が散生し、裏面も葉脈上に短毛がある。雌雄異株で、花期には葉腋にひとつずつ花序をつける。雌花序よりも雄花序の方が長い。果期は6～7月で、1～1.5cmの楕円形のクワ状果が赤色～黒褐色に熟す。生食できる。

写真：葉／Misterdoctor706、樹形・樹皮・雄花・雌花・果実・冬芽／ビジオ

カイコはクワの葉を好み、カイコが食う葉ということでクワの名がついたという説がある。

ヤマブドウ

Vitis coignetiae

ブドウ科

樹高：つる性
花期：6月
分布：北海道、本州、四国

広葉樹

単葉

[分裂]

葉は心円形で、浅く3〜5裂する。

長さ10〜30cm、幅10〜25cm

特徴

葉のふち

[鋸歯縁]

葉のつき方

[互生]

常緑／落葉

[落葉]

冬芽
冬芽は暗褐色で芽鱗に覆われる。

果実
球形の液果が房状につき、黒紫色に熟す。

樹形
巻きひげでほかの植物に絡みついて成長する。

樹皮
樹皮は濃褐色で、縦に薄く剥がれる。

寒冷地に多い、野生のブドウの代表格

　山地に自生する落葉つる性木本で、寒冷地に多く自生する。エビはブドウの古語とされ、古くはヤマブドウをエビカズラと呼んでいた。ヤマブドウのような色を葡萄色（えびいろ）というのはそのためである。葉は長さ10〜30cmで、葉縁には浅い鋸歯がある。基部からは5本の掌状脈が出る。雌雄異株で、長さ15〜20cmの円錐花序に緑黄色の小さな5弁花を多くつける。果期は10月頃で、8mmほどの球形の液果が房状になって垂れ下がる。生食でき、ワインもつくられる。

花（雄花）

花（雌花）

円錐花序に緑黄色の小花を多数つける。

写真／葉／植木ペディア、樹形・樹皮・雄花・雌花・冬芽／能代市 風の松原、果実／photoAC

果実はジュースやジャム、ワインの醸造にも使われ、おもに東北地方で多く栽培される。

広葉樹 単葉

[分裂]

ヤマモミジ
（ホンドウジカエデ）

Acer amoenum var. *matsumurae*

ムクロジ科

樹高：5〜10m
花期：5月
分布：北海道、本州（青森県〜島根県のおもに日本海側）

葉は掌状に深く5〜9裂する。
長さ5〜10cm、幅5〜10cm

特徴

葉のふち

[鋸歯縁]

葉のつき方

[対生]

常緑／落葉

[落葉]

冬芽

冬芽は紅色で、芽鱗に包まれる。

果実

果実は翼果で、鈍角に開く。

樹形

幹は直立し、上部でよく分枝する。

樹皮

樹皮は暗灰褐色で、成木では縦に浅く裂ける。

花

複散房花序に雄花と両性花が混生する。

秋元園芸植木屋やっちゃん

イロハモミジとともに、日本のカエデを代表する

　日本海側の山地に多く自生する落葉高木。やや湿り気のある場所に好んで生育する。イロハモミジの亜種・変種とされる説と、オオモミジの変種とされる説がある。葉は変異が大きいが、一般的にイロハモミジよりは大きめである。掌状に5〜9裂する。葉縁には欠刻状の重鋸歯がある。雌雄同株で、葉の展開よりも早く複散房花序に小さな淡黄色または淡紅色の5弁花を多数咲かせる。果実は翼果で、6〜9月に熟す。

写真／葉／広島県緑化センター、樹形・樹皮／五十嵐芙彩、花／植木ペディア、果実／GREEN PIECE、冬芽／木もどり.com

日本海側に多く多雪地に適応した、亜種・変種のカエデ類であると考えられる。

ユリノキ
（チューリップノキ）

Liriodendron tulipifera

モクレン科

樹高：20〜30m
花期：5〜6月
分布：全国で植栽
　　　（原産地：北米東部）

広葉樹 / 単葉 / [分裂]

葉は特殊な切れ込みが入り4〜6裂する。

長さ10〜15cm、幅6〜8cm

冬芽
冬芽は扁平な楕円形をしている。

果実
果実は翼果が集まった集合果。

特徴

葉のふち [全縁]

葉のつき方 [互生]

常緑/落葉 [落葉]

樹形
幹は直立し、よく分枝する。

樹皮
樹皮は灰褐色で、縦に浅く裂け目が入る。

花
チューリップやユリのような花を咲かせる。

花の形はユリから遠い、葉の形が独特の樹木

　北米原産の落葉高木。日本では街路樹や公園樹として植えられていることが多い。ユリノキは明治時代に日本に持ち込まれたが、東京国立博物館には明治14年に植えられたユリノキが残っており、ユリノキの博物館ともいわれる。葉は先端がややくぼむ形をしており、よく半纏に似ていると表現される。花は鐘形で、6枚の花弁の基部には橙色の模様が入る。果期は10月頃で、翼果が集まった集合果であり、熟すと崩れて外側部分がコップ状に残る。

写真：葉／I. EncycloPetey、樹形・果実・冬芽／ビジオ、樹皮／五十嵐芙彩、花／植木ペディア

樹木医Sakurai

ユリの花に似た花をつけるためこの名がついた。英名ではチューリップツリーと呼ばれる。

広葉樹 複葉

アオダモ
（コバノトネリコ）

Fraxinus lanuginosa

モクセイ科

［羽状複葉］

樹高：5〜15m
花期：4〜5月
分布：北海道、本州、四国、九州

質は薄く、裏面の脈上に毛が生えるが表面は無毛。

長さ10〜20cm、
小葉／長さ4〜10cm・幅1.5〜3.5cm

特徴

葉のふち　［鋸歯縁］

葉のつき方　［対生］

常緑/落葉　［落葉］

樹形　株立ちすることが多く、幹は細い。

果実　暗赤紫色の翼果で風によって運ばれる。

冬芽　灰褐色の卵形で褐色の毛が密に生える。

樹皮　灰褐色で白みを帯びており、なめらか。

秋元園芸植木屋やっちゃん

花　枝先の花序に多数の白い花をつける。

地衣類が付着した樹皮もそれはそれで美しい街路樹に

　亜熱帯性の落葉高木。耐寒性や大気汚染に強く、街路樹によく利用される。成長が遅いため、大木では樹皮の表面に地衣類が付着して模様のように見えることが多い。樹皮には抗酸化物質・エスクリンが含まれ、表皮を剥ぐと緑色の木肌が現れる。切り枝を水に浸すと水が淡い青みを帯びることからアオダモと名付けられたとされている。ひとつの株に白〜クリーム色の小さな雄花と両性花が円錐状に集まるが、2日目に終わる。毎年咲くとは限らない。

写真：葉・花／photoAC、樹形・樹皮／ビジオ、果実・冬芽／植木ペディア

材は丈夫で粘性と弾力性に富み、木製バットの材料として知られる。

イタチハギ
(クロバナエンジュ)

Amorpha fruticosa

マメ科

樹高：2〜5m
花期：5〜6月
分布：全国

広葉樹
複葉

[羽状複葉]

薄く全縁で、裏面の葉脈上に毛がある。

長さ10〜30cm、
小葉／長さ3〜3.5cm・幅およそ6mm

特徴

葉のふち
[全縁]

葉のつき方
[互生]

常緑／落葉
[落葉]

樹形
株立ちし、枝を上部によく伸ばす。

果実
豆果。表面には多数のイボが見られる。

冬芽
先端が尖った卵形で、枝に伏生してつく。

尻尾のような花穂がかわいい、生命力あふれる樹木

北米、メキシコ原産の落葉低木。和名は、花穂がイタチの尻尾に似ていることから名付けられた。窒素固定を行う根粒菌と寄生しているため、土壌改良にも利用されている。痩せ地でもよく育ち、乾燥や高温に強い。河原などで野生化した個体を目にすることができる。葉は互生し、小葉が羽状に並ぶ。春には、枝先から6〜20cmの穂状花序を出し、黒色の両性花を多数咲かせる。果実は褐色の殻の中に1〜2個の種子が入っているが、裂開することはない。

樹皮
緑がかっており、多数の皮目が目立つ。

花
黒紫色の花糸の先に黄色の葯がつく。

写真：葉・樹形・樹皮・果実／かのんの樹木図鑑、花・冬芽／植木ペディア

わびちゃんねる制作チーム

侵略性が強く、外来生物法で要注意外来生物に指定されている。

エンジュ

Styphnolobium japonicum

マメ科

広葉樹／複葉／[羽状複葉]

樹高：15～20m
花期：7～8月
分布：北海道～沖縄

柔らかな卵形で、葉先が尖っている。

長さ12～25cm、小葉／長さ2.5～5cm・幅1.5～2.5cm

特徴

葉のふち：[全縁]

葉のつき方：[互生]

常緑／落葉：[落葉]

冬芽　葉痕の中に冬芽が隠れている隠芽。

果実　豆果。熟すと半透明の淡黄色になる。

樹形　幹はまっすぐ伸び、全形は楕円形。

樹皮　暗灰褐色で、縦に割れ目が入る。

花　旗弁の中央部が黄色を帯びる。蝶形花。

花、果実、幹が多様に使われる高貴な渡来樹

　中国原産の落葉高木。樹高は20mほどに成長する。日本には古い時代に渡来し、街路樹や庭木として植えられている。7～8月に花序の長さが30cmに達する、淡黄白色の花が枝の先に多数咲き、その姿は花火を彷彿とさせる。10～11月にさやが数珠状にくびれた果実ができて垂れ下がる。果実の内部は肉質で粘りがある。さまざまな用途で利用されている樹木で、花やつぼみは薬用や染料に、果実は石鹸の代用に、木材は建築材、細工物に使われている。

写真：葉／PIXTA、樹形・樹皮・花・果実／ビジオ、冬芽／植木ペディア

Henry Goodridge (Dime Store Adventures)

中国では大臣の座る位置を示した高貴な木とされ、そこから立身出世の縁起木となった。

広葉樹 複葉

[羽状複葉]

オニグルミ
(カラフトグルミ)

Juglans mandshurica var. *sachalinensis*

クルミ科

樹高：7〜25m
花期：5〜6月
分布：北海道〜九州

大型の羽状複葉。
有毛、ふちには小型で鈍い鋸歯。
──
長さ40〜60cm、
小葉／長さ8〜18cm・幅3〜8cm

特徴

葉のふち

[鋸歯縁]

葉のつき方

[互生]

常緑／落葉

[落葉]

冬芽　褐色。円錐形で先が尖り、毛が密生する。

果実　球形で黄褐色の核果。褐色の毛が密生する。

樹形　幹は低い位置で分岐し横広になる。

樹皮　やや緑を帯びた褐色で縦に裂ける。

花(雄花)　花(雌花)
雄花は緑色で下垂、雌花は濃赤色で上向き。

日本のクルミで唯一食用に。縄文人も食べていた

　山地の緩やかな川沿いに多く自生する落葉高木。大きいものでは25mほどに成長する。大きな羽状複葉を構成する小葉柄が短く、隣り合う小葉同士が重なることが多い。葉軸には褐色の星状毛や腺毛が多く生えており、ややべたつく。雌雄異株で花期は5〜6月。果実は9〜10月に熟す。核果の表面には褐色の毛が密生する。核は卵形〜楕円形でしわがある。一晩水に漬けた核を煎り、中の種子を取り出して食用にする。材は家具などに利用される。

写真／葉／Nao T、樹形・樹皮・雄花・雌花・果実・冬芽／ビジオ

オニグルミの種子は川を流れて散布されるほか、リスなどに運ばれることもある。

広葉樹
複葉

キハダ
(ヒロハノキハダ)

Phellodendron amurense var. *amurense*

ミカン科

樹高：10〜25m
花期：5〜7月
分布：本州〜沖縄

[羽状複葉]

特徴

葉のふち
[全縁]

葉のつき方
[対生]

常緑／落葉
[落葉]

複葉で長楕円形。
5〜10枚程度。
葉縁が波打っている。

長さ20〜40cm、
小葉／長さ5〜10cm・幅3〜5cm

冬芽

褐色で半球形の鱗芽。
葉が落ちると姿を現す。

果実
球形の核果。
大きさは10mmほどで、
熟すと黒色になる。

樹形
枝が上部に伸び、逆三角形のシルエット。

樹皮
褐色でコルク質。縦に溝ができる。

花（雄花）　花（雌花）
黄緑色の小さい花を複数つける。円錐花序を生じる。

花はミツバチ、葉はチョウ、果実は野鳥から愛される

　山地の沢沿いに生える落葉広葉樹の高木。名前は、樹皮をはがすと見える内皮が黄色であることに由来している。内皮はオウバクと呼ばれる生薬に用いられる。日本では本州、四国、九州、沖縄に分布している。成木の樹皮は褐色で縦の深い溝が特徴だが、若い木の樹皮は赤褐色で表面はなめらかであることが特徴。先端が尖った小葉が構成する羽状複葉には独特の臭みがあり、チョウの幼虫が好んで食べる。花はハチから好まれ、蜜源植物としても有用。

写真：葉／PIXTA、樹形・樹皮・果実・冬芽／ビジオ、雄花・雌花／植木ペディア

黄色い内皮は苦味があり、このことからキハダはニガキと呼ばれることもある。

ギンヨウアカシア
（ハナアカシア）
Acacia baileyana

マメ科

樹高：5～10m
花期：2～3月
分布：本州～沖縄

広葉樹
複葉

［羽状複葉］

羽状の複葉。表面が白っぽい。

長さ3～6.5（10）cm、
小葉／長さ3～9mm・幅0.7～1.6mm

特徴

葉のふち
［全縁］

葉のつき方
［互生］

常緑／落葉
［常緑］

樹形
枝が四方八方に伸び、散らかったような形状。

果実 平たいさやに入った豆のような果実。

葉が銀色のように見える オーストラリア原産の常緑樹

　オーストラリア原産の常緑樹の高木。日本には明治時代にもたらされた。名前の由来は、葉が銀色を帯びていることから。樹高は5～10mほど。幹が比較的柔らかく、枝葉の茂り具合によっては地面に接するほどに枝が曲がることもある。そのため、栽培の際には枝の剪定がほぼ必須となる。たいへん鮮やかな山吹色の小花を春先に咲かせ、その後、長さ5～12cmほどの平たい豆果をつける。果実のさやの表面は粉を吹いたようであるが、熟すと褐色になる。

樹皮
褐色。縦に割れている。

花
山吹色の小花。4mmほどで、多数集まり垂れ下がる。

ハルアワセ

写真／葉／PIXTA、樹形・樹皮・花／ビジオ、果実／植木ペディア

根の張りが浅いため、幹の柔らかさと合わさって倒れやすいので注意が必要。

広葉樹
複葉

ゴンズイ

Staphylea japonica

ミツバウツギ科

樹高：5～6m
花期：5～6月
分布：本州（関東地方以西）、四国、九州、沖縄

[羽状複葉]

奇数羽状複葉で、小葉は狭卵形である。
——
長さ10～30cm、
小葉／長さ4～9cm・幅2～5cm

特徴

葉のふち

[鋸歯縁]

葉のつき方

[対生]

常緑／落葉

[落葉]

樹形
枝ぶりは荒々しく、大ぶりになりやすい。

冬芽
冬芽は鱗芽であり、暗紅紫色をしている。

果実
果実は袋果で、熟すと裂けて種子が出る。

樹皮
樹皮は灰褐色で、皮目が縦に走る。

花
分岐した円錐花序に淡黄緑色の花をつける。

ふるさと種子島

真っ赤な果実が熟すと中から種子が顔を出す

　山地に自生する落葉小高木で、林縁部や二次林など、日当りのよい場所を好む。葉は奇数羽状複葉で、小葉の先は細長く尖り、葉縁には低い鋸歯がある。花期には長さ15～20cmの円錐花序を出し、淡黄緑色の小花を多数つける。花弁とがく片はともに5枚。果期は9～10月で、でき始めの果実は緑色だが、熟すと赤くなり裂ける。裂けると中から黒色で光沢のある種子が顔を出す。花は淡黄緑色で目立たないが、果実は赤色でよく目立ち、見つけやすい。

写真：葉・樹皮・花・果実・冬芽／ビジオ、樹形／植木ペディア

木材は柔らかく利用されることは少ないが、キクラゲ栽培の原木には使われる。

サイカチ

Gleditsia japonica

マメ科

樹高：12〜20m
花期：5〜6月
分布：本州(中部地方以西)、四国、九州

広葉樹
複葉

[羽状複葉]

羽状複葉で、長楕円形の葉をつける。
長さ20〜30cm、小葉／長さ3.5〜5cm・幅1.2〜2cm

特徴

葉のふち

[鋸歯縁]

葉のつき方

[互生]

常緑／落葉

[落葉]

樹形
幹は直立し、枝がよく開く。

冬芽
トゲの下に半球形や円錐形の冬芽をつける。

果実
長い枝豆がねじれたような形をしている。

幹や枝に多数の大きなトゲをもつ樹木

本州の中部地方以西、四国、九州の山野や河原に分布する。木の幹や枝には大きなトゲがあり、大きいときで15cmにも達する。葉は偶数羽状複葉で、枝の先端に葉がない。花期は5〜6月で、雌花、雄花、両性花のすべてを同じ枝につける。花弁が4枚あり、黄緑色で小さい花を総状に多数咲かせる。果期は10〜11月で、長い枝豆がねじれたような形をしている。豆果は30cmほどあり、日本のマメ科の植物の中では最大とされている。熟するとさやごと落ちる。

樹皮
暗灰褐色で皮目が多く、大きなトゲがある。

花（雌花）
黄緑色の小さな花を多数つける。

写真／葉／能代市 風の松原、樹形・樹皮・雌花・果実／ビジオ、花・冬芽／植木パディア

果実のさやにはサポニンが含まれ、水につけると泡立つため、石鹸として使われていた。

広葉樹
複葉

サンショウ
（アツカワザンショウ）

Zanthoxylum piperitum

ミカン科

樹高：2〜4m
花期：4〜5月
分布：北海道、本州、四国、九州

[羽状複葉]

卵状長楕円形で、葉縁には鋸歯がある。

長さ5〜18cm、
小葉／長さ1.5〜4cm・幅0.6〜1.4cm

特徴

葉のふち

[鋸歯縁]

葉のつき方

[互生]

常緑／落葉

[落葉]

樹形
幹は直立し、枝分かれは多くない。

果実
紅色の果実が熟すと裂けて種子が出てくる。

冬芽
球形で裸芽。毛に覆われている。

樹皮
灰褐色で、トゲまたはこぶがある。

和食に欠かせない香辛料が採れる樹木

北海道〜九州まで分布する落葉低木。暑さにも寒さにも強く、山地や平地に自生する。香辛料として重宝されていることから、家庭で栽培されることも多い。葉は奇数羽状複葉で互生する。若葉には黄緑色の模様が現れる。ミカン科の植物のため、鋸歯の間に油点があり、葉を揉むとよい香りがする。葉はナミアゲハなどのアゲハの仲間に好まれる。若い木にはトゲがあり、トゲは対生する。成木になり幹が太くなるとトゲは落ち、こぶ状の突起だけが残る。

花（雄花）

花（雌花）

枝先に小さな黄緑色の花を多数つける。

写真：葉／photolibrary、樹形・樹皮・雄花・雌花・果実・冬芽／ビジオ

トゲが落ちるとこぶができるが、太くてこぶがある幹はすりこぎに使われることが多い。

シマトネリコ
(タイワンシオジ)

Fraxinus griffithii

モクセイ科

樹高：15〜20m
花期：5〜6月
分布：沖縄

広葉樹 / 複葉

[羽状複葉]

奇数羽状複葉で、葉は楕円形をしている。

長さ10〜25cm、小葉／長さ3〜10cm・幅2〜4cm

特徴

葉のふち ― [全縁]

葉のつき方 [対生]

常緑／落葉 [常緑]

樹形

株立ち状で、逆八の字のような樹形になる。

樹皮

灰褐色で、大木になるとまだらに剥がれる。

花

枝先に白い小さな花を房のように咲かせる。

果実

2.5〜3cmの倒披針形の翼果を多数つける。

冬芽

裸芽で細かい毛が生えている。

フェルトのような質感の冬芽がつく樹木

　沖縄県に自生する常緑高木。1990年代までは本土では珍しい樹木であったが、温暖化の進行などもあり、現在では関東地方でも植栽されるようになった。花期は5〜6月で、雌雄異株。その年の枝に短い毛のある花序をつけ、白い小花を咲かせる。花冠は4つに裂ける。果期は8〜9月で、細長い小さなさやのような翼果を多数つける。果実が開いて種子を飛ばすことはせず、風に乗って散布される。冬芽はフェルト質で、小さな葉が向かい合う。

樹木医Sakurai

写真：葉／photolibrary、樹形・樹皮・果実／ビジオ、花／photoAC、冬芽／大岩千穂子

元々は亜熱帯の植物なので、寒冷地では越冬できない。関東地方が植栽の北限。

広葉樹
複葉

ジャケツイバラ
（ウンジツ）

Biancaea decapetala

マメ科

樹高：つる性
花期：5〜6月
分布：本州（山形県、福島県以西）、四国、九州、沖縄

[羽状複葉]

偶数羽状複葉で、葉は長楕円形。

長さ20〜40cm、
小葉／長さ1〜2.5cm・幅0.5〜1.0cm

特徴

葉のふち

[全縁]

葉のつき方

[互生]

常緑／落葉

[落葉]

樹形
大きく伸びるつるで成長する。

樹皮
灰褐色で、枝には鋭いトゲがある。

花
5枚の花弁の黄色い花を横向きに開く。

ふるさと種子島

冬芽
裸芽であり、茶色の毛が密生する。

果実
長さ10cmほどの豆果をつける。

ヘビをも刺してしまう
鋭いトゲをもつ、つる性木本

　山野や川原の日当たりのよい場所に自生する落葉つる性木本。幹には太いトゲが多数ある。葉の表面には細かい毛が生える。花期は4〜6月で枝先から長さ20〜30cmの総状花序を上向きに出す。花弁は5枚で黄色く、上の1枚には赤い筋が入る。雄しべが赤く目立つ。10〜11月に長さ10cmほどの豆果をつけ、熟すと上向きに開く。冬芽は裸芽、茶色の縮れた毛が多く生える。数個の冬芽が縦に並ぶが、成長するのは一番上の冬芽で、ほかは予備である。

写真：葉／かのんの樹木図鑑、樹形・樹皮・花・果実／ビジオ、冬芽／植木ペディア

宮城県や新潟県では絶滅危惧種に指定されており、探すのが難しい。

センダン
（アウチ）

Melia azedarach

センダン科

樹高：5〜20m
花期：5〜6月
分布：本州（伊豆半島以西）、四国、九州、沖縄

広葉樹 複葉

[羽状複葉]

奇数羽状複葉で、卵状楕円形をしている。

長さ30〜80cm、
小葉／長さ3〜6cm・幅1〜2.5cm

冬芽 冬芽は半球形で細かい毛に覆われている。

果実 長楕円形の核果で、直径1.5〜2cmほど。

特徴

葉のふち [鋸歯縁]

葉のつき方 [互生]

常緑／落葉 [落葉]

樹形 枝は四方に広がって伸び、傘状の樹形になる。

樹皮 黒褐色で、樹皮は縦に裂け目が入る。

花 淡紫色の小さな花を多数つける。

初夏、淡紫色の花が咲く、香木の栴檀とは別の樹種

　本州の伊豆半島以西、四国、九州、沖縄に分布する落葉高木。暖地の海岸近くによく自生する。若いセンダンの樹皮は白っぽく皮目が目立つが、幹が太くなると黒褐色になり縦に裂けるようになる。葉は羽状複葉で、小葉には鋸歯がある。5〜6月に直径2〜3cmの5弁花をつける。10本ある雄しべが合着しており、中央には紫色の筒状になった雄しべが見られる。9〜12月頃には、黄白色の果実がなる。冬芽は小さく、下の葉痕の方が目立つことが多い。

樹木医/Sakurai

写真：葉／近畿地方整備局六甲砂防事務所の画像を編集、樹形・樹皮・花・果実・冬芽／ビジオ

センダンの果実は、整腸や腹痛治療の漢方に使われ、「苦練子」と呼ばれる。

広葉樹 複葉

[羽状複葉]

タラノキ

Aralia elata

ウコギ科

樹高：3～5m
花期：8～9月
分布：北海道、本州、四国、九州、沖縄

卵形または楕円形で、葉縁には粗い鋸歯がある。

長さ50～100cm、
小葉／長さ5～12cm・幅2～7cm

特徴

葉のふち

[鋸歯縁]

葉のつき方

[互生]

常緑／落葉

[落葉]

樹形
幹は直立し、あまり分岐しない。

冬芽
冬芽は円錐形で大きい。

果実
黒色で球状の小さな液果がつく。

樹皮
樹皮は灰褐色で、鋭いトゲが多くつく。

若芽＝タラの芽の人気は、山菜のなかでも王様級

　山地に自生する落葉低木で、とくに崩壊地や荒れ地などを好んで群生する。タラノキはタラノメの名で山菜がよく知られており、「山菜の王様」とも称される。葉は奇数2回羽状複葉で、枝先に集まり傘のように大きく葉を開く。枝だけでなく葉軸にもトゲが多い。葉の両面に毛がある。花期には長さ30～50cmほどもある総状花序を多数つけ、淡緑白色で3cmほどの5弁花を咲かせる。果期は9～10月頃で、直径3mmほどの液果が黒色に熟す。

花
長さ30～50cmほどの総状花序をつける。

ふるさと種子島

写真：葉／かのんの樹木図鑑、樹形・樹皮・花・果実・冬芽／ビジオ

栽培されるのは幹にトゲが少なく葉裏に毛が多いメダラであることが多い。

ナナカマド
(オオナナカマド)

Sorbus commixta

バラ科

樹高：6〜15m
花期：6〜7月
分布：北海道、本州、四国、九州

広葉樹 / 複葉

[羽状複葉]

奇数羽状複葉で、小葉は先が尖る。

長さ13〜20cm、
小葉／長さ5〜8cm・
幅およそ2.5cm

特徴

葉のふち
[鋸歯縁]

葉のつき方
[互生]

常緑／落葉
[落葉]

樹形
株立ち状で、樹形は逆ほうき形になる。

冬芽
冬芽は長卵形で先端が尖る。

果実
球形で光沢のある、ナシ状果を実らせる。

樹皮
樹皮は灰褐色でなめらかである。

緑葉、白花、紅葉、果実…一年中楽しめる樹木

　山地に自生する落葉高木。紅葉や赤い果実が好まれ、公園樹や街路樹、庭木としても植栽される。生け花の花材としても使われることがあり、その際はライデンボクという名前で呼ばれることが多い。葉は長さ15〜25cmの奇数羽状複葉で、小葉は長楕円状披針形をしている。小葉には細かくて鋭い鋸歯がある。花期には散房花序を出し、白い5弁花を多く咲かせる。雄しべが20個あり目立つ。果期は9〜10月で、5〜6mmほどの球形の果実が朱紅色に熟す。

花
白い5弁花を多数咲かせる。

写真：葉／近畿地方整備局六甲砂防事務所の画像を編集、樹形・樹皮・花・果実・冬芽／ビジオ

果実は苦みがあり生食には向かないが、果実酒やジャムなどに加工すると美味。

広葉樹 複葉

[羽状複葉]

ナンテン
Nandina domestica
メギ科

樹高：1～3m
花期：5～6月
分布：本州（関東以西）、四国、九州

小葉は広披針形で、鋸歯はない。

長さ45cm、
小葉／長さ3～7cm・幅1～2.5cm

特徴

葉のふち

[全縁]

葉のつき方

[互生]

常緑／落葉

[常緑]

樹形
株立ち状で、枝葉が多く広がる。

樹皮
樹皮は褐色で、縦に溝ができる。

花
白い花弁が6枚つく花を咲かせる。

樹木医Sakurai

冬芽
冬芽は赤褐色で葉柄基部に包まれる。

果実
液果は球形で光沢があり、赤く熟す。

初冬に果実。雪国では雪とのコントラストが美しい

　山地に自生する常緑小高木。庭園樹や庭木として植栽されるほか、日本料理の盛り付けの飾りに葉が使われる。名前の読みを「難転」「難が転ずる」と解釈したことから、葉は赤飯などの縁起物によく添えられる。葉は3回羽状複葉で、約30cmになる。小葉は長さ3～7cmで、先は尖る。葉は冬季になると赤く色づくものが多い。花期には枝先に大きな円錐花序を出し、小さな白い6弁花を多数つける。果期は10～11月で、直径6～7mmの球形の液果をつける。

写真：葉／TakaTree、樹形・樹皮・花・果実／ビジオ、冬芽／大岩千穂子

シロミナンテンという白い実がなるナンテンもあり、ナンテンとともに植えると紅白になる。

ニガキ

Picrasma quassioides

ニガキ科

樹高：10〜15m
花期：4〜5月
分布：北海道、本州、四国、九州

広葉樹 複葉

[羽状複葉]

小葉は卵状長楕円形で、先端は尖る。

長さ20〜30cm、
小葉／長さ3〜7cm・幅1〜3cm

冬芽

冬芽は裸芽で、褐色の毛に覆われる。

果実

楕円形の核果が緑黒色に熟す。

特徴

葉のふち

[鋸歯縁]

葉のつき方

[互生]

常緑／落葉

[落葉]

樹形

枝葉が多く広がりまとまりのない植物になる。

樹皮

樹皮は灰褐色でなめらかである。

花（雄花） 花（雌花）

黄緑色の小さな花を集散花序につける。

名前のとおり、葉を噛むと非常に苦い

山地に自生する落葉高木で、木の全体に苦味成分を含む。胃薬になり、生薬での名もニガキ（苦木）である。市販の胃薬にも配合されているものがある。秋の黄葉が美しく虫もつきづらいことから、庭園樹や生垣に使用されることもある。葉は奇数羽状複葉で、小葉には鋸歯がある。雌雄異株で、花期には葉腋から長さ8〜10cmの集散花序を出す。雄花序には30〜50個の、雌花序には7〜10個の4弁花をつける。果期は9月頃で、6〜7mmの核果がつく。

写真：葉・樹形・樹皮・雄花・雌花・冬芽／ビジオ

葉や木材を乾燥させて煮だした液は殺虫剤として利用でき、有機農法で使われることがある。

広葉樹 複葉

ニワウルシ
（シンジュ）

Ailanthus altissima

ニガキ科

樹高：20～25m
花期：6～7月
分布：北海道、本州、四国、九州で植栽
（原産地：中国）

[羽状複葉]

小葉は卵状披針形で、先は尖る。

長さ40㎝～1m、
小葉／長さ7～14㎝・幅2.5～5㎝

特徴

葉のふち

[鋸歯縁]

葉のつき方

[互生]

常緑／落葉
[落葉]

樹形
幹は直立し、傘状に大きく広がる樹冠になる。

冬芽は平たい半球形で、芽鱗に包まれる。

冬芽

果実
果実は翼果で、風によっては散布される。

樹皮
樹皮は灰色で皮目が目立つ。

花（雄花）

花（雌花）

円錐花序に緑白色の小さい花を多数つける。

長さ1mになる羽状複葉が特徴の、かぶれないウルシ

　中国原産の落葉高木。別名をシンジュ（神樹）という。この名前は英語名「Tree of heaven」とドイツ名「Getterbaum」の和訳で、天まで届く樹を意味する。葉は奇数羽状複葉で、長さは40㎝～1mもある。雌雄異株で、花期に円錐花序を出し、緑白色の小さな5弁花をつける。果期は9～10月で、披針形の翼果が褐色に熟す。葉が似ているため名前にウルシとつくが、ウルシの仲間ではないため、触れてかぶれる心配はない。ニワとつくが、大木なので庭木には不向き。

写真：葉／近畿地方整備局六甲砂防事務所の画像を編集、樹形／植木ペディア、樹皮・雄花・雌花・果実・冬芽／ビジオ

生命力が強くほかの植物の生育を妨げる物質を生成して多く野生化し、問題視されている。

ニワトコ

Sambucus racemosa subsp. *sieboldiana*

ガマズミ科

樹高：3〜6m
花期：4〜5月
分布：北海道、本州、四国、九州

広葉樹 / 複葉 [羽状複葉]

小葉は長楕円形で、ふちには細かい鋸歯がある。

長さ10〜30cm、小葉／長さ3〜9cm・幅1〜4cm

冬芽
冬芽は広楕円形で、芽鱗に覆われる。

果実
赤い球形の核果をつける。

特徴

葉のふち ― [鋸歯縁]
葉のつき方 ― [対生]
常緑／落葉 ― [落葉]

食用・薬用に重宝され "最強の杖"になった樹木

日当りのよい山地に自生する落葉低木または小高木。映画『ハリー・ポッター』に杖として名前が登場して、広く知られるようになった。樹皮は灰褐色だが、古い幹はコルク質が発達して黒褐色でゴツゴツとした印象を受ける。葉は奇数羽状複葉で、小葉は長さ5〜12cm。葉の先は尾状に伸びて尖る。花期には直径3〜10cmの円錐花序を出し、小さな花を多数つける。中心の紫色の雌しべが目立つ。果期は6〜8月で、球形の核果が赤く熟す。

樹形
株立ち状でよく分枝する。

樹皮
樹皮は灰褐色で皮目がある。

花
円錐花序に淡黄白色の花を多くつける。

写真：葉・樹形・樹皮・花・果実・冬芽／ビジオ

漢字では「接骨木」と書き、これは骨折の治療の際の湿布剤に用いられたからだとされる。

広葉樹 複葉

ヌルデ
（フシノキ）

Rhus javanica var. *chinensis*

ウルシ科

樹高：3〜7m
花期：8〜9月
分布：北海道、本州、四国、九州、沖縄

[羽状複葉]

奇数羽状複葉で、葉軸には翼がある。
長さ30〜60cm、小葉／長さ5〜12cm・幅3〜6cm

特徴

葉のふち
[鋸歯縁]

葉のつき方
[互生]

常緑／落葉
[落葉]

樹形
幹は直立し、枝分かれは多くない。

冬芽は半球形で、黄褐色の毛が密生する。
冬芽

果実
扁平な球形の核果を多くつける。

樹皮
樹皮は灰褐色で皮目が目立つ。

アブラムシによる虫こぶが染料として使われた

低地や山地に自生する落葉低木または小高木で、日当たりのよい場所を好む。ウルシの仲間だが毒性は弱く、触れてもかぶれないこともある。葉は奇数羽状複葉で、小葉は卵状長楕円形。葉先は尖り、葉縁には粗い鋸歯がある。雌雄異株で、花期には円錐花序を出し、黄白色の小さな5弁花を多くつける。雄花は花弁が反り返り、5本の雄しべが目立つ。果期は10〜11月で、小さな核果が赤く熟す。表面には塩味のある白い粉がつき、昔は塩の代用にされた。

花（雄花）
花（雌花）
円錐花序に黄白色の小さな花を多数つける。

写真：葉・樹形・樹皮・雄花・果実・冬芽／ビジオ、雌花／ノバの庭

鵜飼農園

五倍子という虫こぶができることがあり、空五倍色（うつぶしいろ）の染料の原料になる。

ネムノキ
(ネム)

Albizia julibrissin

マメ科

樹高：6〜10m
花期：6〜7月
分布：本州〜沖縄

広葉樹　複葉

[羽状複葉]

狭卵状楕円形。
小葉が無数に並ぶ。就眠運動をする。

長さ20〜30cm、小葉／長さ1〜1.7cm・幅0.4〜0.6cm

特徴

葉のふち
[全縁]

葉のつき方
[互生]

常緑／落葉
[落葉]

樹形
幹は斜めに伸び、逆三角形に枝は広がる。

冬芽
葉痕の中に冬芽がある隠芽。葉痕の上に副芽。

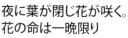
果実
豆果。長さ10〜15cmほどで、褐色に熟す。

樹皮
灰褐色。皮目が目立つ。

花
薄紅色で蝶形。房状に10〜20個の花が集まる。

夜に葉が閉じ花が咲く。花の命は一晩限り

　明るい山野に生える落葉高木。公園樹や街路樹などに利用されている。先駆性樹木のひとつで、陽樹に分類される。本種の葉は2回偶数羽状複葉と呼ばれ、1枚の羽状複葉が6〜10対の羽片で、1枚の羽片が15〜30対の小葉で構成されている。薄紅色の花は、梅雨半ばを過ぎる頃に小枝の先に筆を広げたように開く。花の毛状のものは、集まって咲く多数の花から雄しべが突き出たもの。夕方にいっせいに開き、翌日にはしぼむ。その眠るような姿が名前の由来。

樹木医Sakurai

写真／葉／photolibrary、樹形・樹皮・花・果実／ビジオ、冬芽／植木ペディア

夕暮れになるとゆっくり葉を閉じる。これは就眠運動と呼ばれるマメ科に多い性質。

広葉樹
複葉

ノイバラ
(ノバラ)
Rosa multiflora

バラ科

[羽状複葉]

樹高：2m
花期：4〜6月
分布：北海道〜九州

楕円形〜長楕円形。
小葉が並ぶ複葉。しわが多い。

長さ6〜14cm、
小葉／長さ2〜5cm・幅0.8〜2.8cm

特徴

葉のふち
[鋸歯縁]

葉のつき方
[互生]

常緑／落葉
[落葉]

冬芽
紅色。尖った形状。

果実
球形で赤色の熟す偽果。がく筒が変化したもの。

樹形
茎は斜上あるいは直立し、枝葉はよく分枝する。

樹皮
若枝は緑色。成長すると褐色を帯びる。

花
白色の5弁花。円錐花序で、枝先に咲く。

現代のバラの母。
果実は漢方薬にも使われる

河原や川岸などに生えるつる性の落葉低木。接ぎ木の台木として利用される。雑草的な性格が強く、とても丈夫。葉は奇数羽状複葉で、小葉が2〜4対ほど並ぶ。葉身は薄く柔らかく、しわが多い。葉の付け根には、托葉と刺がある。秋に熟す偽果の中には種子があり、真正の果実はツボ状の花床の中に5〜10個入っている。日本では営実と呼ばれる漢方薬として古くから使用され、偽果は下剤・利尿作用をもつ薬として配合されてきた。

写真：葉・樹形・樹皮・花・果実／ビジオ、冬芽／大岩千穂子

樹木医Sakurai

バラ科の原種として利用され、バラ園芸の世界に房咲き性、多花性をもたらした。

ハゼノキ
（ロウノキ、ハゼ）

Toxicodendron succedaneum

ウルシ科

樹高：5～10m
花期：5～6月
分布：本州（関東地方南部以西）、四国、九州、沖縄

広葉樹 複葉

[羽状複葉]

小葉は披針形で、先端は尖り鋸歯はない。

長さ20～30cm、小葉／長さ5～12cm・幅1.4～4cm

特徴

葉のふち
[全縁]

葉のつき方
[互生]

常緑／落葉
[落葉]

樹形
幹は直立し、枝を大きく広げた樹形になる。

冬芽
頂芽は肉厚な芽鱗に覆われ、円錐形である。

果実
扁球形の核果が熟すと淡褐色になる。

樹皮
樹皮は灰褐色で、縦に裂ける。

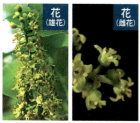
花（雄花） **花（雌花）**
円錐花序に黄緑色の小さな花を咲かせる。

櫨紅葉（はぜもみじ）は秋の季語。秋空との対比が愛でられる

　海岸近くの低地や山地に自生する落葉小高木または高木。果実からは蝋がとれ、かつては和ろうそくなどの原料に利用されていた。ウルシほど強くはないが毒性があるため、葉などに触れるとかぶれる場合がある。白い樹液に触れるとひどくかぶれるため、絶対に触ってはいけない。葉は奇数羽状複葉で、小葉の表面にやや光沢がある。雌雄異株で、花期には葉腋から円錐花序を出し小さな5弁花を多くつける。9～10月には光沢のある核果が淡褐色に熟す。

鵜飼農園

写真：葉・樹形・樹皮・雄花・果実・冬芽／ビジオ、雌花／PIXTA

天皇が着用する「黄櫨染御袍」はハゼノキとマメ科のスオウを染料にして染められている。

広葉樹
複葉

ハマナス
(ハマナシ)

Rosa rugosa

バラ科

樹高：1〜1.5m
花期：5〜8月
分布：北海道、本州（太平洋側は茨城県まで、日本海側は島根県まで）

[羽状複葉]

小葉は楕円形で、網状に凹みがある。
——
長さ9〜11cm、
小葉／長さ2〜3cm・幅1.5〜2.5cm

特徴

葉のふち

[鋸歯縁]

葉のつき方

[互生]

常緑／落葉
[落葉]

冬芽

冬芽は芽鱗に覆われており、赤く目立つ。

果実

果実は扁球形で、熟すと赤橙色になる。

樹形

幹は株立ち状になり、枝はよく分岐する。

樹皮

樹皮は灰褐色で、トゲが密生する。

花

枝先に紅紫色の5弁花を咲かせる。

海岸によい香りを漂わせる紅紫色の花を咲かせる樹木

　海岸の砂地に自生し、群落をつくることもある落葉低木。耐寒性が強く、日本では北海道に多い。バラの仲間であり、幹には大小の鋭いトゲが多く生える。葉は奇数羽状複葉で、小葉は楕円形。先端は丸く、葉縁には鋸歯がある。葉脈は表面で網状にくぼみ、裏側に隆起する。花期は6〜8月で、甘い芳香がある紅紫色の花を咲かせる。香りが強く、香水にも使われる。花が美しいため、園芸品種も多くつくられている。果実は8〜10月に実り、先にはがくが残る。

写真：葉／iStock、樹形・樹皮・花・果実・冬芽／ビジオ

果実はローズヒップとも呼ばれる。果肉は甘酸っぱく、ビタミンCを豊富に含んでいる。

ハリエンジュ（ニセアカシア）

Robinia pseudoacacia

マメ科

樹高：15〜20m
花期：5〜6月
分布：北海道、本州、四国、九州、沖縄で植栽
（原産地：北アメリカ）

広葉樹 複葉

[羽状複葉]

小葉は楕円形で先は丸く、鋸歯はない。

長さ12〜25cm、
小葉／長さ2.5〜5cm・幅2〜2.5cm

特徴

葉のふち

[全縁]

葉のつき方

[互生]

常緑／落葉

[落葉]

樹形
幹は直立し、枝葉を多く広げる。

樹皮
樹皮は灰褐色で、縦に裂ける。

花
総状花序に白い蝶形花をつける。

果実
豆果で、平たいさやが垂れ下がる。

冬芽
冬芽は隠芽で、葉痕の中に隠れている。

東日本を中心に蜜源植物として利用される

　北アメリカ原産の落葉高木で、街路樹や公園樹のほか、緑化樹としても利用される。マメ科で根粒菌をもち、土壌に窒素を固定することができるため、どのような土地でもよく育つ。繁殖力が強く、生態系に影響を与える。若木の幹にはトゲがある。葉は奇数羽状複葉で、小葉柄にもトゲがある場合が多い。花期には葉のわきから白い花を多くつける総状花序が垂れ下がり、花にはミツバチやアブが集まる。果期は10月で、平たい5〜10cmの豆果をつける。

写真：葉／かのんの樹木図鑑、樹形・樹皮・果実／ピジオ、花／植木ペディア、冬芽／大岩千穂子

鵜飼農園

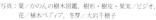
ハリエンジュは繁殖力が強いため、日本の侵略的外来種ワースト100に選定されている。

広葉樹 複葉

ヒイラギナンテン
（チクシヒイラギナンテン）

Berberis japonica

メギ科

樹高：1～3m
花期：3～4月
分布：本州、四国、九州

[羽状複葉]

小葉の先は鋭く尖り、鋭い鋸歯がある。

長さ30～40cm、
小葉／長さ4～10cm・幅3～6cm

特徴

葉のふち
[鋸歯縁]

葉のつき方
[互生]

常緑／落葉
[常緑]

樹形
幹は株立ち状になり、放射状に枝葉を広げる。

樹皮
樹皮は灰褐色で、コルク質の樹皮になる。

花
総状花序に小さな黄色い花を多数つける。

果実
液果で、白みを帯びた黒紫色に熟す。

冬芽
先の尖った葉芽を葉腋につける。

葉がナンテンのような形。ヒイラギのようなトゲがある

　江戸時代に中国から日本に渡来したとされる常緑低木。学名にjaponicaを含むが、中国や台湾、ヒマラヤが原産地である。庭園樹や公園樹、庭木としてよく植栽される。葉は長さ30～40cmの奇数羽状複葉で、小葉は長さ4～10cmの卵状披針形をしている。葉は厚くて光沢がある。花期には長さ10～15cmの総状花序を出し、黄色い小花を多数つける。果期は6～7月で、7～10mmで楕円状球形の液果が白みを帯びて黒褐色に熟す。無毒だが不味とされ、通常は食用にしない。

写真：葉・樹形・樹皮・花・果実／ビジオ、冬芽／Nao.T

ヒイラギ＋ナンテンという名前だが、ヒイラギともナンテンとも類縁関係はない。

フジ
(ノダフジ)

Wisteria floribunda

マメ科

樹高：つる性
花期：4〜6月
分布：本州、四国、九州、沖縄

広葉樹 複葉

[羽状複葉]

葉は長楕円形で、先は尖る。

長さ20〜30cm、
小葉／長さ4〜10cm・幅2〜4cm

特徴

葉のふち
[全縁]

葉のつき方
[互生]

常緑／落葉
[落葉]

冬芽
冬芽は鱗芽で赤褐色である。

果実
豆果で、さやは10〜20cmになる。

樹形
つる性で、ほかの植物に絡みついて成長する。

樹皮
樹皮は灰褐色で皮目が多い。

花
総状花序に紫色の蝶形花を多くつける。

サクラに次いで花祭りが多いとされる樹木

　低山地や平地の林縁などに自生する落葉つる性木本。公園や庭園では藤棚が作られることも多い。埼玉県の牛島のフジは栽培品種であるノダナガフジの原木であり、樹齢は1200年にもなる。牛島のフジは、フジ属では唯一の国指定特別天然記念物である。フジの葉は奇数羽状複葉で、小葉に鋸歯はない。花期には20〜90cmの総状花序が垂れ下がり、多くの紫色の蝶形花をつける。果期は10〜12月で、10〜30cmの豆果が垂れ下がり、乾燥するとねじれて弾ける。

写真：葉・樹形・樹皮・花・果実／ピジオ、冬芽／川内村観光協会

樹木医Sakurai

日本に自生するのはフジとヤマフジで、フジは右巻き、ヤマフジは左巻きで区別できる。

ムクロジ
（ムク）

Sapindus mukorossi

ムクロジ科

[広葉樹 複葉]
[羽状複葉]

樹高：15～20m
花期：6月
分布：本州（新潟県、茨城県以西）、四国、九州

大型の偶数羽状複葉である。

長さ30～70cm、
小葉／長さ7～18cm・幅2.5～6cm

特徴

葉のふち
[全縁]

葉のつき方
[互生]

常緑／落葉
[落葉]

冬芽
冬芽は小さな円錐形で、芽鱗に覆われる。

樹形
幹は直立し、半球形のような樹冠になる。

果実
核果は黄緑色から黄褐色に熟す。

樹皮
樹皮は暗褐色で、古くなると裂けて剥がれる。

神社仏閣にふさわしい、魔除けの霊力をもつ樹木

低地から山地まで自生する落葉高木。神社仏閣のほか、まれに庭木としても植えられる。種子が丸く硬いため、数珠や羽根突きの羽根の黒い玉の材料にされる。葉は大型の偶数羽状複葉で、長さは30～70cmになる。小葉は7～18cmの狭長楕円形で、鋸歯はない。雌雄同株で、花期には20～30cmの花序を出し、ひとつの花序に雄花と雌花が混生する。雄花は長い雄しべが目立ち、雌花は雌しべがひとつある。果実は2～3cmの核果で、10～11月に熟す。

花（雄花）

花（雌花）

円錐花序に多数の淡黄緑色の花をつける。

樹木医Sakurai

写真：葉／ぷうちゃんわーるど、樹形・樹皮・雄花・果実／ビジオ、雌花／Nao.T、冬芽／植木ペディア

果実はサポニンを含むため、水につけると泡立つ。かつては石鹸として使われた。

広葉樹
複葉

[羽状複葉]

ヤチダモ
（オクエゾヤチダモ）
Fraxinus mandshurica
モクセイ科

樹高：20〜35m
花期：5月
分布：北海道、本州（中部地方以北）

小葉は長楕円形で、葉先は細長く尖る。
――
長さ30〜50cm、
小葉／長さ6〜15cm・幅2〜5cm

冬芽 枝先に頂芽と頂生側芽をつける。

果実 果実は翼果で、披針形をしている。

特徴

葉のふち

[鋸歯縁]

葉のつき方

[対生]

常緑／落葉

[落葉]

樹形 幹は直立し、枝は上部にまばらに出る。

樹皮 樹皮は灰白色で、縦に裂け目が入る。

花 花弁とがくがない小さな花をつける。

稲を乾燥させる稲架木（はさぎ）に使う地域もある

　山地に自生する落葉高木。湿った場所を好む傾向にある。木材は野球のバットやテニスのラケットにも使われる。北海道では昔から防風林や防雪林として利用されてきた。樹皮ははじめはなめらかだが、樹齢を重ねるにつれて縦に亀裂が増える。葉は奇数羽状複葉で、小葉の葉縁には細かい鋸歯がある。雌雄異株で、花期には円錐花序を出し黄色い花をつける。果期は9〜10月で、長さ2〜3cmほどの披針形の翼果が淡褐色に熟す。

写真：葉／D.E. Herman、樹形・樹皮／ビジオ、花／あきた森づくり活動サポートセンター総合情報サイト、果実・冬芽／植木ペディア

春の芽吹きが遅いが、これは寒冷地での霜の害を防ぐことに有利である。

広葉樹 複葉

ヤマウルシ
（シツゲンヤマウルシ）

Toxicodendron trichocarpum

ウルシ科

樹高：3～8m
花期：5～6月
分布：北海道、本州、四国、九州

[羽状複葉]

特徴

成木では鋸歯がないが、幼木では鋸歯がある。

長さ20～40cm、
小葉／長さ4～15cm・幅3～6cm

葉のふち
[全縁]

葉のつき方
[互生]

常緑／落葉
[落葉]

樹形
幹は細く、上部で枝分かれする。

樹皮
樹皮は灰褐色で、縦に浅く筋が入る。

冬芽
冬芽は裸芽で、褐色の毛に覆われる。

果実
核果の表面には毛が密生し、黄褐色に熟す。

花（雄花）

花（雌花）

円錐花序に黄緑色の花を多数咲かせる。

美しい紅葉を観賞するときかぶれには厳重注意！

　山地や低地の明るい場所によく自生する落葉小高木。秋にはほかの木々より早く紅葉が始まる。ウルシの仲間だが漆塗りに使われることはない。しかし、ウルシ同様触れるとかぶれる。葉は奇数羽状複葉で、小葉の長さは4～15cmである。小葉の先端は尖り、葉軸と小葉柄は赤褐色をしている。雌雄異株で、花期には葉腋から長さ15～30cmの円錐花序を出し、黄緑色の小さな花を多数つけて垂れ下がる。果実は5～6mmの核果で、9～10月に熟す。

写真：葉・冬芽／近畿地方整備局六甲砂防事務所の画像を編集、樹形・樹皮・雄花・雌花・果実／ビジオ

樹液や葉にはウルシオールという成分が含まれ、これがかぶれる原因となっている。

カラタチ
Citrus trifoliata

ミカン科

樹高：3～5m
花期：2～3月
分布：本州～九州

広葉樹

複葉

[三出複葉]

3枚の小葉のついた複葉。
小葉／長さ3～6cm・幅1～3cm

特徴

葉のふち

[鋸歯縁]

葉のつき方

[互生]

常緑／落葉

[落葉]

樹形
幹はまっすぐ成長する。

果実
球形のミカン状の実をつける。有毛。

冬芽
赤褐色。丸く、トゲの腋に付ける。

樹皮
灰白色。細い縦のすじがある。

花
白い花。大きさは3.5～5cmで、トゲの腋に咲く。

童謡「からたちの花」の樹木は古くに中国から渡来した

3～5mの落葉広葉低木。枝が平たく、鋭く大きなトゲがあることが特徴。本種は外来種。原産地は中国で、日本には古い時代に移入された。「万葉集」にも登場する。生垣や柑橘類の台木に用いられる。花は5弁花で細い花弁をもち、各花弁の間は離れている。果実は熟すと黄色い。苦みが強く生食はできないが、果実酒にしたり、乾燥させて薬用に利用されたりする。名前の由来は、唐から来たタチバナという意味の「唐橘」の省略形といわれている。

写真：葉／かのんの樹木図鑑、樹形・樹皮・花・果実／ビジオ、冬芽／大岩千穂子

北原白秋作詞、山田耕筰作曲の唱歌「からたちの花」が有名。

広葉樹 複葉

ツタウルシ

Toxicodendron orientale subsp. *orientale*

ウルシ科

樹高：つる性
花期：5〜6月
分布：北海道、本州、四国、九州

［三出複葉］

三出複葉であり、葉は楕円形または卵形。

小葉／長さ5〜12cm・幅3.5〜7cm

特徴

葉のふち

［全縁］

［鋸歯縁］

葉のつき方

［互生］

常緑／落葉

［落葉］

冬芽
冬芽は裸芽で、褐色の毛が密生する。

果実
8〜9月に扁球形の核果が黄褐色になる。

樹形
つるでほかの植物に絡みついて成長する。

樹皮
樹皮は淡褐色で、縦に裂ける。

花（雄花）

花（雌花）

小さな黄緑色の5弁花で、花弁は反り返る。

かぶれの成分を大量に含有。厳重注意のウルシの仲間

　山地や丘陵地に自生する落葉つる性木本。日本に自生するウルシの仲間の中で一番毒性が強い。日当たりのよい場所を好み、まれに人間の生活圏で生育している個体もあるため注意が必要。ツタに似ているが、ツタの葉は3裂するのに対し、ツタウルシには鋸歯がないので成木を見分けるのは簡単である。幼木には鋸歯があり間違いやすいが、ツタウルシは三出複葉なのでその点で見分けられる。ツタかツタウルシかで迷ったら近づかないのが無難。

写真：葉・樹形・樹皮・果実・冬芽／ビジオ

毒性が強く、触れるとかぶれるが、皮膚が弱いと近くを通るだけでかぶれてしまう。

マルバハギ
（ミヤマハギ）

Lespedeza cyrtobotrya

マメ科

樹高：1〜3m
花期：8〜10月
分布：本州、四国、九州

広葉樹 / 複葉

[三出複葉]

小葉は倒卵形または楕円形で鋸歯はない。

長さ2〜12cm、
小葉／長さ2〜3cm・幅1.5〜2.5cm

特徴

葉のふち
[全縁]

葉のつき方
[互生]

常緑／落葉
[落葉]

冬芽 冬芽は円錐形で、鱗芽に覆われる。

樹形 幹は棒立ち状になり、よく分枝する。

豆果 種子がひとつだけ入る豆果をつける。

樹皮 樹皮は暗褐色で、縦に溝ができる。

花 総状花序に紅紫色の蝶形花を数個つける。

個々の花は小さくても満開時の姿は見事

　日当たりのよい山地や林縁などによく自生している落葉低木。葉が丸いことからこの名がついたが、ハギの仲間を葉だけで見分けるのは難しい。葉は三出複葉で、小葉の長さは2〜3cm。小葉の先端はややくぼみ、葉の両面には毛がある。花期には葉腋から総状花序を出し、1〜1.5cmの蝶形花を数個つける。果期は10〜11月で、長さ6〜7mmの豆果をつける。豆果はやや扁平な球形で、熟すと淡褐色になる。果実やがく片には伏毛が密生している。

写真：葉・樹形・樹皮・花／Dalgial、果実／花盗人の花日記、冬芽／大岩千穂子

ハギの仲間は見分けるのが難しいが、マルバハギは花序が葉より短いことで見分けられる。

広葉樹 / 複葉

ミツデカエデ

Acer cissifolium

ムクロジ科

樹高：15〜20m
花期：4〜5月
分布：北海道（南部）、本州、四国、九州

[三出複葉]

小葉はほぼ同じ大きさと形をしている。

小葉／長さ5〜11cm・幅2〜4cm

特徴

葉のふち
[鋸歯縁]

葉のつき方
[対生]

常緑／落葉
[落葉]

樹形

幹は直立し、よく分枝する。

樹皮

樹皮は灰褐色でなめらかである。

花（雄花）

花（雌花）

総状花序に黄色い小さな花を多くつける。

冬芽は広卵形で、頂生側芽を伴う。
冬芽

果実

果実は翼果で、平行または鋭角に開く。

とてもカエデには見えない葉は三出複葉

　山地の渓流沿いなどの湿り気のあり肥沃な土地に自生する落葉高木。紅葉が美しく、公園樹や街路樹などにも使われる。葉は三出複葉で、小葉は卵状楕円形。葉先は細長く伸びて尖り、葉身の上半分には鋸歯がある。葉は裏表どちらにも白い毛が生える。雌雄異株で、葉の展開後に花が咲く。4〜15cmの総状花序を葉腋から下垂し、4枚の花弁がついた黄色い花を20〜50個つける。雄花は4本の雄しべが目印になる。果期は6〜7月で、翼果が房状に多数つく。

写真：葉・樹形・樹皮・雄花／ビジオ、雌花／Qwert1234、果実／植木ペディア、冬芽／大岩千穂子

ミツデカエデは三手楓の意味で、葉が3枚1組になっていることに由来する。

ミツバウツギ
（ホソバミツバウツギ）

Staphylea bumalda

ミツバウツギ科

樹高：2〜5m
花期：5〜6月
分布：北海道、本州、四国、九州、沖縄

広葉樹 **複葉**

[三出複葉]

三出複葉で、小葉は長卵状楕円形。

小葉／長さ3〜7cm・幅1.5〜3.5cm

特徴

葉のふち — [鋸歯縁]

葉のつき方 — [対生]

常緑／落葉 — [落葉]

冬芽 枝先に広卵形の仮頂芽が2個つく。

果実 矢筈形の蒴果が垂れ下がる。

樹形 株立ち状で、枝がよく広がる。

樹皮 樹皮は灰褐色で、縦に筋が入る。

花 円錐花序に白い花が穂状につく。

縦に割れやすい材が箸に使われた、別名ハシノキ

　平地から山地まで自生する落葉低木で、適度に湿った土地を好む。ミツバウツギは別名にコメのつくものが多いが、これは乾燥させた若葉をコメ不足の際にご飯に混ぜてかさ増しに使用したのが由来とされている。葉は三出複葉で、葉柄は2〜4cm。小葉は長さ3〜7cmで、葉先は細長く伸びて尖る。花期には円錐花序を出し、白い5弁花を複数つける。花はあまり開かない。果期は9〜11月で、幅2〜2.5cmの矢筈形の蒴果をつけ、熟すと褐色になり裂開する。

写真：葉・樹形・果実／ビジオ、樹皮／五十嵐茉彩、花／植木ペディア、冬芽／大岩千穂子

新芽や若葉、つぼみは食用になり、さまざまな料理に使用し食べることができる。

広葉樹 複葉

メグスリノキ
（チョウジャノキ）

Acer maximowiczianum

ムクロジ科

[三出複葉]

樹高：10～25m
花期：4～5月
分布：本州（山形県以南）、四国、九州

特徴

葉のふち
[鋸歯縁]

葉のつき方
[対生]

常緑／落葉
[落葉]

小葉は長楕円形で、葉先は鈍く尖る。

小葉／長さ8～14cm・幅2～6cm

冬芽
冬芽は褐色の鱗目で、毛が多く生える。

果実
果実は翼果で、毛が密生する。

樹形
幹は直立し、上部で分枝する。

樹皮
樹皮は灰褐色で、縦に細かい溝ができる。

花（雄花）

花（雌花）

枝先に花序を出し淡黄色の花を数個つける。

秋元園芸植木屋やっちゃん

かつての民間療法では煎じた樹皮を洗眼に使用

　山地の沢沿いなどにまれに自生している落葉高木。湿潤な土地を好む。個体数が少ないため自生のものを探すのは難しいが、公園や庭園に植栽されることがあるため見かける機会は少なくないはず。葉は三出複葉で、小葉の葉縁には低い鋸歯がある。花期には葉の展開と同時に花が咲く。雌雄異株で、雄花序は3～5個、雌花序は1～3個の花をつける。雄花は黄色い葯が目立ち、雌花は2つに裂けた柱頭が目立つ。9～10月に翼果が淡褐色に熟す。

写真／葉／Trees and Shrubs Online、樹形・樹皮・雄花・冬芽／ビジオ、雌花／東京都公園協会、果実／植木ペディア

樹皮には多くの有効成分が含まれており、現代でも健康食品に利用されることがある。

ヤマハギ
（エゾヤマハギ）
Lespedeza bicolor
マメ科

樹高：1〜3m
花期：6〜9月
分布：北海道、本州、四国、九州

広葉樹 複葉
［三出複葉］

葉は三出複葉で、葉の先端は丸みを帯びる。

小葉／長さ4〜6cm・幅2〜3cm

特徴

葉のふち ［全縁］

葉のつき方 ［互生］

常緑／落葉 ［落葉］

冬芽 冬芽は楕円形で褐色をし、鱗芽がある。

果実 果実は豆果で、褐色に熟す。

樹形 株立ち状で、下部から多く分枝する。

樹皮 樹皮は灰褐色で、皮目が目立つ。

花 葉腋から総状花序を出して花を咲かせる。

万葉集にも頻出する秋の七草の萩は本種

　山地の日当たりのよい場所に自生する落葉低木。庭木としてや公園樹としてよく植えられる。秋の七草のハギはこのヤマハギを指す。秋の七草は春の七草のように食べることはせず、花の美しさを観賞して楽しむものである。ヤマハギの葉は三出複葉で、小葉は長さ4〜6cmで鋸歯はなく、広楕円形をしている。花期には葉腋から葉より長い総状花序を出し、1.5cmほどの蝶形花を多くつける。果期は10〜11月で、種子が1個入った楕円形の豆果が褐色に熟す。

写真：葉・樹形・樹皮・果実／ベジオ、花／植木ペディア、冬芽／樹げむ樹げむのTreeWorld自然観察

秋元園芸植木屋やっちゃん

万葉集に登場する植物の中で、ハギは一番詠まれている回数が多い。

アケビ

Akebia quinata

アケビ科

広葉樹／複葉

樹高：つる性
花期：4〜5月
分布：本州、四国、九州

掌状複葉で5枚の小葉からなる。

小葉／長さ3〜6cm・幅1〜2cm

特徴

葉のふち

[全縁]

葉のつき方

[互生] 長枝

[束生] 短枝

常緑／落葉

[落葉]

樹形
つる性で樹木など周囲のものに巻きつく。

樹皮
暗褐色で比較的なめらか。

花（雄花） 花（雌花）
雌花は雄花よりも大きく、下部につく。

果実
液果。9〜10月頃、紫色に熟し縦に割れる。

冬芽
褐色で多数の鱗片に包まれる。

秋の果実は、食用・薬用、つるは工芸材料に使われる

　山野に自生する、雌雄同株のつる性落葉樹。つるは進行方向に向かって右回りに巻きつく。葉は長い枝では互生し、短枝では束生する。名前の由来は、熟した果実が縦に割れる様子を表した「開け実」が転訛したとされている。果肉は甘く、秋の味覚のひとつに数えられる。茎は消炎、利尿、通経作用などがあり、木通（もくつう）という生薬として利用される。また、つるは丈夫でカゴ編みなどに利用されており、青森県の伝統工芸品のひとつにあけびつる細工がある。

写真／葉／photolibrary、樹形・樹皮・雄花・雌花・果実／ビジオ、冬芽／植木ペディア

山田証（山菜ソムリエ）

富山県魚津市に、山女（あけび）という地名が存在する。

コシアブラ
(ゴンゼツ)

Chengiopanax sciadophylloides

ウコギ科

樹高：7〜20m
花期：8月
分布：北海道、本州、四国、九州

広葉樹 **複葉**

[掌状複葉]

5枚の葉が
手のひらのように広がる。

長さ20〜40cm、
小葉／長さ10〜20cm・幅4〜10cm

特徴

葉のふち
[鋸歯縁]

葉のつき方
[互生]

常緑／落葉
[落葉]

樹形
横にはあまり広がらず、上へと成長する。

果実
先端に雌しべの柱頭が残った液果をつける。

冬芽
頂芽は円錐形で、褐色の芽鱗に包まれる。

樹皮
灰白色でなめらかな幹をしている。

若芽には香りとコクで、山菜としての人気が高い

　北海道から九州まで広く分布する落葉高木であり、樹高は7〜15mの個体が多いが、20mに達する個体もある。日本では日本海側に多く見られる。別名のゴンゼツ（金漆）は、かつて樹脂が黄金色の漆として使用されていたことからついた。葉柄が長く、葉の先端は尖り、縁には小さな鋸歯がある。秋には透明感のある黄色に紅葉する。果実は10〜11月頃に黒く熟す。ウコギの仲間はトゲがあることが多いが、コシアブラの幹や枝にはトゲがない。

撮影・編集　越前町立福井総合植物園プラントピア
福井工業高等専門学校　小木曽晴信

花
枝先に小さな淡黄緑色の花を球形につける。

写真：葉／近畿地方整備局六甲砂防事務所の画像を編集、
樹形・樹皮・花・果実／ビジオ、冬芽／植木ペディア

枝は皮を擦ると芯と皮とがきれいに分離することから、刀に見立て子どもの玩具に使われた。

広葉樹 複葉

[掌状複葉]

トチノキ
Aesculus turbinata

ムクロジ科

樹高：30〜35m
花期：5〜6月
分布：北海道、本州、四国、九州

掌状複葉で、小葉は倒卵状楕円形をしている。

小葉/長さ15〜30cm・幅4.5〜12cm

冬芽 枝先につく頂芽は側芽と比べてとても大きい。

果実 果皮が厚い蒴果をつけ、熟すと3裂する。

特徴

葉のふち

[鋸歯縁]

葉のつき方

[対生]

常緑／落葉

[落葉]

樹形 幹は直立し、丸みを帯びた樹冠になる。

樹皮 若い個体の樹皮は灰褐色でなめらか。

花 円錐形の大きな花序を上向きに咲かせる。

縄文時代から食用にされた、人類になじみが深い樹木

　山地に自生する落葉高木で、東北地方に多く九州には少ない。果実である栃の実はアク抜きをすれば食べることができ、栃餅（とちもち）などに加工して使われる。葉は掌状複葉で、長い葉柄をもつ。小葉には葉柄はほとんどない。小葉は先が長く尖る。雌雄同株で、花期には円錐花序が直立してつき、ひとつの花序には雄花と両性花が混生する。雄しべが長く上向きに伸びる。果期は9〜10月頃で、厚い果皮をもつ蒴果をつける。熟すと淡褐色になり、3つに裂ける。

写真：葉／かのんの樹木図鑑、樹形・樹皮・花・果実・冬芽／ビジオ

蜜源植物として知られ、トチノキから採れた蜂蜜は風味が濃厚でほのかに酸味があるという。

ムベ
（トキワアケビ）
Stauntonia hexaphylla

アケビ科

樹高：つる性
花期：4〜5月
分布：本州（関東地方南部以西）、四国、九州、沖縄

広葉樹 複葉

[掌状複葉]

小葉は楕円形または卵形で、鋸歯はない。

小葉／長さ5〜10cm・幅2〜4cm

特徴

葉のふち

[全縁]

葉のつき方

[互生]

常緑／落葉

[常緑]

冬芽
冬芽は円錐形で、芽鱗に覆われる。

果実
楕円形で暗紫色の液果をつける。

樹形
つる性で、ほかの植物に絡みついて成長する。

樹皮
淡褐色または茶褐色で、縦に浅く裂ける。

不老長寿の果実は、今日でも皇室に献上されている

山地や海岸近くに自生する常緑つる性木本。盆栽や日陰棚としても利用される。そのほか、茎や根は野木瓜と呼ばれ漢方にされる。葉は掌状複葉で、小葉の数は普通5枚だが変異も多い。小葉は長さ5〜10cmである。雌雄同株であり雌雄異花で、花弁のない花をつける。葉腋から総状花序を出し、淡黄白色の花を咲かせる。がく片は6個あり、3個は披針形、3個は線形である。果期は10〜11月で、果実は6〜8cm。アケビに似るが、熟しても裂開しない。

花（雄花） **花（雌花）**
がく片が花弁状についた花を咲かせる。

写真：葉／小石川人晃、樹形・樹皮・雄花・雌花・果実／ビジオ、冬芽／植木ペディア

不老長寿の霊実ともいわれ、それは天智天皇のエピソードに由来するといわれている。

広葉樹
複葉

[掌状複葉]

ヤマウコギ
(ウコギ)

Eleutherococcus spinosus

ウコギ科

樹高：2～4m
花期：5月
分布：北海道、本州

葉は掌状複葉で、小葉は倒卵形をしている。

小葉／長さ3～7cm・幅1.5～4cm

特徴

葉のふち

[鋸歯縁]

葉のつき方

[互生]

常緑／落葉

[落葉]

樹形
低木で幹は単生または束生する。

冬芽
冬芽は円錐形で、淡褐色をしている。

果実
球形の液果が黒色に熟す。

樹皮
樹皮は暗灰褐色で、薄く剥がれる。

花（雄花） 花（雌花）
黄緑色の小さな球状の花序をつける。

花や若い果実の姿は線香花火。枝のトゲに注意

　山地に自生する落葉低木で、分布域では普通に見られる。枝にはトゲが生えているので注意が必要。葉は掌状複葉で、小葉は通常5枚である。小葉は長さ3～7cmで、葉縁の上半分には低い波形の鋸歯がある。雌雄異株で、花期には短枝の先に花柄を出して、黄緑色の球状の花序をつける。花弁は雌花雄花ともに5枚ある。雌花には2裂した柱頭があり、雄花には5本の雄しべがある。果期は7～8月で、5～6mmの扁平な球形の液果が赤褐色～黒紫色に熟す。

写真：葉・樹形・樹皮・雄花・雌花／ビジオ、果実／跡見群芳譜、冬芽／植木ペディア

春の新芽と若葉は山菜として食用にでき、根は五加皮（ごかひ）という生薬になる。

針葉樹

針葉 P288

鱗片葉 P307

特殊な葉 P313

針葉樹 針葉

アカマツ
（メマツ）
Pinus densiflora

マツ科

樹高：30〜40m
花期：4〜5月
分布：北海道（南部）、本州、四国、九州

2葉性の針葉で、横断面は半円形。
長さ8〜12cm、幅0.07〜0.12cm

特徴

葉のつき方

[束生]

常緑／落葉

[常緑]

樹形
通常は単幹であるが、多幹のものも見られる。

樹皮
赤みを帯び、亀甲状に割れ目がある。

冬芽
赤褐色の反り返った鱗片に包まれている。

果実
球果。2年目の秋に成熟し裂開する。

見てよし使ってよし。
赤肌が映える丈夫な樹木

　日当たりのよい場所に自生する常緑針葉高木。乾燥に強く尾根筋や岩場などでもみられる。若木では枝が輪生し円錐状になるが、成長すると樹冠で水平に張り出して傘状になる。幹が赤みを帯びていることが名前の由来。別名「メマツ（雌松）」はクロマツ（雄松）に比べ葉が柔らかいことから名付けられた。建築材や燃料、土木材などに広く使われ、かつては製紙パルプ用材としても利用された。樹形をコントロールしやすく、盆栽としても利用される。

花（雄花）

花（雌花）

雄花は若枝の下部に、雌花は先端につく。

HARDWOOD（株）

写真／葉／近畿地方整備局六甲砂防事務所の画像を編集、樹形・樹皮・雄花・雌花・果実・冬芽／ビジオ

正月飾りの門松は、一般的に右側に赤松、左側に黒松を左右一対で飾る。

イチイ
（オンコ）
Taxus cuspidata
イチイ科

樹高：10〜20m
花期：3〜5月
分布：北海道、本州、四国、九州

針葉樹 / 針葉

濃緑色で針状だが触っても痛くない。

長さ1.2〜2.5cm、幅0.2〜0.3cm

特徴

葉のつき方 ［互生］

常緑／落葉 ［常緑］

樹形
通常は直立だが、這うように育つものもある。

冬芽
淡黄色で葉のつけ根につく。

果実
5mmほどの球形で、秋に紅く熟す。

樹皮
赤褐色で縦に浅く裂ける。

秋には赤い実が目をひく、森の中の貴族

　山地に自生する常緑高木。針状の葉は、縦に伸びた枝ではらせん状につき、横に伸びた枝では羽状に2列互生する。雄花は淡黄色で雄しべが球状に集まってつき、雌花は緑色で卵形をしている。神官が使う笏の材に使われ、仁徳天皇がこの樹に「正一位」を授けたことが名前の由来とされている。弓の材にも使われ、属名のTaxusはギリシャ語の弓を意味する語から名付けられた。紅く熟した液果のような仮種皮は甘味があり、食用にできるが、種子には毒がある。

花（雄花）

花（雌花）

雌雄ともに葉のつけ根につく。

写真／葉／かのんの樹木図鑑、樹形・樹皮／ビジオ、雄花・雌花・果実／植木ペディア、冬芽／自然ふれあい交流館

飛騨地方のイチイ細工で有名な岐阜県では、県木に指定されている。

針葉樹 針葉

イヌガヤ
（ヒノキダマ）

Cephalotaxus harringtonia var. *harringtonia*

イチイ科

樹高：5～10m
花期：3～4月
分布：本州（岩手以西）、四国、九州

先端が尖り、暗緑色で光沢がある。

長さ3～5cm、幅0.3～0.4cm

特徴

葉のつき方

[互生]

常緑／落葉

[常緑]

通常枝先に3つの冬芽ができる。　冬芽

果実　種子は球形で10月頃に褐紫色に熟す。

樹形

幹は直立し、高さは5～10mある。

樹皮

暗褐色で縦に浅く裂けて剥がれる。

花（雄花）　花（雌花）

雄花は球状に集まって、雌花は枝の先端につく。

柔らかな葉と堅牢な木質。日陰に育つ針葉樹

　山地に自生する、雌雄異株の常緑小高木。耐陰性が強く、林床でも育つ。葉は羽状に2列互生する。針葉樹だが、葉は柔らかく触っても痛くない。カヤと異なり、種子は苦く臭みのある油脂を含むため食用にならない。かつては胚乳から油をしぼり灯油として利用していた。材は緻密で堅く、弓や細工物などに利用される。枝変わりからできた園芸品種である「チョウセンマキ」は、葉がらせん状にならび、樹形は株立ちのようになる。

写真：葉／近畿地方整備局六甲砂防事務所の画像を編集、樹形・冬芽／植木ペディア、樹皮・雄花／ビジオ、雌花／癒し憩い画像データベース、果実／Qwert1234

葉から単離されたホモハリングトニンは、一部の白血病の治療に使われている。

イヌマキ
（クサマキ）

Podocarpus macrophyllus f. angustifolius

マキ科

樹高：15〜20m
花期：5〜6月
分布：本州（関東以西の太平洋側）、四国、九州

針葉樹 針葉

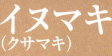

らせん状に互生する。
主脈は両面に隆起する。

長さ10〜15cm、幅0.5〜1cm

特徴

葉のつき方　[互生]

常緑／落葉　[常緑]

樹形

幹は直立し、枝は上向きに密に分岐する。

果実

赤い花托の先に粉白を帯びた緑色の種子をつける。

樹皮

灰白色で、縦に浅く裂けて剥がれる。

花（雄花）　花（雌花）

雄花は数個まとまってつき、雌花は単独でつく。

密生する細葉で庭園に風格もたらす針葉樹

　山地に自生する、雌雄異株の常緑高木。細長い葉がらせん状に互生するのが特徴。刈り込みに強く、古くから庭木や生垣に利用される。秋には花托の先に緑色の種子をつける。種子には毒があり食用にできないが、赤く熟した花托は甘く食べることができる。種子や花托は「羅漢松実（らかんしょうじつ）と呼ばれる生薬になり、駆瘀血（おけつ）作用（血の巡りを改善する作用）がある。和名の「イヌマキ」は、スギやヒノキなどの真木（マキ）よりも劣ることから名付けられたとされる。

写真：葉／PIXTA、樹形・樹皮・雄花／ビジオ、雌花／宮崎野生植物同好会 松浦彰一（宮崎市）他、果実／植木ペディア

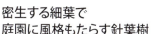

江戸時代に江戸で重視された庭木である江戸五木のひとつに数えられる。

針葉樹 針葉

イブキ
（ビャクシン）

Juniperus chinensis var. *chinensis*

ヒノキ科

[針葉・鱗片葉]

樹高：15〜20m
花期：4〜5月
分布：本州（太平洋側）、四国、九州の沿岸地

小枝に密集。針状と鱗状の2形がある。
写真は（左）針状葉、（右）鱗片葉

長さ（針状葉）0.5〜1cm、
（鱗片葉）およそ0.15cm

特徴

葉のつき方

[輪生]
3輪生

常緑／落葉

[常緑]

樹形

風が強い土地では独特の樹形になる。

樹皮

赤褐色で縦に裂け、剥がれる。

花（雄花） 花（雌花）

雌雄異株。雄花も雌花も小枝の先につく。

果実　球果。直径6〜7mmで、黒紫色に熟す。

植栽されることが多い、円錐形の樹形が美しい樹木

樹高25mにもなる雌雄異株の常緑針葉樹。日当たりのよい砂地を好むため、海岸近くに自生が多く見られる。名前は、茨木県高萩の伊吹山（いぶきやま）に多いことに由来する。樹形の美しさから、庭園や生垣に植栽されることが多いが、果樹であるナシの葉に付いて病害をもたらす菌の寄生植物であるため、ナシの栽培農家からは嫌われる。材が美しく加工しやすいことから、装飾材や彫刻材として使われる。生垣でよく見かけるカイヅカイブキは、このイブキの園芸種である。

写真：葉／GFDL、樹形・樹皮・雄花・果実／ビジオ、雌花／植物写真館

カイヅカイブキの枝は幹に巻きつくようならせん状だが、イブキの枝はねじれない。

ウラジロモミ
（ニッコウモミ）
Abies homolepis

マツ科

樹高：20m
花期：6月
分布：本州〜四国

針葉樹

針葉

糸状。線形をしており裏側は白色が目立つ。

長さ1.5〜2.5cm、幅0.2〜0.3cm

冬芽
茶褐色の芽鱗に包まれる。

果実
球果。青みがかった褐色。

特徴

葉のつき方
［互生］

常緑／落葉
［常緑］

樹形
いわゆるクリスマスツリーのような形になる。

樹皮
稍網目状に裂けており、やや赤みがかっている。

葉の裏が白いクリスマスツリー

　関東から四国の標高1000m〜2000mの山地に生えている。標高が高いところではシラビソと、低標高ではモミなどと混生することが知られている。時には公園樹、庭木、防風林として見られる。モミと似ているが、モミと比べると葉の裏側が白く、若木の葉の先端は尖っていない点、若い枝には毛が見られない点が異なっている。成木は葉の日当たりがよいほど先端が丸くくぼむようになる。葉の裏は、真っ白でなく縞模様が見られる。

花（雄花）
花（雌花）
雄花は濃い黄色、雌花は紫赤色をしている。

写真：葉／吉野・大峰フィールドノート（東林正弘）、樹形／五十嵐芙彩、・樹皮／ビジオ、雄花／川崎みどり研究所、雌花／YAMAP、果実・冬芽／植木ペディア

Linking

葉の裏に白い幅広の2本の線があり、白く見えることが名前の由来になっている。

エゾマツ
（クロエゾマツ）

Picea jezoensis var. *jesoensis*

マツ科

針葉樹／針葉

樹高：25m
花期：5〜6月
分布：北海道

扁平な線形。
先端は触れても痛くない。

長さ1〜2cm、幅0.15〜0.2cm

特徴

葉のつき方

[互生]

常緑／落葉

[常緑]

樹形

幹は直立し、枝が水平に広がる。

樹皮

灰褐色。鱗片状の深い裂け目がある。

花（雄花）

花（雌花）

雄花は楕円形で、雌花は円筒形。

果実

球果。
長さは4〜8cm、径は2〜3cm。

蝦夷地で雄大な森を形成。北海道の道木になった

　北海道や南千島、樺太、沿海州、カムチャツカ、朝鮮半島、中国の東北部などに分布している常緑高木で、代表的な針葉樹。山間部で黒々とした森を形成する。樹高は25mほどで径は1mほどに成長する。5〜6月に、前年枝（前年に伸びて冬を越した枝）の先に黄褐赤色の雄花と紅紫色の雌花を咲かせる。果実は9〜10月に上向きにつき、熟すと垂れ下がる。枝は最初水平に広がるが、古くなると垂れ下がっていく。北海道の木（道木）に指定されている。

写真：葉／photolibrary、樹形・樹皮・果実／植木ペディア、雄花／山野有情、雌花／道南四季の杜公園

おもに建築・建具用やヴァイオリンの胴材など、木材としてさまざまな用途で利用される。

カヤ

Torreya nucifera

イチイ科

樹高：10〜30m
花期：4〜5月
分布：本州（宮城以南）〜九州

針葉樹 / 針葉

扁平な線形。
羽根状につく。
長さ2〜3cm、幅0.2〜0.3cm

特徴

葉のつき方 ［互生］

常緑／落葉 ［常緑］

樹形
幹は直立し、三角形の樹形を示す。

樹皮
青灰色。皮目は薄く、縦に剥がれる。

果実
仮種皮果。大きさは2〜4cmで、紫褐色に熟す。

冬芽
枝先に3個、互いに直角につく。

花（雄花） **花（雌花）**
雄花は黄色で楕円形。雌花は緑色で枝先につく。

臭気のある葉をいぶして蚊やりに使った樹木

　山野にみられる10〜30mの常緑針葉高木。本州（宮城県以南）〜九州にかけて分布する。大きいものは幹の直径2.5m・樹高35mほどまで成長する。雌雄異株である。種子は緑色の仮種皮に覆われ熟すと裂開する。葉に臭気があり蚊やりに用いたことが名前の由来。葉は硬く、先端は鋭く尖っているため触ると痛い。本種と似ているイヌガヤは葉が柔らかく触れても痛みは感じない。材は建築材、碁や将棋の盤材などに使われる。

写真／葉／近畿地方整備局六甲砂防事務所の画像を編集、樹形・雄花・雌花・果実・冬芽／植木ペディア、樹皮／ビジオ

種子は炒って食べるほか、油を搾るのにも使われ、榧の実油として販売されている。

針葉樹 針葉

カラマツ
(フジマツ)

Larix kaempferi

マツ科

樹高：20〜30 m
花期：5月
分布：本州中部

線形。短枝では束生し、長枝では互生。写真は短枝。

長さ2〜4cm、幅0.1〜0.2cm

特徴

葉のつき方

[互生]

[束生]

常緑／落葉

[落葉]

果実

冬芽

球果。鱗片状の構造で平滑、長さ20〜35mm。

雄花と雌花の冬芽はともに短枝につき、菱形の葉痕が段で重なる。

樹形

幹は直立で、三角形の樹形。

日本に自生する針葉樹では唯一の落葉樹

　亜高山地帯の先駆種で、日本の本州中部にのみ自然分布している。日本に自生する針葉樹のなかで唯一の落葉樹で、山地帯や亜高山帯に多く植林されているため、日本全国でその姿を見ることができる。落葉樹であるという特徴から、「落葉松(ラクヨウショウ)」と呼ばれることもある。漢字では「唐松」と書かれるが、日本の特産種。名前の由来は、唐で描かれた針葉樹の絵にその姿が似ていたためとされる。樹高は20m以上になり、直立した幹と三角形の樹形が特徴。

樹皮

色は暗褐色、縦に剥がれ落ちる。

HARDWOOD（株）

花(雄花)

花(雌花)

短枝に雄花序は下向き、雌花序は上向きにつく。

写真：葉／PIXTA、樹形・樹皮・雄花・果実・冬芽／ビジオ、雌花／植木ペディア

落葉樹であり、針葉樹にしては珍しく、秋には葉が美しい黄色に紅葉する。

クロマツ
（オマツ）
Pinus thunbergii

マツ科

樹高：20〜40m
花期：4〜5月
分布：本州、四国、九州

針葉樹

針葉

[束生]

アカマツより硬く、2本一組で生える。
長さ10〜15cm、幅0.15〜0.2cm

特徴

葉のつき方
[束生]

常緑／落葉
[常緑]

樹形
幹は直立し、主幹が高く伸びる。

果実
いわゆるマツボックリで、長さは5〜7cm。

冬芽
鱗片に覆われていて、白っぽい。

樹皮
灰黒色で、縦に裂けたあと、亀甲状に割れる。

花（雄花）

花（雌花）

新枝の基部に雄花、先端には雌花がつく。

海岸近くでよく見かける、防風・防潮林に使われるマツ

　日本の固有種。別名の「雄松」や「男松」は葉が硬く、枝も太いことから男性的ととらえられ、この名がついた。これに対しアカマツは「雌松」と呼ばれる。クロマツは海の近くでよく見かける樹木で、塩害に強いため防風林や防潮林にも使われ、よく植栽される。高木で40mほどにまでなるが、記録に残っている中で最高は「春日神社の松」で、高さ66m（現存していない）。雌雄同株で、球果は翌年の10月頃に熟す。冬芽は円柱状に伸び、新枝になる。

写真：葉／仙台市ホームページ「ようこそ！キッズ百年の杜」、樹形・樹皮・雄花・雌花・果実・冬芽／ビジョ

ふるさと種子島

比べてみよう：クロマツにつくマツボックリは、アカマツにつくマツボックリより大きい。

針葉樹 針葉 [針葉・鱗片葉]

コウヤマキ
(ホンマキ)

Sciadopitys verticillata

コウヤマキ科

樹高：30〜40m
花期：3〜4月
分布：本州(福島県以西)、四国、九州

針状葉の中央には溝があり、枝先に放射状につく。

長さ6〜13cm、幅0.3〜0.4cm

特徴

葉のつき方

[束生]

[輪生]

常緑／落葉

[常緑]

樹形
きれいな円錐形をしている。

果実
6〜12cmほどの球果が翌年10〜11月に熟す。

樹皮
赤褐色であり、縦に長く剥がれる。

ゆっくり森林よもやま譚

花(雄花)

花(雌花)

雄花は多数つき、雌花は1〜2個つく。

和歌山県の高野山に多く自生することが名前の由来

　常緑針葉樹であり高木。公園三大美木のひとつとされる。枝先に輪生してつく葉が傘を開いたように見えることから、英語ではumbrella Pineという。雌雄同株で、雄花は20〜30個の丸い花穂がまとまってつき、雌花は1〜2個つく。雌花雄花どちらも茶色をしている。葉には厚みがあり、2枚の葉が合着しているため、中央には溝がある。球果は6〜12cmほどで、楕円形または円柱形をしている。花が咲いた翌年の10〜11月に熟す。松かさの鱗片は反り返る。

写真：葉／川崎みどり研究所、樹形・雌花／植木ペディア、樹皮・雄花・果実／ビジオ

ヒマラヤスギ、ナンヨウスギとともに、世界三大庭園樹のひとつとされている。

シラビソ
（シラベ）
Abies veitchii

マツ科

針葉樹 / 針葉

樹高：20〜30m
花期：6月
分布：本州
　　　（吾妻連峰〜大峰山脈）

線形で、先端にはくぼみがある。
長さ2〜2.5cm、幅およそ0.2cm

雄花、雌花、どちらの冬芽も葉腋につく。　冬芽

果実　4〜6cmで円柱形の球果をつける。

特徴

葉のつき方 ［互生］

常緑／落葉 ［常緑］

樹形
樹高20〜30mで、円錐形の樹冠になる。

樹皮
灰白色で、縞模様の皮目ができる。

花
雄花は黄褐色で、雌花は黒紫色をしている。

寒さには強くても、雪には弱い、山に育つ樹木

　亜高山帯に自生する常緑針葉樹の高木で、富士山などに群生する。耐寒性は強いが大量の積雪には弱く、東北地方の日本海側には分布せず、太平洋側でも蔵王より北には分布していない。葉はらせん状に互生し、線形である。先端はくぼんでいるため触れても痛くない。裏面には2本の白い気孔帯がある。雌雄同株であり、雌雄異花。花期には雄花が葉腋から多数垂れ下がり、雌球果は長楕円形で直立する。果期は9〜10月で、球果が暗青紫色に熟す。

写真：葉／Trees and Shrubs Online、樹形・樹皮・花・冬芽／植木ペディア、果実／photoAC

集団で枯死と成長を繰り返すことがあり、「縞枯現象」と呼ばれる現象を起こす。

針葉樹 — 針葉

スギ
（オモテスギ）
Cryptomeria japonica

ヒノキ科

樹高：30〜65m
花期：3〜4月
分布：本州、四国、九州

葉は針形で
先が尖った鎌状をしている。

長さ0.5〜1.3cm

特徴

葉のつき方

[互生]

常緑／落葉

[常緑]

果実　長さ20〜30mmで褐色の球果をつける。

樹形
幹は直立し、樹冠は円錐形になる。

樹皮
樹皮は赤褐色で縦に長く裂ける。

昨今、無花粉スギの開発や育苗が盛んになっている

　山地に自生する常緑針葉樹であり、高木になる。屋久島の縄文杉は日本だけでなく世界的にも有名である。日本各地に植栽されているためよく見かけるが、自生しているスギは珍しい。杉の葉は先が鋭く尖り、鎌状針形をしていて、枯れると葉だけではなく小枝ごと落ちる。雌雄同株であり雌雄異花で、花期には雄球花を枝先に穂状につけ、雌球花は枝先にひとつずつつく。果期は10〜11月で球形で褐色の果実が熟すと裂開し、種子を落とす。

HARDWOOD（株）

花（雄花）　花（雌花）

雄花は楕円形で淡黄色、雌花は球形で緑色。

写真：葉／photolibrary、樹形・樹皮・雄花／ビジオ、雌花／植木ペディア

近年、花粉量が少ない、または花粉を出さないスギの研究も行われている。

ツガ
(トガ)
Tsuga sieboldii

マツ科

樹高：20〜30m
花期：2月
分布：本州（福島県以西）、四国、九州

針葉樹

針葉

扁平な針状葉で、先端は丸い。

長さ1〜2cm、幅0.2〜0.3cm

特徴

葉のつき方

[互生]

常緑／落葉

[常緑]

樹形

幹は直立し、樹冠は広い円錐形になる。

樹皮

赤褐色または灰褐色で、縦に深く裂ける。

花

雄花は紫色の長卵形で、雌花は球形である。

冬芽は卵形または楕円形の鱗芽である。

冬芽

果実

球果は熟すと淡褐色になり、裂開する。

万葉集では「次々に」を導く枕詞に使われた樹木

　山地に自生する常緑針葉樹であり高木。植栽されることは珍しく、まれに公園樹や神社の御神木に使われたりするくらいである。自然界ではモミと混生することがあり、遠目に見ると見分けがつかないことが多い。しかし、モミは針状葉の先が尖るのに対し、ツガは先が丸まるので、その点で見分けることができる。ツガは雌雄同株で、球形の雌花は10月頃になると褐色に熟す。果実は球果で、長さ2〜3cmの松かさが下向きにぶら下がる。

写真／葉／近畿地方整備局六甲砂防事務所の画像を編集、樹形・樹皮／植木ペディア、花・果実／GREEN PIECE、冬芽／能代市 風の松原

日本のツガは材木としてはあまり使われず、アメリカツガが輸入され使われている。

針葉樹 / 針葉

トドマツ
（オニハダトドマツ）

Abies sachalinensis

マツ科

樹高：20〜25m
花期：6月
分布：北海道

2〜3cmの線形で、枝に密につく。
長さ1.5〜2.5cm、幅およそ0.15cm

特徴

葉のつき方
[互生]

常緑／落葉
[常緑]

冬芽
冬芽は卵形または球形でヤニに覆われる。

果実
枝の上に円錐形の球果が直立する。

樹形
幹は直立し、枝が斜め上に広がる。

樹皮
灰褐色でなめらかな樹皮をしている。

花
（雄花）
雄花は卵形、雌花は円錐形をしている。

HARDWOOD（株）

耐寒性・耐凍性・耐陰性があり、北海道全土で自生

　北海道のほぼ全土に自生する常緑針葉樹。耐陰性があり、日陰でも自生できる陰樹である。適度に水分がある肥沃な土地を好む傾向がある。葉は扁平な線形で、枝にらせん状に互生する。葉の先端はややくぼむ。雌雄同株で、花期には褐色で卵形の雄花が葉脈につき、雌花は円柱形で葉腋に直立してつく。果期は9〜10月で、円柱形の球果が褐色に熟し、果実は5〜7cmほどである。鱗片を散らしながら種子を散布するため、きれいな状態の球果を拾うのは難しい。

写真：葉／林秀明、樹形／photoAC、樹皮／植木ペディア、花・果実・冬芽／野幌森林公園

トドマツは耐凍性が高く、葉や茎は−70℃近くの凍結にも耐えることができる。

ネズミサシ
（ネズ、ムロ）

Juniperus rigida

ヒノキ科

樹高：5〜6m
花期：4月
分布：本州（岩手県以南）、四国、九州

針葉樹

針葉

葉は針状葉で、先は尖り、触ると痛い。

長さ1.2〜2.5cm、幅およそ0.1cm

冬芽は卵形で、先は尖る。

冬芽

果実 熟すと黒紫色になり、ロウ質で覆われる。

特徴

葉のつき方

[輪生]

常緑／落葉

[常緑]

樹形 幹は直立し、枝は斜め上に広がる。

樹皮 樹皮は赤褐色で、縦に薄く剥がれる。

花（雄花） **花（雌花）**

雌花は3つの鱗片からなり、雄花は楕円形である。

ネズミが刺さりそうなくらい鋭い葉をもつ樹木

　丘陵地や尾根などに自生する常緑針葉樹で、低木または小高木。やせ地や砂地に見られることが多い。葉が鋭く尖っているため、昔はネズミの通り道に置いてネズミ除けとして使っていたという。ネズミサシの名を縮めてネズと呼ぶこともある。枝先が垂れ下がっているものも多い。葉は3枚ずつ輪生し、表面には白い気孔線がある。雄球花は黄褐色、雌球花は淡緑色であり葉腋につく。翌年か翌々年の10月頃に球果が黒紫色に熟す。

写真／葉・近畿地方整備局六甲砂防事務所の画像を編集、樹形・樹皮・雄花・果実／植木ペディア、雌花・冬芽／松江の花図鑑

ネズミサシの球果は杜松子と呼ばれ、中国では漢方として利用されてきた。

針葉樹 針葉

ヒマラヤスギ
（ヒマラヤシーダー）
Cedrus deodara

マツ科

樹高：20〜30m
花期：10〜11月
分布：本州、四国、九州

針状葉で、短枝に束生する。
長さ2.5〜5cm

特徴

葉のつき方

[束生]

常緑／落葉

[常緑]

樹形
幹は直立し、枝は水平に広がる。

樹皮
樹皮は灰褐色で、うろこ状に剥がれる。

果実
球果。緑色から褐色に熟す。

冬芽
枝先に花芽がつき、葉のつけ根に葉芽がつく。

スギではなくマツの仲間。小枝が垂れ下がる

　ヒマラヤ北西部からアフガニスタン東部が原産の常緑針葉樹であり高木。日本では樹高は20〜30mだが、原産地では50mにもなる。枝は水平に広がり、小枝は垂れ下がる。幹の下部の枝が地面につくこともある。名前にスギとつくが、スギではなくマツの仲間である。葉は長枝にはらせん状に互生し、短枝には束生する。針葉の断面は鈍い三角形で、各面に白い気孔帯がある。雄花は円柱形で、雌花は円錐形をしている。球果は翌年の10〜11月に熟し、崩壊する。

花（雄花）

花（雌花）

雄花は緑黄色、雌花は紫紅色をしている。

樹木医Sakurai

写真／葉／iStock、樹形・樹皮・果実／ビジオ、雄花・雌花／植木ペディア、冬芽／能代市風の松原植物調査

球果の頂部がバラの花のような形で地面に落ちることが多く、これをシダーローズと呼ぶ。

ヒメコマツ
（ゴヨウマツ）

Pinus parviflora var. *parviflora*

マツ科

樹高：30〜35m
花期：5〜6月
分布：本州（東北地方東南部）、四国、九州

針葉樹

針葉

深緑色で、5本ずつ束になってつく。
長さ3〜6cm

特徴

葉のつき方
［束生］

常緑／落葉
［常緑］

果実
松かさは緑色から熟すと茶色に変化する。

樹形
樹高は20〜30mで、枝が横に広がる。

樹皮
暗赤褐色で、老木になると樹皮が剥がれる。

花（雄花） **花（雌花）**
雄花は新枝の下部に、雌花は先端につく。

別名のゴヨウマツも有名な、盆栽や庭木に使われる樹木

　本州の東北地方東南部以西、四国、九州の山地や岩場に多く生える常緑高木。長さ4〜8cmの針葉が、5本1組でつくことがその名の由来になっている。葉は深みのある緑色をしている。成木の樹皮は暗赤褐色をしているが、若い枝は有毛で褐色をしている。老木になると樹皮がうろこ状に剥がれ落ちる。雌雄同株で、花期は5〜6月。緑黄褐色の雄花と紅紫色の雌花を咲かせる。球果は5〜7cmで、種子の翼は小さい。冬芽は枝先につき、のちに新枝になる。

写真：葉／盆栽屋.com（盆栽徒然草）、樹形／かのんの樹木図鑑、樹皮・雄花・雌花・果実／植キペディア

冬芽が上に向かってまっすぐ伸びたものを、ロウソク芽と呼ぶ。

針葉樹 / 針葉

メタセコイア
（アケボノスギ）

Metasequoia glyptostroboides

ヒノキ科

樹高：25～30m
花期：2～3月
分布：全国で植栽
　　　（原産地：中国）

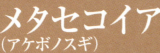

葉は扁平な線形をしている。
長さ0.8～3cm、
幅0.1～0.2cm

特徴

葉のつき方

[対生]

常緑／落葉
[落葉]

樹形
幹は直立し、円錐形の樹冠になる。

樹皮
樹皮は灰褐色で、縦に細く剥がれる。

果実
球果。卵状球形をしている。

冬芽
黄褐色の鱗芽が対生する。

花（雄花）

花（雌花）

雄花序は垂れ下がり、雌球果は枝先につく。

公園や並木などで見かける繁殖力旺盛な、生きた化石

　中国原産の落葉針葉樹であり高木。針葉樹で落葉性のものは珍しい。日本にやってきた苗木は100本。最初に植えられたのは、皇居と東京・小石川植物園だった。挿し木で増えるため、今では日本各地に植栽されている。葉先は尖るが、触っても痛くはない。葉裏の中央に1本の濃緑色の線がある。雌雄同株で、雄花が集まった雄花序は枝から垂れ下がり、雌球花は緑色の楕円形で、枝先にひとつずつつく。果期は10～11月で、1.5～2.5cmの球果が褐色に熟す。

写真：葉／かのんの樹木図鑑、樹形・果実・冬芽／ビジオ、樹皮／五十嵐彩彩、雄花・雌花／植木ペディア

絶滅した植物の化石として発見されたあと、中国で自生が発見され、生きた化石として有名に。

モミ

Abies firma

マツ科

針葉樹 / 鱗片葉

樹高：30～40m
花期：5月
分布：本州（秋田県以西）、四国、九州

葉は扁平な線形をしていて、先は尖る。
長さ2～3cm、幅0.2～0.35cm

特徴

葉のつき方 [互生]

常緑／落葉 [常緑]

果実
球果。円柱形で上向きにつく。

冬芽
冬芽は赤褐色の芽鱗に覆われる。

樹形
幹は直立し、整った円錐形の樹冠になる。

樹皮
樹皮は灰褐色で、若木は皮目が目立つ。

クリスマスツリーで有名。材は仏教墓地の卒塔婆（そとうば）にも

丘陵地から山地まで自生する常緑針葉樹であり高木。モミは日本海側に少なく、太平洋側に分布が偏っている。日本固有種であり、ヨーロッパでは近縁のヨーロッパモミがクリスマスツリーに使われる。モミの葉の裏面は、白い気孔帯が目立つ。雌雄同株で、花期には葉腋に花をつける。雄花は小さな円柱形で垂れ下がり、雌花は楕円形で直立する。果期は10～11月で、長さ6～10cmの円柱形の球果が灰緑色に熟すと、鱗片が落ちてバラバラになる。

花（雄花） 花（雌花）
雄花は緑黄色、雌花は緑色をしている。

HARDWOOD（株）

写真：葉／clipartz、樹形・樹皮・雄花／ビジオ、雌花／ビジオ・千葉県立中央博物館、果実・冬芽／植木パディア

日本に自生するモミの仲間の中では、もっとも温暖な地域に自生している。

針葉樹 / 鱗片葉

アスナロ
(アスヒ)

Thujopsis dolabrata var. *dolabrata*

ヒノキ科

樹高：30〜40m
花期：5〜6月
分布：北海道(渡島半島)、本州、四国、九州

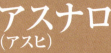

厚い鱗片葉で光沢のある緑色をしている。

長さ0.5〜0.6mm、幅0.15〜0.22cm

特徴

葉のつき方
[対生]

常緑/落葉
[常緑]

果実

球果。10月頃に褐色に熟す。

樹形

直立し、樹冠は円錐形をしている。

樹皮

黒褐色で縦に割れ薄く剥がれる。

花

青緑色の雄花と淡紅緑色の雌花が枝先につく。

別名ヒバとしても有名な、材がかぐわしい芳香の樹木

　山地に自生する、雌雄同株の常緑高木。日本固有種で高さは40mに達する。耐陰性が強く林床でも生育する。葉は鱗状で枝に交互に対生し、裏側には大きな白色の気孔帯が見られる。木材業界では変種のヒノキアスナロと合わせてヒバと呼ばれる。青森県に自生するヒバは「青森ヒバ」と呼ばれ、青森県の県木に指定されている。また石川県では「アテ」という名前で県木となっている。材からは抗菌性のあるヒノキチオールを含む精油が採れ、爽やかな強い香りがする。

写真：葉／Krzysztof Ziarnek, Kenraiz、樹形／植木ペディア、樹皮・果実／かのんの樹木図鑑、花／長久保公園

青森ヒバは秋田県の秋田スギ、長野県の木曽ヒノキとともに日本三大美林に数えられる。

カイヅカイブキ

Juniperus chinensis 'Kaizuka'

ヒノキ科

樹高：3〜10m
花期：4〜5月
分布：北海道〜九州

針葉樹

鱗片葉

［鱗片葉・針葉］

基本は鱗片葉。
強剪定等を行うと針葉も出る。

長さ0.1〜0.2cm

特徴

葉のつき方

［対生］

常緑／落葉

［常緑］

果実

黒紫色の球果。
粉白を帯びる。

樹形

旋回するように伸び炎のような樹形。

樹皮

淡褐色。縦に粗く長く裂け剥がれる。

花

黄褐色または薄白緑の裸花。

イブキの栽培品種。
昭和の頃、人気の庭木だった

　イブキの栽培品種で、密生した枝葉が旋回するように伸び、巻貝のような樹形になる。この樹形が名前の由来とされる。生け垣や庭木では刈り込まれたものや盆栽風に仕立てられたものも多い。通常、鱗状葉をつけるが、幼木や強剪定のあとなどは針状葉をつけることもある。枝葉が密生するため目隠し効果があり、大気汚染に強い丈夫な性質から、生け垣、庭木、街路樹などとして盛んに植栽されたが、昨今は植栽が年々減っているという。

写真：葉／PIXTA、樹形・樹皮・果実／ビジオ、花／photoAC

担子菌が寄生することで起こる赤星病を誘発するため、とくにナシ農家から嫌われる。

針葉樹 / 鱗片葉

ネズコ
（クロベ）
Thuja standishii

ヒノキ科

樹高：20〜35m
花期：5月
分布：本州、四国

ヒノキに似るが、やや肉厚でヒノキより大きい。

長さおよそ0.2cm

特徴

葉のつき方
［対生］

常緑／落葉
［常緑］

樹形
樹冠は円錐形になり、小枝は水平に伸びる。

樹皮
赤褐色で樹皮は縦に裂ける。

花
小さな粒状の花はいずれも小さく目立たない。

果実
球果は上向きにつき、裂開する。

木曽五木のひとつとされる、香りのある優れた材木に

　日本固有種の常緑針葉樹。高木で樹高は35mに達することもあり、見事な巨木が各地で見られる。移植に非常に弱いため、植栽には向かない。その一方、材木としては非常に重宝されており、木曽五木のひとつに数えられる。材木はスギの香りに似る。葉は枝から四方向へ十字型に生じ、ヒノキに似るが香りはしない。裏面の気孔帯はあまり白くない。雌雄同株であり、5月頃に黒紫の雄花と黄緑の雌花がつくが小さく目立たない。乾燥や湿気に強く、成長は遅い。

写真：葉／MPF、樹形・樹皮・花・果実／植木ペディア

心材が鼠色であることに由来して、漢字では鼠子。別名クロベで呼称されるものも多い。

サワラ

Chamaecyparis pisifera

ヒノキ科

樹高：15〜30m
花期：4月
分布：本州（岩手県以西）、九州

針葉樹 / 鱗片葉

緑色の鱗片状で、裏面がXに見える。

長さおよそ0.3cm

特徴

葉のつき方

[対生]

常緑／落葉

[常緑]

樹形
円錐形で樹冠は透ける傾向にある。

樹皮
赤褐色で縦に薄く剥がれる。

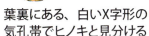
果実
直径6〜7mmの凹凸がある球果をつける。

葉裏にある、白いX字形の気孔帯でヒノキと見分ける

岩手県以西の本州と九州に分布する高木であり、針葉樹。山地の谷や沢沿いなどに自生していることが多いが、植林もされている。葉は緑色で鱗片状。先は尖っている。ヒノキ同様、葉の裏に白い気孔帯があるが、ヒノキがY字に見えるのに対しサワラはX字に見えることで判別できる。ヒノキより木材が軟らかく、香りが弱く、水に強いことから、米びつや桶によく使用される。雌雄同株で雄花は細い枝の基部につき、雌花は枝の先につく。

花（雄花）

花（雌花）

雄花は褐色、雌花は薄緑色である。

写真：葉／photolibrary、樹形・樹皮・果実／ビジオ、雄花・雌花／植木ペディア

わびちゃんねる制作チーム

水に強く脂分が多いことや、香りが少ないことから、木材は米びつや風呂桶に使われる。

ヒノキ

Chamaecyparis obtusa

ヒノキ科

針葉樹 / 鱗片葉

樹高：20～30m
花期：4月
分布：本州（福島県以西）、四国、九州、屋久島

針葉樹であり、鱗状葉が互生する。
長さ2～3mm

特徴

葉のつき方
[互生]

常緑／落葉
[常緑]

果実　球果は緑色〜赤褐色に熟す。

樹形
幹は直立し、枝は横に広がる。

樹皮
樹皮は赤褐色で、縦に剥がれる。

花（雄花）／花（雌花）
雄花は楕円形であり、雌花は球形である。

HARDWOOD（株）

香りがよく、美しい木目の材。葉裏のＹ字でサワラと区別

　山地に自生する常緑針葉樹であり高木。雪の多い地域を好まないため日本海側にあまり自生せず、分布地は太平洋側に偏る傾向にある。葉は鱗状葉で、裏面にはY字形の白い気孔帯がある。同じ鱗状葉の葉でも、この裏面の白い気孔帯の形が異なるので見分けることができる。雌雄同株で、雄花は紫褐色で雌花は淡緑褐色であり、どちらも枝先につく。雌花は球形で、果期の10月頃になると8～12mmの球果になり、熟すと種子を飛ばす。その後も球果は枝に残る。

写真／葉／近畿地方整備局六甲砂防事務所の画像を編集、樹形・樹皮・雄花・果実／ビジオ、雌花／PIXTA

長野県の木曽ヒノキは、青森ヒバ、秋田スギとともに日本三大美林のひとつとされている。

イチョウ

Ginkgo biloba

イチョウ科

樹高：30〜45m
花期：4〜5月
分布：北海道、本州、四国、九州

特殊な葉

扇形で中央部に切れ込みが入るものもある。
長さ4〜8cm、幅4〜7cm

樹形
主幹が直立し、枝はよく分岐する。

樹皮
コルク質が厚く、縦に割れ目が入る。

花（雄花）

花（雌花）

雌雄ともに葉の展開前に枝先につく。

果実
外種皮は成熟すると独特の悪臭がする。

冬芽
淡褐色で小さな山形をしている。

特徴

葉のふち

[全縁]

葉のつき方

[互生]

常緑／落葉
[落葉]

卵が受精して子孫をつくる、生きている化石

　雌雄異株の落葉高木。各地の公園や街路樹として植えられている。中国大陸から仏教の伝来とともに移入されたとされる。老木では、ときに乳と呼ばれる気根を出す。中国語での呼び名「鴨脚（おうきゃく）」が日本式に訛り「イチョウ」と呼ばれるようになったとされる。ペルム紀には出現し、原始植物の性質を色濃く残していることから「生きている化石」と呼ばれる。雄花の花粉が精子となり雌花の卵に受精する。種子は食用にされるが、食べすぎると中毒を起こすことがある。

写真：葉／近畿地方整備局六甲砂防事務所の画像を編集、樹形・樹皮・雄花・雌花・果実・冬芽／ビジオ

野性のイチョウは国際自然保護連合から絶滅危惧種に指定されている。

特殊な葉

ナギ
Nageia nagi
マキ科

樹高：15～20m
花期：5～6月
分布：本州（紀伊半島、山口県）、四国、九州、沖縄

葉は卵形または長楕円状披針形で、鋸歯はない。
長さ4～6cm、幅1～3cm

特徴

葉のふち

[全縁]

葉のつき方
[対生]

常緑／落葉

[常緑]

樹形
幹は直立し、葉が密生する。

果実　はじめは緑色だが、熟すと紫褐色になる。

樹皮
樹皮は灰褐色で、薄く剥がれる。

花（雄花）

花（雌花）

雄花は複数つき、雌花は単生する。

広葉樹のような葉の形。
お守りにされる神社の木

　山地に自生する常緑針葉樹であり高木。自生している個体は少なく、国際自然保護連合（IUCN）のレッドリストでは準絶滅危惧種に指定されている。ナギはナギラクトンというアレロパシー物質をもち、ほかの植物の成長を抑制する。葉には多くの平行脈があり、表面には光沢がある。雌雄同株で、花期には円柱形の雄花序と単生する雌花をつける。果期は10～11月で、直径1～1.5cmほどの球形の種子果がつく。熟すと表面に白い粉がついたようになる。

写真：葉・樹形・樹皮／ビジオ、雄花／Krzysztof Ziarnek, Kenraiz、雌花・果実／植木ペディア

自生しているナギは少ない。熊野信仰と関連が深く、古くから神社に植栽されている。

樹木図鑑

樹木名さくいん

(注)細字は別名として紹介しています。

ア

- アオキ ･･････････ 14
- アオキバ ･･････････ 14
- アウチ ･･････････ 257
- アオギリ ･･････････ 212
- アオダモ ･･････････ 246
- アオハダ ･･････････ 15
- アオハダニシキギ ･･････････ 143
- アカガシ ･･････････ 16
- アカギツツジ ･･････････ 18
- アカシデ ･･････････ 17
- アカマツ ･･････････ 288
- アカメモチ ･･････････ 62
- アカメヤナギ ･･････････ 182
- アカヤシオ ･･････････ 18
- アキグミ ･･････････ 19
- アキニレ ･･････････ 20
- アケビ ･･････････ 282
- アケボノスギ ･･････････ 306
- アサダ ･･････････ 21
- アサマツゲ ･･････････ 128
- アズキナシ ･･････････ 22
- アズサ ･･････････ 187
- アスナロ ･･････････ 308
- アスヒ ･･････････ 308
- アズマシャクナゲ ･･････････ 23
- アセビ ･･････････ 24
- アセボ ･･････････ 24
- アツカワザンショウ ･･････････ 254
- アツシ ･･････････ 221
- アツニ ･･････････ 221
- アツバアカガシ ･･････････ 16
- アツバシラキ ･･････････ 110
- アブラチャン ･･････････ 25
- アベマキ ･･････････ 26
- アメリカスズカケノキ ･･････････ 213
- アメリカヤマボウシ ･･････････ 27
- アラカシ ･･････････ 28
- アラゲガマズミ ･･････････ 63
- アワブキ ･･････････ 29

イ

- イイギリ ･･････････ 30
- イイク ･･････････ 192
- イシケヤキ ･･････････ 20
- イズセンリョウ ･･････････ 31
- イスノキ ･･････････ 32
- イタジイ ･･････････ 114
- イタチハギ ･･････････ 247
- イタビカズラ ･･････････ 33
- イタヤカエデ ･･････････ 214
- イタヤメイゲツ ･･････････ 227
- イチイ ･･････････ 289
- イチイガシ ･･････････ 34
- イチョウ ･･････････ 313
- イトヤナギ ･･････････ 103
- イヌガヤ ･･････････ 290
- イヌグス ･･････････ 121
- イヌコリヤナギ ･･････････ 35
- イヌザクラ ･･････････ 36
- イヌシデ ･･････････ 37
- イヌツゲ ･･････････ 38
- イヌマキ ･･････････ 291
- イノコシバ ･･････････ 148
- イブキ ･･････････ 292
- イボタノキ ･･････････ 39
- イロハカエデ ･･････････ 215
- イロハモミジ ･･････････ 215
- イワナシ ･･････････ 40

ウ

- ウグイスカグラ ･･････････ 41
- ウコギ ･･････････ 286
- ウシコロシ ･･････････ 64
- ウスバユズリハ ･･････････ 208
- ウツギ ･･････････ 42
- ウノハナ ･･････････ 42
- ウバガネモチ ･･････････ 31
- ウバヒガン ･･････････ 48
- ウメ ･･････････ 43
- ウメモドキ ･･････････ 44
- ウラジロガシ ･･････････ 45
- ウラジロモミ ･･････････ 293

- ウリカエデ ･･････････ 216
- ウリノキ ･･････････ 217
- ウリハダカエデ ･･････････ 218
- ウワミズザクラ ･･････････ 46
- ウンジツ ･･････････ 256

エ

- エゴノキ ･･････････ 47
- エゾマツ ･･････････ 294
- エゾヤマハギ ･･････････ 281
- エドヒガン ･･････････ 48
- エノキ ･･････････ 49
- エンジュ ･･････････ 248

オ

- オオイタヤメイゲツ ･･････････ 219
- オオカメノキ ･･････････ 50
- オオシマザクラ ･･････････ 51
- オオシマダモ ･･････････ 111
- オオナナカマド ･･････････ 259
- オオナラ ･･････････ 186
- オオバウメモドキ ･･････････ 44
- オオバチシャノキ ･･････････ 149
- オオバチシャノキ ･･････････ 181
- オオバチドリノキ ･･････････ 125
- オオバマサキ ･･････････ 176
- オオマンリョウ ･･････････ 184
- オオモミジ ･･････････ 220
- オガタマ ･･････････ 52
- オガタマノキ ･･････････ 52
- オキナワサザンカ ･･････････ 93
- オキナワサンゴジュ ･･････････ 100
- オクエゾヤチダモ ･･････････ 273
- オクツバキ ･･････････ 207
- オトコヨウゾメ ･･････････ 53
- オニグルミ ･･････････ 249
- オニシバリ ･･････････ 54
- オニハダトドマツ ･･････････ 302
- オヒョウ ･･････････ 221
- オマツ ･･････････ 297
- オモテスギ ･･････････ 300
- オリーブ ･･････････ 55
- オンコ ･･････････ 289

カ

- カイヅカイブキ ····· 309
- カエデバスズカケノキ ·· 240
- カキ ············ 56
- カキノキ ·········· 56
- ガクアジサイ ······· 57
- カクレミノ ········ 222
- カゴノキ ·········· 58
- カシオミノ ········ 145
- カジノキ ·········· 223
- カシワ ············ 59
- カスミザクラ ······· 60
- カスミサクラ ······· 60
- カタシデ ··········· 77
- カツラ ············ 61
- カナメモチ ········· 62
- ガマズミ ··········· 63
- カマツカ ··········· 64
- カヤ ············· 295
- カラタチ ·········· 275
- カラナシ ··········· 65
- カラフトグルミ ····· 249
- カラマツ ·········· 296
- カラヤマグワ ······ 177
- カリン ············ 65
- カンイチゴ ········ 237
- カンサイマユミ ····· 180
- カンザクラ ········· 66
- カンヒザクラ ······· 67
- カンボク ·········· 224

キ

- キイチゴ ·········· 239
- キヅタ ············ 225
- キハダ ············ 250
- キフジ ············· 68
- キブシ ············· 68
- キョウチクトウ ····· 69
- キリ ·············· 70
- キンモクセイ ······· 71
- ギンヨウアカシア ··· 251

ク

- クコ ·············· 72
- クサギ ············ 73
- クサマキ ·········· 291
- クスノキ ··········· 74
- クチナシ ··········· 75
- クヌギ ············· 76
- クマシデ ··········· 77
- クリ ·············· 78
- クロエゾマツ ······ 294
- クロガシ ··········· 28
- クロガネモチ ······· 79
- クロバナエンジュ ··· 247
- クロベ ············ 310
- クロマツ ·········· 297
- クロモジ ··········· 80

ケ

- ゲッケイジュ ······· 81
- ケナシアオギリ ···· 212
- ケナシカンボク ···· 224
- ケナシコクサギ ····· 85
- ケヤキ ············ 82
- ケヤマザクラ ······· 60
- ケヤマハンノキ ····· 83
- ケンポナシ ········· 84

コ

- コウヤマキ ········ 298
- コクサギ ··········· 85
- コゴメウツギ ······ 226
- コゴメヤナギ ······· 86
- コシアブラ ········ 283
- コシデ ············· 17
- コデマリ ··········· 87
- コトリトマラズ ···· 190
- コナツツバキ ······ 165
- コナラ ············· 88
- コハウチワカエデ ·· 227
- コバノイボタ ······· 39
- コバノシナノキ ···· 172
- コバノダケカンバ ·· 119
- コバノトネリコ ···· 246
- コブシ ············· 89
- ゴマキ ············· 90
- ゴマギ ············· 90
- ゴヨウマツ ········ 305
- コリンクチナシ ····· 75
- コリンゴ ·········· 115
- ゴンズイ ·········· 252
- ゴンゼツ ·········· 283

サ

- サイカチ ·········· 253
- サカキ ············· 91
- ザクロ ············· 92
- サザンカ ··········· 93
- サツキ ············· 94
- サツキツツジ ······· 94
- サドシナノキ ······ 104
- サネカズラ ········· 95
- サビタ ············ 147
- サルスベリ ········· 96
- サルトリイバラ ····· 97
- サワシバ ··········· 98
- サワフタギ ········· 99
- サワラ ············ 311
- サンゴジュ ········ 100
- サンシュユ ········ 101
- サンショウ ········ 254

シ

- シキミ ············ 102
- シダレヤナギ ······ 103
- シツゲンヤマウルシ ·· 274
- シナノキ ·········· 104
- シマグワ ·········· 242
- シマトネリコ ······ 255
- シモクレン ········ 105
- シモツケ ·········· 106
- シャクナゲ ········· 23
- ジャケツイバラ ···· 256
- シャラノキ ········ 139
- シャリンバイ ······ 107
- シュロ ············ 228

樹木名さくいん

(注)細字は別名として紹介しています。

シラカシ	108
シラカバ	109
シラカンバ	109
シラキ	110
シラビソ	299
シラベ	299
シロザクラ	36
シロシデ	37
シロダモ	111
シロバナシャクナゲ	150
シロブナ	169
シンジュ	262
ジンチョウゲ	112

ス

スイカズラ	113
スギ	300
スズカケ	87
スズカケノキ	229
スダジイ	114
ズミ	115

セ

セイヨウハコヤナギ	116
セイヨウボタンノキ	213
センダン	257
センノキ	236

ソ

| ソメイヨシノ | 117 |

タ

タイサンボク	118
タイワンシオジ	255
タイワンヤドリギ	195
タキギザクラ	51
ダケカンバ	119
タチネコヤナギ	144
タニウツギ	120
タブノキ	121
タマアジサイ	122
タマツバキ	146
タムシバ	123

タラノキ	258
タラヨウ	124
ダンコウバイ	230
タンザワツリバナ	130

チ

チクシヒイラギナンテン	270
チシャノキ	47
チドリノキ	125
チャ	126
チャノキ	126
チューリップノキ	245
チョウジャノキ	280
チョウセンカクレミノ	222

ツ

ツガ	301
ツキ	82
ツクバネウツギ	127
ツゲ	128
ツタ	231
ツタウルシ	276
ツノハシバミ	129
ツバキ	196
ツリバナ	130
ツルアジサイ	131
ツルウメモドキ	132
ツルデマリ	131

テ

| テイカカズラ | 133 |

ト

トウカエデ	232
ドウダンツツジ	134
トガ	301
トキワアケビ	285
トキワサンザシ	135
ドクウツギ	136
トチノキ	284
トドマツ	302
トビラノキ	137
トベラ	137

| トリモチノキ | 200 |
| トワダカツラ | 61 |

ナ

ナガバエノキ	49
ナガハシバミ	129
ナギ	314
ナツグミ	138
ナツヅタ	231
ナツツバキ	139
ナツボウズ	54
ナツメ	140
ナナカマド	259
ナラ	88
ナワシログミ	141
ナンキンハゼ	142
ナンゴクコウゾ	164
ナンジャモドキ	198
ナンジャモンジャ	74、163
ナンテン	260

ニ

ニオイコブシ	123
ニガキ	261
ニシキギ	143
ニセアカシア	269
ニッコウモミ	293
ニレ	158
ニワウルシ	262
ニワトコ	263
ニンドウ	113

ヌ

| ヌルデ | 264 |

ネ

ネコヤナギ	144
ネジキ	145
ネズ	303
ネズコ	310
ネズミサシ	303
ネズミモチ	146
ネム	265

317

ネムノキ ・・・・・・・・・・・ 265	ハンノキ ・・・・・・・・・・・ 160	ホソバシモツケ ・・・・・・ 106
		ホソバナツグミ ・・・・・・ 138
ノ	**ヒ**	ホソバミツバウツギ ・・・ 279
ノイバラ ・・・・・・・・・・・ 266	ヒイラギ ・・・・・・・・・・・ 161	**ボダイジュ** ・・・・・・・・・ 172
ノコギリバサカキ ・・・・・ 91	**ヒイラギナンテン** ・・・・・ 270	ポプラ ・・・・・・・・・・・・・ 116
ノダフジ ・・・・・・・・・・・ 271	ヒカンザクラ ・・・・・・・・ 67	**ホルトノキ** ・・・・・・・・・ 173
ノバラ ・・・・・・・・・・・・・ 266	ヒガンザクラ ・・・・・・・・ 48	**ボロボロノキ** ・・・・・・・ 174
ノブドウ ・・・・・・・・・・・ 233	ヒサカキ ・・・・・・・・・・・ 162	ホンドウジカエデ ・・・・ 244
ノリウツギ ・・・・・・・・・ 147	ヒトツバタゴ ・・・・・・・・ 163	ホンマキ ・・・・・・・・・・・ 298
	ビナンカズラ ・・・・・・・・ 95	**ホンミツバツツジ** ・・・・・ 175
ハ	ヒノキ ・・・・・・・・・・・・・ 312	
ハイノキ ・・・・・・・・・・・ 148	ヒノキダマ ・・・・・・・・・ 290	**マ**
ハイビスカス ・・・・・・・・ 168	ヒマラヤシーダー ・・・・ 304	**マグワ** ・・・・・・・・・・・・ 177
ハウチワカエデ ・・・・・・ 234	**ヒマラヤスギ** ・・・・・・・ 304	**マサキ** ・・・・・・・・・・・・ 176
ハクウンボク ・・・・・・・・ 149	ヒメコウゾ ・・・・・・・・・ 164	**マタタビ** ・・・・・・・・・・ 178
ハクサンシャクナゲ ・・・ 150	**ヒメコマツ** ・・・・・・・・・ 305	**マテバシイ** ・・・・・・・・ 179
ハクモクレン ・・・・・・・ 151	**ヒメシャラ** ・・・・・・・・ 165	**マユミ** ・・・・・・・・・・・・ 180
ハクレンゲ ・・・・・・・・・ 151	ヒャクジツコウ ・・・・・・ 96	マルバウメモドキ ・・・・・ 15
ハコネウツギ ・・・・・・・ 152	ビャクシン ・・・・・・・・・ 292	マルバシャリンバイ ・・・ 107
ハコヤナギ ・・・・・・・・・ 202	**ビヨウヤナギ** ・・・・・・・ 166	**マルバチシャノキ** ・・・・・ 181
ハシドイ ・・・・・・・・・・ 153	ピラカンサ ・・・・・・・・・ 135	マルバハギ ・・・・・・・・・ 277
ハシノキ ・・・・・・・・・・・ 185	ヒロハケンポナシ ・・・・・ 84	マルバビヨウヤナギ ・・・ 166
ハシバミ ・・・・・・・・・・ 154	ヒロハノアオキ ・・・・・・ 14	**マルバヤナギ** ・・・・・・・ 182
ハゼ ・・・・・・・・・・・・・・ 267	ヒロハノキハダ ・・・・・・ 250	**マンサク** ・・・・・・・・・・ 183
ハゼノキ ・・・・・・・・・・ 267	ヒロハモミジ ・・・・・・・・ 220	**マンリョウ** ・・・・・・・・ 184
ハチス ・・・・・・・・・・・・・ 238		
バッコヤナギ ・・・・・・・ 155	**フ**	**ミ**
ハトノキ ・・・・・・・・・・・ 159	**フサザクラ** ・・・・・・・・ 167	**ミズキ** ・・・・・・・・・・・・ 185
ハナアカシア ・・・・・・・・ 251	**フジ** ・・・・・・・・・・・・・ 271	**ミズナラ** ・・・・・・・・・・ 186
ハナイカダ ・・・・・・・・・ 156	フシノキ ・・・・・・・・・・・ 264	**ミズメ** ・・・・・・・・・・・・ 187
ハナカエデ ・・・・・・・・・ 235	フジマツ ・・・・・・・・・・・ 296	**ミツデカエデ** ・・・・・・・ 278
ハナズオウ ・・・・・・・・・ 157	**ブッソウゲ** ・・・・・・・・・ 168	**ミツバウツギ** ・・・・・・・ 279
ハナノキ ・・・・・・・・・・ 235	**ブナ** ・・・・・・・・・・・・・ 169	ミツバツツジ ・・・・・・・・ 175
ハナミズキ ・・・・・・・・・・ 27	**フユイチゴ** ・・・・・・・・・ 237	ミノカブリ ・・・・・・・・・・ 21
ハネカワ ・・・・・・・・・・・・ 21	フユヅタ ・・・・・・・・・・・ 225	ミヤマハギ ・・・・・・・・・ 277
ハマアジサイ ・・・・・・・・ 57		ミヤマモクセイ ・・・・・・ 161
ハマナシ ・・・・・・・・・・・ 268	**ヘ**	ミヤマリョウブ ・・・・・・ 209
ハマナス ・・・・・・・・・・ 268	ベニウツギ ・・・・・・・・・ 152	
ハリエンジュ ・・・・・・・ 269		**ム**
ハリギリ ・・・・・・・・・・ 236	**ホ**	ムク ・・・・・・・・・・・・・・ 272
ハルコガネバナ ・・・・・・ 101	**ホオノキ** ・・・・・・・・・・ 170	ムクエノキ ・・・・・・・・・ 188
ハルニレ ・・・・・・・・・・・ 158	**ボケ** ・・・・・・・・・・・・・ 171	**ムクゲ** ・・・・・・・・・・・ 238
ハンカチノキ ・・・・・・・ 159	ホソバガシワ ・・・・・・・・ 59	**ムクノキ** ・・・・・・・・・・ 188

樹木名さくいん

(注)細字は別名として紹介しています。

ムクロジ ・・・・・・・・・・ 272	ヤツデ ・・・・・・・・・・ 241	**リ**
ムシカリ ・・・・・・・・・・ 50	ヤドリギ ・・・・・・・・・・ 195	リョウブ ・・・・・・・・・・ 209
ムベ ・・・・・・・・・・ 285	ヤブツバキ ・・・・・・・・・・ 196	**ル**
ムラサキシキブ ・・・・・・ 189	ヤブデマリ ・・・・・・・・・・ 197	ルリミノウシコロシ ・・・・ 99
ムロ ・・・・・・・・・・ 303	ヤブニッケイ ・・・・・・・・・・ 198	**レ**
メ	ヤマアジサイ ・・・・・・・・・・ 199	レンギョウ ・・・・・・・・・・ 210
メイゲツカエデ ・・・・・・ 234	ヤマウコギ ・・・・・・・・・・ 286	レンギョウウツギ ・・・・・ 210
メウリノキ ・・・・・・・・・・ 216	ヤマウルシ ・・・・・・・・・・ 274	**ロ**
メギ ・・・・・・・・・・ 190	ヤマグルマ ・・・・・・・・・・ 200	ロウノキ ・・・・・・・・・・ 267
メグスリノキ ・・・・・・・・・・ 280	ヤマグワ ・・・・・・・・・・ 242	ロウバイ ・・・・・・・・・・ 211
メタセコイア ・・・・・・・・・・ 306	ヤマザクラ ・・・・・・・・・・ 201	ローレル ・・・・・・・・・・ 81
メマツ ・・・・・・・・・・ 288	ヤマツバキ ・・・・・・・・・・ 196	ロクロギ ・・・・・・・・・・ 47
モ	ヤマナラシ ・・・・・・・・・・ 202	**ワ**
モガシ ・・・・・・・・・・ 173	ヤマネコヤナギ ・・・・・・ 155	ワシデ ・・・・・・・・・・ 98
モクレン ・・・・・・・・・・ 105	ヤマハギ ・・・・・・・・・・ 281	ワジュロ ・・・・・・・・・・ 228
モチノキ ・・・・・・・・・・ 191	ヤマブキ ・・・・・・・・・・ 203	
モッコク ・・・・・・・・・・ 192	ヤマブドウ ・・・・・・・・・・ 243	
モミ ・・・・・・・・・・ 307	ヤマボウシ ・・・・・・・・・・ 204	
モミジイチゴ ・・・・・・ 239	ヤマモミジ ・・・・・・・・・・ 244	
モミジバスズカケノキ ・・・ 240	ヤマモモ ・・・・・・・・・・ 205	
モモ ・・・・・・・・・・ 193	**ユ**	
ヤ	ユーカリ ・・・・・・・・・・ 206	
ヤシャブシ ・・・・・・・・・・ 194	ユーカリノキ ・・・・・・・・・・ 206	
ヤチダモ ・・・・・・・・・・ 273	ユキツバキ ・・・・・・・・・・ 207	
	ユズリハ ・・・・・・・・・・ 208	
	ユリノキ ・・・・・・・・・・ 245	

■参考文献(順不同)

伊東隆夫・佐野雄三・安部久・内海泰弘・山口和穂2011『カラー版 日本有用樹木誌』海青社
金田初代2015『葉・花・実・樹皮でひける 樹木の事典600種』西東社
佐竹義輔1989『日本の野生植物 木本1・2』平凡社
清水建美2001『図説 植物用語事典』八坂書房
鈴木庸夫2005『葉実樹皮で確実にわかる樹木図鑑(実用BEST BOOKS)』日本文芸社
西田尚道2001『フィールドベスト図鑑 vol.5 日本の樹木』学研
馬場多久男2013『冬芽でわかる落葉樹』信濃毎日新聞社
林将之2006『樹皮ハンドブック』文一総合出版
林将之2010『フィールド・ガイドシリーズ23 葉で見わける樹木 増補改訂版』小学館
林弥栄2014『新装版 樹木 見分けのポイント図鑑』講談社
林弥栄(編・解説) 2011『増補改訂新版 日本の樹木』山と渓谷社
林将之2019『山溪ハンディ図鑑14 増補改訂 樹木の葉 実物スキャンで見分ける1300種類』
菱山忠三郎2007『講談社ネイチャー図鑑 樹木』
菱山忠三郎2007『身近な樹木(主婦の友ポケットBOOKS―持ち歩き図鑑)』主婦の友社
平野隆久1997『樹木ガイドブック:庭、公園、野山で見られる樹木の特徴と利用法がわかる』永岡書店
平野隆久2007『樹木大図鑑』永岡書店
広沢毅2010『冬芽ハンドブック』文一総合出版
増村征夫2018『ひと目で見分ける340種 日本の樹木 ポケット図鑑』新潮文庫

監修	小池安比古（こいけやすひこ） 東京農業大学農学部教授。1964年大阪生まれ。 1989年大阪府立大学（現・大阪公立大学）農学研究科博士前期課程修了。博士（農学）。
制作協力	FILE Publications, inc.
原稿	五十嵐茉彩、林 清人、山形大学生物学研究会／松尾優希、 藤田廉矢、片岡志龍、米山大智、原 渉真、福井侑二郎
ブックデザイン	大塚千春
イラスト	竹内なおこ
構成・編集	駒崎さかえ（FPI）
編集	安達智樹、五十嵐茉彩、小松﨑智樹、伊武よう子、青山一子
校正	浅井 薫

■ 特別協力（50音順）

「かのんの樹木図鑑」http://kanon1001.web.fc2.com/index.html
「鎌倉発"旬の花"」https://shizuka.sakura.ne.jp/
「木には名前がある―樹木検索くん」http://www.tree-watching.info/
「神戸・六甲山系の森林」https://www.rokkosan-shizen.jp/
「庭木図鑑 植木ペディア」https://www.uekipedia.jp/
「六甲山系電子植生図鑑（国土交通省 近畿地方整備局六甲砂防事務所）」
https://www.kkr.mlit.go.jp/rokko/rokko/vegetation/index.html

樹木図鑑

2025年5月1日　第1刷発行

監修者	小池安比古
編 者	日本文芸社
発行者	竹村 響
印刷所	株式会社光邦
製本所	株式会社光邦
発行所	株式会社 日本文芸社 〒100-0003　東京都千代田区一ツ橋1-1-1 パレスサイドビル8F （編集担当：牧野）

Printed in Japan　112250416-112250416 Ⓝ 01 (080036)
ISBN978-4-537-22281-4
Ⓒ NIHONBUNGEISHA 2025

印刷物のため、写真の色は実際と違って見えることがあります。ご了承ください。本書の一部または全部をホームページに掲載したり、本書に掲載された写真などを複製して店頭やネットショップなどで無断で販売することは、著作権法で禁じられています。法律で認められた場合を除いて、本書からの複写、転載（電子化含む）は禁じられています。また代行業者などの第三者による電子データ化および電子書籍化は、いかなる場合も認められていません。

乱丁・落丁などの不良品、内容に関するお問い合わせは
小社ウェブサイトお問い合わせフォームまでお願いいたします。
ウェブサイト　https://www.nihonbungeisha.co.jp/